木质纤维生物质的预处理技术

杨海艳　史正军　杨　静　等著

化学工业出版社
·北京·

木质纤维生物质资源具有产量大、分布广和可再生的优点，在二代燃料乙醇中的应用受到广泛关注。本书主要介绍木质纤维生物质在生物转化制备二代燃料乙醇过程中的预处理技术、影响木质纤维生物质生物转化效率的因素及木质纤维生物质中主要化学组成（纤维素、半纤维素和木质素）在预处理过程中的物理化学性质变化。

本书可供从事生物质能及生物材料研发和生产的各类技术人员参考。

图书在版编目（CIP）数据

木质纤维生物质的预处理技术/杨海艳等著. —北京：化学工业出版社，2019.11

ISBN 978-7-122-35155-5

Ⅰ.①木… Ⅱ.①杨… Ⅲ.①木纤维-纤维素-前处理-研究 Ⅳ.①TQ352.62

中国版本图书馆 CIP 数据核字（2019）第 203350 号

责任编辑：赵卫娟　高　宁　　　　装帧设计：刘丽华

责任校对：刘曦阳

出版发行：化学工业出版社

（北京市东城区青年湖南街 13 号　邮政编码 100011）

印　　装：三河市延风印装有限公司

710mm×1000mm　1/16　印张 $11\frac{1}{2}$　字数 209 千字

2020 年 1 月北京第 1 版第 1 次印刷

购书咨询：010-64518888　售后服务：010-64518899

网　　址：http://www.cip.com.cn

凡购买本书，如有缺损质量问题，本社销售中心负责调换。

定　　价：98.00 元

前言

×

Preface

日益严重的环境问题、不断上涨的燃油价格以及国家能源安全问题迫使人们寻求并开发新的绿色替代资源。生物质是地球上唯一可大规模再生并能够转化成为液体燃料的资源，木质纤维素是生产燃料乙醇最主要的潜在原料。在纤维素基乙醇生产中，预处理打破物料细胞壁结构、提高碳水化合物转化效率是获得高得率生物乙醇的关键，不同的预处理技术对物料性能具有不同的影响。

本书主要以云南省高校生物质能源创新团队和西南林业大学生物质化学与材料课题组多年来在木质纤维生物质预处理和酶解糖化方面的研究为素材，系统地介绍了目前主要木质纤维生物质预处理技术对物料结构和酶水解效率的影响。本书具体内容和撰写分工如下：第1章介绍木质纤维生物质结构特征和资源分布，主要由西南林业大学杨海艳、杨静、徐高锋、贺斌撰写；第2章介绍主要的木质纤维生物质预处理技术，由西南林业大学史正军、朱国磊，北京林业大学王堃撰写；第3章介绍影响木质纤维生物质酶水解效率的主要因素，由西南林业大学邓佳、解思达、王大伟撰写；第4章介绍不同预处理技术对物料结构特征和酶水解性能的影响，由北京林业大学王堃，西南林业大学张加研、庄长福、吴春华撰写；第5章介绍木质纤维生物质中半纤维素组分的高值化利用，由西南林业大学杨海艳撰写。

在本书研究与撰写过程中，得到了大连工业大学、北京林业大学孙润仓教授，西南林业大学杜官本教授，厦门大学郑志锋教授等专家的诸多指导和纠正，在此致以衷心感谢！

鉴于笔者水平有限，书中难免出现不足之处，恳请读者批评指正。

著　者

2019年7月于昆明

资助项目

1. 国家自然科学基金项目：具酶解增效作用的木质素多元功能因子体系构建及其机制解析（No：31760195），滇产大型竹材细胞壁组分高效拆分机制与分子结构研究（No：31560195），竹纤维化学塑化改性分子机理及调控机制研究（No：31760195）

2. 云南省农业基础研究联合专项：木质素多元化功能因子体系构建及其对木质纤维高固酶解的强化机制 ［No：2017FG001-（025）］

3. 云南省科技厅科技研究基金项目：天然木质纤维化学塑化改性的分子机理及调控（No：2018FB066）

目录

× Contents

第1章 绪论

第2章 木质纤维生物质预处理技术

第3章 影响木质纤维生物质酶水解效率的因素

第4章 影响木质纤维生物质结构及生物转化效率的因素

第5章 生物乙醇生产过程中的高附加值产品

第1章 绪论

1.1 能源危机与生物能源

全球各国经济发展对能源的需求不断增加，据预测，世界能源消费在2001～2025年将增加54%[1]。目前，世界能源工业的发展主要依赖石油等矿产资源，但化石资源的过度开采利用使整个工业社会面临着能源危机[2]。此外，日益严重的环境问题、不断上涨的燃油价格以及国家能源安全问题迫使人们寻求并开发新的绿色替代资源[3]。与太阳能、风能等清洁能源相比，生物质是地球上唯一可大规模再生并能够转化成为液体燃料的实物性资源。在自然界中，生物质原料的年产量达10^{11}～10^{12} t，这些资源的有效开发利用不仅能够缓解能源危机所带来的压力、有效地减少温室气体的排放，还能够增加农林废弃物的经济效益[4]。据统计，全球能源总消耗量的14%来自生物质原料。数据表明，在过去的十年中固体生物质原料为欧盟国家提供的能源以每年2.5%的速率增长[1]。因此，开发与利用生物质能源对实现可持续发展、保障国家能源安全和改善生存环境都具有重要的作用。

生物质能是世界产量最大的可再生能源，占世界一次能源产量的10.4%，在可再生能源产量中占77.4%。生物质能在美国的一次能源消耗总量中占约4%，在巴西能源利用量中约占25%。我国2010年生物质能占总能源消耗的1%，预计2020年将达到4%[5]。欧盟委员会在其发布的《欧盟能源发展战略绿皮书》中指出，到2020年生物质燃料将替代20%的化石燃料[6]。随着世界能源结构的多元化，预计到2025年生物质能将会增加到35～95 EJ（1 EJ=1×10^{18} J）。目前，世界能源消费总量的40%为液体燃料，因此生物能源的研究焦点主要集中于生物柴油和生物乙醇[7]。以植物的可食用成分生产的生物乙醇（主要来源于玉米、小麦和甘蔗等含糖类作物）和生物柴油（主要来源于菜籽、大豆和棕榈油等油料作物）被称为一代生物燃料。一代生物燃料的生产直接影响食品和饲料产品的供应，虽增加了农村经济收入和就业岗位，但也造成了粮食价格的上涨，可能导致粮食安全问题。2002～2008年，全球粮食价格上涨了35％～40％，其中70％～75％是由生物燃料造成的。粮食价格的历史性上涨之后，世界重新关注粮食安全[8]。

除潜在的粮食危机外，一代生物燃料的生产直接或间接导致的土地耕种模式的变化还造成了CO_2排放规模大于化石燃料使用时的温室气体排放量的现象[9]。生命周期评估表明，来源于非粮木质纤维生物质的二代生物乙醇所排放的温室气体远低于一代乙醇[10]，且非粮生物质来源广泛、产量大、价格便宜，是实现生物能源可持续生产的理想原料。

1.2 木质纤维生物质

木质纤维素是生产燃料乙醇最主要的潜在原料，据生物学家估算，地球上每年生长的生物质总量达几千亿吨，它们是生物质能的物质基础，将其转化为生物燃料相当于340亿～1600亿桶原油[11]。按原料化学性质分主要包括糖类、淀粉和木质纤维类原料。糖类能源植物如甘蔗、甜高粱和甜菜等，可直接用于发酵法生产燃料乙醇；淀粉类能源植物经水解后可用于发酵法生产燃料乙醇，如玉米、甘薯和木薯等；纤维素类原料能源植物如速生林木和禾本科植物等，经水解后可用于发酵法生产燃料乙醇。由于以糖类和淀粉类能源植物制备一代燃料乙醇具有引发粮食危机的潜在危险，长远考虑，生物质能的原料应主要为“不与人争粮，不与粮争地”的纤维素类原料。据预测，到2025年可能有近1/3的液体燃料及50％的化学品和材料将产自木质纤维类原料。木质纤维生物质主要指从森林、农场和稀树草原中获得的非食用植物残渣，包括农业废弃物（如玉米秸秆、甘蔗渣、麦秆、稻草、稻壳等）；专用能源作物（如柳枝草、提摩西草、杨树、柳树等）；木材废弃物（如松木、云杉等）；木材厂锯末以及城市纸废料。但各国政治条件和自然地理条件差异较大，用于生物能源生产的木质纤维生物质资源类型各不相同[12]。

木质纤维素类原料主要包括纤维素、半纤维素和木质素三种成分。在植物细胞壁中，这三种物质紧密结合在一起，为植物提供了优良的物理性能，并抵抗着外界环境的侵袭[13]。通常，纤维素是细胞壁中最主要的组成部分，大约占总质量的30％～50％，半纤维素占20％～30％，木质素占20％～30％。随着物料种类的变化，纤维素、半纤维素和木质素含量也各有不同。纤维素是由*D*-吡喃葡萄糖基以β-1，4-糖苷键相连而形成的线型聚合物，组成纤维素的糖基数目（即聚合度）为几百至几千甚至一万以上。随着纤维素来源、制备方法和测定方法的不同，纤维素分子聚合度不同。在纤维素分子上每个葡萄糖单元含有3个游离羟基，这些羟基能与相邻葡萄糖基的羟基形成氢键。分子间氢键协助保持纤维素链的刚性结构，单个的纤维素链通过氢键和范德华力以平行取向彼此黏结形成微纤丝，微纤丝相互聚集形成纤丝，纤丝再进一步螺旋缠绕形成更高级的结构。在纤维素的微纤丝之间充满了半纤维素、果胶和木质素等物质。在纤维素大分子中，强大的氢键网络使其具有不同的形态结构、刚性和溶解性[14]。目前，普遍被人们接受的纤维素结构理论是二相体系理论，即纤维素是由结晶区和非结晶区交错连接形成的二相体系，其中还存在着相当多的空隙。对纤维素结晶结构的研究始于19世纪，迄今为止，已发现固态下纤维素存在着五种结晶变体（纤维素Ⅰ、纤维素Ⅱ、纤维素Ⅲ、纤维素Ⅳ和纤维素Ⅴ）。天然纤维素中主要结构为纤维素Ⅰ，根据纤维素晶体的形态，纤维素Ⅰ又可分为三斜晶系（I_α）和单斜晶系（I_β）。在木材及其他高等植物中的纤维素排列以纤维素 I_β 型为主，仅含有少量纤维素 I_α[15]。纤维素这种高度规则的结构使其难以被酶或化学试剂水解，因此纤维素的利用需要经过有效的预处理技术提高其可及度。

半纤维素是自然界中含量仅次于纤维素的天然高分子聚合物，大量存在于植物细胞壁中，它不是一种均一聚糖，而是一群复合聚糖的总称。组成半纤维素的主要结构单元包括：*D*-木糖基、*D*-甘露糖基、*D*-葡萄糖基、*D*-半乳糖基、*L*-阿拉伯糖基、4-*O*-甲基-*D*-葡萄糖乙酸基、*D*-半乳糖醛酸基、*D*-葡萄糖醛酸基以及少量的*L*-鼠李糖基、*L*-岩藻糖基和各种带有支链的中性糖[16]。根据原料不同，半纤维素中各种糖基含量也不同，通常半纤维素由2～4种结构单元组成。在细胞壁结构中，半纤维素嵌入纤维素的微纤丝之间，将纤维素微纤丝紧密连接在一起为细胞壁的阵列提供机械强度。Yan等通过原子力显微镜（AFM）观测小麦秸秆发现，半纤维素垂直于纤维素微纤丝分布形成网络结构，尺寸约5～10 nm[17]。此外，半纤维素与木质素的化学键结合对纤维素形成了进一步的包裹。因此，脱除半纤维素组分有利于提高纤维素的可及度。

木质素在植物组织中具有增强植物体机械强度、辅助输导组织水分运输和抵抗不良外界环境侵袭的作用。它是由高度取代的苯基丙烷单元随机聚合而成的高分子，与纤维素和半纤维素一起形成植物细胞壁骨架，在数量上次于纤维素和半纤维素。根据植物原料的不同，木质素芳香核部分主要有三种结构：愈创木酚基丙烷（G）、紫丁香基丙烷（S）和对-羟苯基丙烷结构（H）。原料来源不同，木质素中三种单元的含量不同：针叶材原料木质素主要是G型结构单元，阔叶材原料木质素主要是G型和S型结构单元，禾本科原料的木质素中则含有G型、S型和H型三种结构单元。组成木质素结构的基本单体包括对香豆醇、松柏醇、5-羟基松柏醇、芥子醇等。单体之间通过醚键（如 β-*O*-4 和 4-*O*-5）或碳—碳（如 β-5、5-5 和 β-β）键连接形成的一种具有三维立体结构的酚类聚合物。此外，木素在植物细胞壁中的分布也不均匀，木材中胞间层木质素浓度最高，但次生壁中木质素总量最多[16]。

1.3 全球木质纤维生物质资源类型

利用边际性土地种植多年生（短期轮伐的林木）和多样性的草本植物是获取纤维素原料的重要来源。通常，禾本科原料产量高、季节性强、含水率低且密度低。在美国，芒草的年产量可达 32 t/hm^2，芒草、苜蓿和芦苇的年产量足以饲养 1 亿只动物，其经济价值相当于 390 亿美元[18]。短期轮伐的速生林主要为造纸工业和能源工业提供原料，其轮伐期常为 2～5 年。美国的速生材主要包括柳树、混合毛白杨、棉白杨、松木等[19]。在英国，仅柳树一种速生材平均每公顷的年产量可达 7～18 t[20]。然而，生命周期调查报告综合考虑了能源植物种植、营养消耗、土壤贫瘠化、能量产出和 CO_2 排放量等指标后指出，在所有的能源植物中仅芒草和柳树占有优势[21]。与培育能源植物的成本相比，农林废弃物的开发利用将大大降低生物质能的原料成本。全球农业秸秆年产量达 1～10 t/hm^2，这些原料除用于饲料和土壤堆肥外，仅有 15%转化成为能源[22]。

中国大力发展生物能源，已成为继美国、巴西之后世界第三大燃料乙醇生产国，并颁布了《变性燃料乙醇》和《车用乙醇汽油》两项产品的国家标准。在国家政策的指导下， 2006 年陈化粮乙醇项目年产量为 102 万吨，利用甜高粱、木薯、纤维素等非粮食作物为原料生产燃料乙醇被列为科技部生物质能技术研究领域的重点课题。同时，利用纤维素废弃物制备燃料乙醇技术连续在国家“八五”“九五”期间列为重点科技攻关课题。在我国，纤维素原料主要来源于农业和木材工业。其中，全国农作物秸秆年产量约 7 亿吨[4, 23]；在国家林业管理政策下，现有林业资源每年能够提供 3 亿吨生物质原料[24, 25]。丰富的农林资源为纤维素乙醇的生产提供了充分的物质基础。

美国和加拿大是北美洲最大的两个国家， Gronowska 等估计美国和加拿大的木质纤维素材料的年产量分别为 5.77 亿吨和 5.61 亿吨[26]。美国木质纤维生物质的原料构成主要为农业废弃物和能源作物，其次为森林废弃物和少量伐木剩余物。丰富的木质纤维生物质资源使美国成为世界最大的生物燃料生产国。加拿大受北部寒冷气候的影响木质纤维生物质年产量较美国少，加拿大农业废弃物年产量为 1800 万吨，森林废弃物约 980 万～4600 万吨，森林（伐木）残留物约 9200 万吨，木材加工行业产生的锯木屑和木屑约 1700 万吨。在加拿大，能源作物年产量为 4.33 亿吨。能源作物（柳枝稷）和短期轮伐灌木（如杨树和柳树）在美国和加拿大均未实现生物乙醇的商业生产。此外，由于加拿大森林管理不够完善而感染昆虫疫情的树木也可用于燃料乙醇的生产[27]。甘蔗是巴西生物乙醇的主要原料，巴西国土中0.6%用于甘蔗种植，每年收获4950亿吨甘蔗，产生甘蔗渣约1.86亿吨。由于甘蔗渣是蔗糖产业工业废弃物，且原有的蔗糖乙醇基础设施可应用于蔗渣生物质乙醇生产，因此巴西蔗渣乙醇工业所需的设备成本和原料运输成本较低[28]。

废弃物的资源化利用是欧洲实现可持续发展、实施废物管理、缓解气候变化和生产可再生能源的主要措施[29]。城市固体废物垃圾、废水处理产生的污泥、农业废弃物和森林残余物是欧洲生产可再生能源的主要原料，这些物料可经燃烧、气化、热解、发酵和厌氧消化处理后转化成为能源[30]。虽然，基于木质纤维生物质的生物柴油和生物乙醇的研究与开发对欧盟国家具有重要意义，但欧洲分散的政治结构使欧洲二代生物乙醇的商业生产缺乏强有力的政治性推动。因此，二代生物燃料的发展在欧洲依然存在许多不确定因素，且木质纤维生物质基乙醇的经济潜力还受到原料和生产成本的限制[6]。瑞典是能源植物种植最早的国家之一，短期轮伐的柳树是主要的能源作物。

目前，非洲的生物乙醇生产主要使用三种原料：①淀粉基原料，如木薯、玉米、小麦和大麦；②糖基原料，如糖蜜、甜高粱、甜菜以及甘蔗；③木质纤维生物质，如草、稻草和木材。非洲的能源作物中，草类原料具有较大的潜力，因其无需密集的耕作技术且在土壤和旱地上可生长和再生。非洲生物乙醇的生产主要集中在木薯种植区。生物乙醇可增加至现有的木薯加工工艺中，减少物料运输、装卸和储存工段的相关费用[31]。

韩国木质纤维生物质产量充足，每年产量约1020万吨，其中农林废弃物分别为50万吨和670万吨，还包括大量蘑菇房床残余物料。此外，韩国气候条件适宜，能够利用边缘土地、河床和再生土地种植能源作物，韩国水域也适宜藻类的种植[32]。马来西亚是全球最大的棕榈油出口国之一，从而具有大量棕榈废弃物，如树枝、枯叶、空果和棕榈壳等，且棕榈树轮伐期为25年，每公顷将产生2.5 t树干废弃物。马来西亚与印度尼西亚出口的棕榈油占据了全球出口量的88%，两国正致力于将出口量的40%用于生物柴油生产。此外，马来西亚木质纤维生物质资源还包括每年收获的农业废弃物、伐木产生的林业废弃物和制浆造纸工业废弃物，如稻草、稻壳、香蕉茎、甘蔗渣、椰子壳、菠萝渣、伐木剩余物、人造板工业废弃物和木屑[33]。印度政府2003年发布了生物燃料发展规划。目前，印度乙醇工业原料主要为糖蜜。此外，印度可耕地面积广阔，农业废弃物产量巨大，可用于饲料、有机肥生产和制浆造纸工业。并且，印度利用贫瘠土地种植麻疯树，既可生产非食用油籽又可用于可再生能源生产，而不影响粮食作物的种植。目前，印度将约40亿公顷土地用于非食用油籽的种植[34]。

澳大利亚木质纤维生物质年产量约5000万吨，主要来源于森林管理所产生的废弃物[35]。新西兰的生物质资源主要为乳清、动物脂和藻类。藻类生物质的生长不仅可为生物燃料提供原料，还能迅速吸收 CO_2 气体，在生物固碳方面起到至关重要的作用[36]。

1.4 生物能源的经济可持续性与生命周期评估

生物能源的可持续发展性应基于粮食安全进行评估，在不影响粮食安全的前提下尽可能减少全球贫穷和饥饿。生物燃料的生产理念决定了其对环境和社会的影响。目前，许多国家都对生物燃料的可持续性进行了评估。

生命周期评估（LCA）在 ISO 14040 国际标准中被首次提出，被称为“摇篮—坟墓”的分析方法。 LCA 能够评估任何生产过程及其产物对生态系统、经济和社会的影响。目前， LCA 常用于评估现有产业链的可优化改进潜力，是分析生物燃料对环境影响的公认的方法，广泛应用于生物燃料技术的排放效应评估。为评估木质纤维生物质生产的生物燃料对社会、环境的影响，常以化石燃料为参考，综合评价包括生物燃料生产（原料种植、收获、转化）、销售和消费过程的各个阶段。生物燃料的 LCA 仍处于早期阶段，但初步报告表明，使用木质纤维素生物燃料，与化石燃料相比温室气体排放量减少 60%[37]。因此，发展生物质能源对实现可持续发展、保障国家能源安全和改善生存环境具有重要作用。

参考文献

[1] International Energy Agency（IEA）. World energy outlook 2008. Paris：IEA，2008.

[2] Shafiee S，Topal E. When will fossil fuel reserves be diminished? *Energy Policy*，2009，37：181-189.

[3] Cassman K G，Liska A J. Food and fuel for all：Realistic or foolish? *Biofuels*，*Bioproducts and Biorefining*，2007，1：18-23.

[4] 石元春. 决胜生物质. 北京：中国农业大学出版社，2010.

[5] United States Energy Information Administration（USEIA）. International energy outlook. Washington DC，2011.

[6] Gnansounou E. Production and use of lignocellulosic bioethanol in Europe：Current situation and perspectives. *Bioresource Technology*，2010，101：4842-4850.

[7] Coyle W. The future of biofuels：A global perspective. *Amber Waves*，2007，5：24-29.

[8] Mitchell D. A note on rising food prices. Policy research working paper. *The World Bank Development Prospects Group*，2008. p. 1-20.

[9] Fargione J，Hill J，Tilman D，et al. Land clearing and the biofuel carbon debt. *Science*，2008，319：1235-1237.

[10] Gnansounou E，Dauriat A，Villegas J，et al. Life cycle assessment of biofuels：Energy and green-

house gas balances. *Bioresource Technology*, 2009, 100: 4919-4930.

[11] Jones A, O' Hare M, Farrell A. Biofuel boundaries: estimating the medium-term supply potential of domestic biofuels. *Research report UCB-ITS-TSRC-RR*-2007-4. Berkeley, CA: University of California, 2007.

[12] Prasad S, Singh A, Joshi H C. Ethanol as an alternative fuel from agricultural, industrial and urban residues. *Resource Conservation and Recycling*, 2007, 50: 1-39.

[13] Himmel M E, Ding S Y, Johnson D K, et al. Biomass recalcitrance: Engineering plants and enzymes for biofuels production. *Science*, 2007, 315 (5813): 804-807.

[14] Klemm D, Philipp B, Heinzer T, et al. Comprehensive cellulose chemistry: Fundamental and analytical methods. Weinheim: Wiley-VCH, 1998.

[15] Nishiyama Y, Langan P, Chanzy H. Crystal structure and hydrogen-bonding system in cellulose I_β from synchrotron X-ray and neutron fiber diffraction. *Journal of the American Chemistry Society*, 2002, 124 (31): 9074-9082.

[16] 杨淑蕙. 植物纤维化学. 北京：中国轻工业出版社，2005.

[17] Yan L, Wan L, Yang J, et al. Direct visualization of straw cell walls by AFM. *Macromo-lecular Bioscience*, 2004, 4 (2): 112-118.

[18] Barnes R F, Nelson C J. Forage and grasslands in a changing world. Ames Lowa: Lowa State University Press, 2003.

[19] DoCanto J L, Klepac J, Rummer B, et al. Evaluation of two round baling systems for harvesting understory biomass. *Biomass and Bioenergy*, 2011, 35 (5): 2163-2170.

[20] Boehmel C , Lewandowski I, Claupein W. Comparing annual and perennial energy cropping system with different management intensities. *Agricultural Systems*, 2008, 96 (1-3): 224-236.

[21] Bai Y, Luo L, van der Voet E. Life cycle assessment of switchgrass-derived ethanol as transport fuel. *International Journal of Life Cycle Assessment*, 2010, 15: 468-477.

[22] Bowyer J L, Stockmann V E. Agricultural residues: An exciting bio-based raw material for the global panels industry. *Forest Products Journal*, 2001, 51 (1): 10-21.

[23] 张合成，刘增胜. 中国农业年鉴. 北京：中国农业出版社，2008.

[24] 刘广青，董仁杰，李秀金. 生物质能源转化技术. 北京：化学工业出版社，2009.

[25] 崔宗均. 生物质能源与废弃物资源利用. 北京：中国农业大学出版社，2011.

[26] Gronowska M, Joshi S, MacLean H L. A review of U. S. and Canadian biomass supply studies. *BioResources*, 2009, 4: 341-369.

[27] Mabee W E, Fraser E D G, McFarlane P N, et al. Canadian biomass reserves for biorefining. *Applied Biochemistry and Biotechnology*, 2006, 129: 22-40.

[28] Moraes M. Perspective: lessons from Brazil. *Nature*, 2011, 474: S25.

[29] European Union. A roadmap for moving to a competitive low carbon economy in 2050, 112. COM, 2011.

[30] Stichnothe H, Azapagic A. Bioethanol from waste: Life cycle estimation of the greenhouse gas saving potential. *Resources Conservation and Recycling*, 2009, 53: 624-630.

[31] Lynd L R, Woods J. Perspective: a new hope for Africa. *Nature*, 2011, 474: S20-S21.

[32] Kim J S, Park S C, Kim J W, et al. Production of bioethanol from lignocellulose: Status and perspectives in Korea. *Bioresource Technology*, 2010, 101: 4801-4805.

[33] Goh C S, Tan K T, Lee K T, et al. Bio-ethanol from lignocellulose: Status, perspectives and challenges in Malaysia. *Bioresource Technology*, 2010, 101: 4834-4841.

[34] Sukumaran R K, Surender V J, Sindhu R, et al. Lignocellulosic ethanol in India: Prospects, challenges and feedstock availability. *Bioresource Technology*, 2010, 101: 4826-4833.

[35] Lang A, Kopetz H, Parker A. Australia: Biomass energy holds big promise. *Nature*, 2012, 488: 590-591.

[36] Guinee J B, Heijungs R, Hupps G, et al. Life cycle assessment: Past, present, and future. *Environmental Science and Technology*, 2011, 45 (1): 90-96.

[37] Singh A, Pant D, Korres N E, et al. Key issues in life cycle assessment of ethanol production from lignocellulosic biomass: Challenges and perspectives. *Bioresource Technology*, 2010, 101: 5003-5012.

第2章

木质纤维生物质预处理技术

乙醇作为燃料早在第一次世界大战期间就有所记载， 20世纪70年代的第一次石油危机使燃料乙醇的发展受到关注， 1981年第二次石油危机的爆发再一次推动了燃料乙醇的发展。目前，一些具有农业资源优势的国家相继制定了积极发展燃料乙醇的策略并大力推广车用乙醇汽油的使用。随着各国对粮食安全的关注，纤维素基燃料乙醇成为研究的焦点。在纤维素基乙醇生产中，预处理打破物料细胞壁结构、提高碳水化合物转化效率是获得高得率生物乙醇的关键。不同的预处理技术对物料性能具有不同的影响，例如稀酸处理能有效去除物料中的半纤维素组分、改变物料可及度，但对木质素组分影响较小；碱处理能溶出木质素，但对碳水化合物影响较小。两种预处理方法通过不同的作用机制提高了物料的酶水解转化效率。有效的预处理需提高物料可及度并减少处理过程中物料损失和抑制物的生成。目前，常用的预处理技术有物理法、化学法、物理化学法和生物法等。

2.1 物理法

2.1.1 机械处理

减少尺寸是提高木质纤维生物质原料可及度、降低纤维素结晶度和聚合度，进而提高纤维素酶水解效率的有效手段[1]。机械处理减少物料尺寸的方法包括：削切、粉碎和研磨（球磨、盘磨、锤磨、刀磨等）。通常，物料收集时可削切至10~50 mm后通过粉碎或研磨将尺寸降低至0.2~2 mm[2]。在机械处理过程中，削切可减少物料的传质传热阻碍，粉碎和研磨更有利于降低物料尺寸和改变物料超微结构（如结晶度和聚合度）。根据物料性质可选择不同的研磨技术，干物料（水分含量$<15\%$）适宜采用刀磨和盘磨，湿物料（水分含量$>15\%$）宜采用胶体研磨，干、湿物料均可采用球磨和振动球磨[3]。不同研磨技术对物料转化效率的影响也存在差异，振动球磨比普通球磨更有利于降低云杉和杨木的结晶度；木材盘磨后物料比锤磨物料酶水解效率更高[4]。尺寸的降低可提高纤维素可及度，但对物料转化效率的影响有限，物料尺寸需减少至细胞大小时才能有效提高物料酶水解转化效率[5]。且机械处理能耗大、时间长，处理每吨物料所需能量与处理后物料尺寸密切相关。将物料尺寸降低至 3~6 mm 时，处理每吨物料理论上需消耗 30 kW·h 电量。达到同样的物料尺寸效应，机械处理比蒸汽爆破处理需多投入 70% 的能量[6]。此外，机械处理不能有效脱除物料中的木质素。因此，机械处理常结合其他处理技术以提高预处理效率。如机械处理结合化学处理时，可降低能量投入、提高物料处理量。

2.1.2 螺旋挤出处理

螺旋挤出处理是将木质纤维生物质物料添加至挤出机中，物料挤压杆径向移动。螺旋挤出处理是热效应和机械处理的结合，处理过程中木质纤维生物质受摩擦热、混合和剪应力的作用后去纤维化，从而使物料酶水解效率提高。影响螺旋挤出处理效果的因素包括温度、压力、水分含量和保留时间[7]。温度是影响螺旋挤出处理的重要因素之一，通常处理温度为 40~200 ℃，提高温度有利于物料塑化、降低黏度，从而缩短保留时间；但部分物料在高温下仍不发生软化。当处理温度较高时，物料经处理后酶水解效率降低，主要由于木质素可软化，在处理过程中发生迁移而重新沉积在物料表面，高温也可能导致物料的碳化。在处理过程中添加催化剂可降低处理温度，但使用酸性催化剂时处理温度需高于使用碱性催化剂时。此外，水分含量（或料液比）影响了物料的热软化和螺旋剪切力对物料的作用。一般物料含水率较少时，摩擦力对物料的影响显著但黏度较高，因此处理过程中含水率的选择需综合考虑摩擦作用、催化剂作用以及流体力学性能。处理设备的螺旋类型是决定保留时间、机械力大小、所需料液比和处理后物料性能的关键因素。采用功能型螺旋模块有利于打破物料结构，改变物料物理化学性质，提高纤维素酶水解转化效率[8]。

螺旋挤出过程中机械力和催化剂的协同作用可使物料尺寸降低、比表面积增加。处理后物料尺寸受处理温度、料液比和催化剂的影响，其中催化剂的作用显著。采用螺旋挤出处理可将稻草尺寸由 1 mm 下降至 0.4~0.5 mm；添加水后物料尺寸可下降至 0.09~0.3 mm；添加酸或碱时物料尺寸降至更低。大麦秸秆经添加 NaOH 螺旋挤出处理后，在物料颗粒群中 0.52~3.14 mm 物料所占比例由 28% 增加至 54%，物料平均尺寸由 2.5 mm 下降至 2.2 mm；经后续酶结合螺旋处理后尺寸进一步降低[9]。结合催化剂的作用处理时，半纤维素或木质素溶出使物料孔隙度增加、物料化学组成变化。通常，碱性催化剂能溶出部分半纤维素和木质素；酸性催化剂主要作用于半纤维素，强酸可降解纤维素。螺旋挤出过程中热、压力和剪切力的作用可导致木质素缩合及假木质素的形成，从而抑制纤维素酶水解。随着处理过程中物料物理化学性质的变化，纤维素酶水解效率相应提高。

2.1.3 辐射处理

高能量辐射（微波、超声波、γ射线、电子束和脉冲电场等）也是提高物料生物降解效率的物理处理技术之一[1, 10~13]。辐射处理能降低物料尺寸、降低纤维素聚合度、改变纤维素微观结构，处理后纤维素羰基含量增加，纤维素结晶区敏感性增加。

微波处理最大的优势是加热速度快，可短时间内使大量物料达到所需温度，从而降低能量投入。但微波作为单一预处理技术时高温下物料降解产生的物质对酶水解具有一定的抑制效应，因此微波处理常结合其他方法应用[10]。

超声波产生的空穴效应可打破细胞壁结构、提高物料孔隙度、降低纤维素聚合度。

γ射线辐射处理可降解纤维素和木质素并使木质素在细胞壁中迁移，适用于多种木质纤维生物质原料的预处理。蔗渣经100 mR（$1\ R=2.58\times10^{-4}\ C/kg$）的γ射线处理后，纤维素酶水解效率提高了2~4倍[11]；蘑菇培养基残余物料经500 kGy γ射线处理后酶水解效率和水解速率分别提高了1倍和80%。

电子束处理避免了高温，可减少抑制物的生成。电子束能够使纤维素、木质素和半纤维素碎片化，缩短分子链长度、降低纤维素结晶度。稻草经电子束处理后酶水解转化效率由22%提高到52%；电子束结合稀酸处理可使稻草酶水解效率进一步提高至80%[12]。与微波处理和γ射线处理相比，电子束处理技术能效更高，但物料量对处理效果具有重要影响，因此难以实现大规模工业应用。

脉冲电场处理是一种新兴的常温常压预处理技术。将物料放置于高压脉冲电极之间，高强度的外电子穿透细胞膜，使植物细胞结构迅速破坏。脉冲电场处理导致植物组织的破坏，提高了纤维素的可及度。松木和柳枝稷经脉冲电场处理后物料孔隙度增加、纤维素结晶度降低，酶水解转化效率随之增加[13]。

2.2 化学法

2.2.1 酸处理

浓酸处理能有效将木质纤维生物质水解成单糖，但浓酸毒性大、腐蚀性强、环境效益和经济效益较差。因此，木质纤维生物质预处理过程中常采用稀酸处理，酸浓度一般为 0.1% ~ 2.0%[14]。酸处理的效率与酸类型、酸浓度、料液比和处理温度密切相关。通常，稀酸处理需在高温高压条件下获得相应的处理效率。稀酸可处理木质纤维生物质用于酶水解，也可两步水解木质纤维生物质生成可发酵糖后直接发酵生产乙醇。目前，在木质纤维生物质酸处理中常用的无机酸包括：H_2SO_4、HNO_3、HCl 和 H_3PO_4；有机酸包括：过氧乙酸、甲酸等。其中，H_2SO_4 催化效率较高，是稀酸处理过程中常用的催化剂，常用 H_2SO_4 浓度小于 4%。

稀酸处理时高温有利于脱除半纤维素，提高纤维素水解效率；较低温度处理可回收半纤维素，有利于碳水化合物的综合利用。稀酸处理工艺主要分两类：高温连续流动处理（>160 ℃，固体含量 5% ~ 10%）和低温批次处理（<160 ℃，固体含量 10% ~ 40%）[15]。

研究表明：杨木以 1.1% H_2SO_4 在 170 ℃下处理 30 min 后纤维素酶水解得率为 85%，木糖和甘露糖得率为 13%[16]。处理农业秸秆时温度较低，玉米秸秆以 2% H_2SO_4、120 ℃处理 43 min 可回收 77% 木糖和 8.4% 葡萄糖，纤维素酶水解转化率为 70%[17]。与水热处理相比，稀酸处理适用于各种原料的预处理并提高物料酶水解转化效率，处理温度和酸浓度共同决定了木糖和糠醛的生成量。酸浓度过低时（约 0.1%），酸处理耗水量较大、产品浓缩回收困难、能量消耗较高。与蒸汽爆破及氨爆处理相比，稀酸处理需中和处理液并将物料洗至中性。此外，酸处理后木质素沉积于物料表面阻碍底物酶水解。

在酸处理过程中半纤维素降解生成木糖、甘露糖、甲酸、半乳糖、葡萄糖等单糖或低聚糖，在高温高压条件下单糖可降解生成糠酸和 5-羟甲基糠醛，甚至进一步降解成生物甲酸和乙酰丙酸；木质素降解生成酚类化合物。半纤维素和木质素降解产物对后续酶水解和发酵工艺均有抑制作用[18]。为优化稀酸处理条件、减少抑制物的生成，常采用强度因子（温度、pH 和时间的综合效应）对处理条件进行衡量。强度因子对稀酸处理过程中半纤维素和纤维素回收、木质素溶出和底物酶水解效率具有重要影响，但木糖回收和底物酶水解效率的最佳强度因子有所偏差[19]。因此，不少学者采用低强度和高强度两步处理回收半纤维素并提高纤维素酶水解效率；但两步法处理固液分离投入能量和费用较高，经济效益较低。在实际应用中，稀酸处理需综合考虑稀酸处理和酶水解过程中的可发酵糖回收率。此外，物料类型、收割、存贮方式对稀酸处理效率具有重要影响，其中木质素和矿物质含量对稀酸处理效率影响较大。虽然，稀酸处理是目前有效的木质纤维生物质预处理技术之一，但还需进一步优化预处理技术以降低生物质基燃料和化学品的生产成本。

2.2.2 碱处理

碱处理可在较低温度和压力下进行，处理时间需数小时至数天，对设备腐蚀小，能量投入较低。在碱处理中，半纤维素乙酰和糖醛酸取代基脱落、纤维素润胀、聚合度和结晶度降低、木质素结构被破坏、木质素-碳水化合物复合物连接键断裂，从而使物料密度降低、纤维素酶水解的立体阻碍减少、可及度增加，有利于酶水解。但碱处理效率主要取决于物料中木质素含量。与酸处理相比，碱能有效切断物料中的酯键连接而不降解半纤维素，减少抑制物生成。木质纤维生物质组分的溶出取决于处理时的碱浓度，但强碱作用下易导致碳水化合物末端基团发生剥皮反应，降解生成副产物[20]。

碱处理常用的试剂有 NaOH、 Ca（OH）$_2$（石灰）、 KOH 和氨等[20~22]，碱性催化剂也可和 H_2O_2 共同作用处理木质纤维生物质。其中， NaOH 溶解性好、用量少，已在木质纤维生物质处理中广泛应用，但 Ca（OH）$_2$ 有催化效率高、廉价、回收便利的优点而具有工业应用的潜力， Ca（OH）$_2$ 处理后生成碳酸钙，经煅烧后生成 CaO，溶于水后即可生成 Ca（OH）$_2$。

用 Ca（OH）$_2$ 处理时将其溶于水中，喷洒在尺寸小于 10 mm 的物料表面，保持数小时至数周即可，升高处理温度可缩短处理时间。目前，常用的 Ca（OH）$_2$ 处理工艺有三种：高温短时间处理（100~160 ℃，<6 h，氧气或绝氧环境），低温长时间处理（<65 ℃，<6 h，氧气或绝氧环境，数周）和绝氧环境沸腾状态下处理 1 h[21]。氧的存在可催化木质素的降解，有利于提高木质素脱除率，适用于高木质化原料。 Ca（OH）$_2$ 处理后物料中无定形物料（木质素和半纤维素）脱除，残余物料结晶度增加。不同条件下 ［氧化环境（空气）和非氧化环境（氮气）， Ca（OH）$_2$ 用量 0.5 g/g 物料， 25 ℃、 35 ℃、 45 ℃和 55 ℃］ 处理玉米秸秆后物料酶水解效率与物料中残余乙酰基、木质素含量及纤维素结晶度相关。氧气含量对乙酰基脱除无明显影响但有利于木质素的脱除，物料结晶度随着木质素含量降低而升高[23]。但 Ca（OH）$_2$ 处理木质素含量较高的软木（木质素含量大于 26%）时处理效率较差[24]。

NaOH 处理需在高温下进行才能获得高效的处理效率，结合尿素处理可降低 NaOH 处理温度。稀 NaOH 处理可润胀物料，提高比表面积，增加可及度。稀 NaOH 处理对木质素含量较低（10% ~ 18%）的禾本科物料效率较高，增加 NaOH 浓度（>6%）可提高高木质化物料的处理效率[20, 25]。但 NaOH 处理需在一定温度下进行，容易导致碳水化合物的剥皮反应，为减少碳水化合物的降解可采用 KOH 在较低温度（室温）下处理[26]。

氨也是一种有效的碱处理试剂，处理后物料无需水洗残余氨，可为生物转化过程中微生物的生长代谢提供氮源。氨处理时，适宜条件下氨可电离生成 H^+ 和 NH_2^-，可催化物料氨解使木质素-碳水化合物中的酯键、醚键和木质素结构中的醚键断裂，提高木质素脱除率。虽然氨处理主要脱除物料中木质素和部分半纤维素，纤维素保留率较高，但处理后物料纤维长度降低。氨处理主要包括：氨循环渗透处理（ammonia recycle percolation， ARP）和氨浸泡处理（soaking in aqueous ammonia， SAA）。其中，氨循环和氨浸泡是两种主要的氨处理技术，两者都可脱除木质素，保留碳水化合物于物料中；但处理效率受木质素含量影响，这两种处理技术对低木质素含量的物料处理效率较高[22]。氨循环处理氨浓度为10% ~15%，处理温度150~210 ℃，压力2~3 MPa，处理时间约15 min。氨循环可在固定床和流化床中进行，减少了木质素的重聚和在物料表面的沉积。氨循环处理可有效降解木质素、切断木质素-碳水化合物复合物连接键，随后脱除木质素。随着木质素的脱除，半纤维素溶出，但氨循环处理对禾本科半纤维素溶出效率高于木材原料。氨循环处理过程物料不降解生成抑制物，无需后续水洗即可用于生物转化，且处理后氨可回收再利用，但对软木处理效率较低。此外，氨循环处理温度较高、能量投入较大、半纤维素损失率高。氨浸泡是另一种常用的氨处理技术，氨浓度为15% ~30%，料液比高（约1：10），温度温和，处理时间约12~48 h。氨浸泡处理可减少半纤维素的损失，木质素脱除率随氨浓度增加而增加，但主要取决于物料种类[27]。氨水用量大是氨浸泡处理的缺点，为减少氨和水用量可采用低液氨用量处理（low liquid ammonia， LLA）。低液氨用量处理时，固液比1：0.2~0.5，25~30 ℃，处理时间数天至12周，由于氨水用量低，处理后物料无需固液分离。虽液氨可操作性强，但目前关于液氨预处理的报道较少。采用无水氨处理时可克服氨处理（氨循环处理和氨浸泡处理）中氨和水用量大的缺点。无水氨处理有三个主要步骤：首先将物料于常温常压下以无水氨处理；再将温度升高至40~150 ℃处理72~96 h；反应结束后将氨蒸发回收。无水氨处理最大的优势是处理后物料无需水洗，物料中残余的氨在中长时间贮存过程中起到防腐的作用，也可为后续生物转化过程中的微生物提供氮源[28]。

2.2.3 离子液体

离子液体具有熔点低（约100 ℃）、极性强、热稳定性高、化学稳定、可燃性低、蒸气压低、环境友好、可设计性强等优点而应用于木质纤维生物质预处理中。但离子液体的应用需考虑其成本及对后续生物转化工艺中微生物的毒性。纤维素在离子液体中溶解主要机理为：纤维素羟基中含有的氧原子和氢原子作为电子供体与受体可分别与离子液体阴阳离子作用，破坏纤维素分子链之间的氢键连接。在离子液体溶解-再生过程中，微晶纤维素和天然纤维素可由纤维素Ⅰ转化为纤维素Ⅱ或无定形纤维素，半纤维素和木质素从细胞壁中溶出，物料可及度增加，酶水解效率提高[29]。

搭配不同的阴阳离子对可设计多种离子液体用于木质纤维生物质预处理。其中，NMMO（N-甲基吗啉-N-氧化物）、［AMIM］Cl（1-烯丙基-3-甲基咪唑氯）、［BMIM］Cl（1-丁基-3-甲基咪唑氯）、［MBP］Cl（3-甲基-N-吡啶氯）和［BDTA］Cl［苄基-二甲基（四烯基）氨基氯］在木质纤维生物质预处理中的应用已有大量研究。研究发现，［AMIM］Cl和［BMIM］Cl可在低温下处理木质纤维生物质并具有良好的处理效率。为减少离子液体对设备的腐蚀，可选用不含卤素的离子液体如［EMIM］［OAc］（1-乙基-3-甲基咪唑乙酸）和［MIM］［（MeO）$_2$PO$_2$］（1，3-二甲基氮-二甲基磷酸）。离子液体黏度较高，体系中化学反应不稳定，可降解半纤维素和木质素生成副产物，因此可用共溶剂（如聚乙二醇）降低体系黏度。物料尺寸、种类、水分含量、温度、时间和离子液体用量对物料在离子液体中的溶解度具有决定性的作用。通常，物料球磨后可提高物料在离子液体中的溶解度和溶解速度，在离子液体中球磨物料溶解度大于木屑，尽管热机械浆尺寸大于木屑，但其在离子液体中的溶解度也大于木屑。降低物料水分含量有利于提高其在离子液体中的溶解度，但物料过干时溶解度下降[30]。离子液体能够同时溶解木质素和纤维素，适用于处理所有类型的原料。［AMIM］Cl对硬木和软木均有良好的溶解能力，因其烯基和咪唑基均含有 π-电子，能与木质素芳环反应溶解木质素。

离子处理后能回收物料中的木质素和纤维素，处理物料生物转化效率与酸或碱处理效率相当，但半纤维素组分在后续水洗过程中损失较多。且离子液体价格昂贵，常用的咪唑基离子液体对纤维素酶、半纤维素酶和微生物（如酵母和大肠杆菌）具有毒性，处理后需将糖液和离子液体分离用于生物转化。目前离子液体分离回收技术有萃取、蒸发、电渗析、汽化和蒸馏/色谱。但离子液体回收的能量投入、可操作性和经济效益需深入研究。因此离子液体在木质纤维生物质预处理的工业应用还需考虑以下技术问题：①开发廉价、生物相容性好、回收性能好的离子液体；②深入研究工业规模下应用离子液体处理的效率；③开发经济、能量适宜的离子液体和处理后产物回收技术；④深入研究离子液体处理的经济效益和生态效益[29]。

2.2.4 有机溶剂

在木质纤维生物预处理过程中，有机溶剂处理具有一定的应用前景。有机溶剂处理介质包括甲醇、乙醇、丙酮、乙二醇、三甘醇、甘油、苯酚、丁醇、四氢呋喃等，操作温度150～200 ℃[31]。相比于高成本高沸点的溶剂（如乙二醇、四氢呋喃）而言，甲醇和乙醇是常用的溶剂。在有机溶剂中加入无机酸（如盐酸、H_2SO_4等）或有机酸（草酸、水杨酸和乙酰水杨酸等）催化剂可有效断裂木质素-碳水化合物连接键，将半纤维素和部分木质素溶出，提高半纤维素回收率。有机溶剂木质素纯度较高，可用于胶黏剂、乳化剂等高附加值产品的生产[31，32]。

在有机溶剂处理中乙醇应用最广泛。乙醇处理过程中木材废弃物化学反应类型较多，降解生成了不同种类的化合物。在处理后组分中，不溶性纤维素含量最高；其次为半纤维素降解生成的低聚糖、单糖和乙酸，生成的乙酸降低了体系 pH，催化其他组分的酸降解，部分五碳糖进一步降解生成糠醛；降解生成的低分子量木质素含量仅次于半纤维素降解产物[33]。杨木经乙醇-水体系处理后，残余物料纤维素含量较高，处理液经分离纯化后可获得乙醇木质素和水溶性半纤维素聚糖、半纤维素降解产物和木质素降解产物等；经乙醇-1.25% H_2SO_4 于 180 ℃处理 60 min 后可从有机溶剂中回收 74% 木质素和 72% 半纤维素，残余物料发酵生产乙醇产率为 60%；将处理温度升高至 185 ℃则可减少催化剂用量，但半纤维素回收率降低[34]。

四氢呋喃可与水混溶用于处理木质纤维生物质。槭木经四氢呋喃（含 1% H_2SO_4） 170 ℃处理 30 min 后木质素脱除率为 90%，残余物料 72 h 酶水解效率为 75%，处理液中四氢呋喃蒸馏回收后木质素沉淀析出。但四氢呋喃为易挥发溶剂，高温下压力较高，安全性能是需考虑的重要因素。由于低沸点溶剂处理对设备压力的要求过高，可采用高沸点溶剂（如乙二醇、甘醇、丁醇、戊醇等）进行处理[35]。废报纸经甘醇（含 2% H_2SO_4） 150 ℃处理 15 min 后木质素脱除率为 75%，物料酶水解效率为 94%[36]。丁醇和戊醇处理高粱秆（12.5% 溶剂， 1% H_2SO_4， 180 ℃， 45 min），残余物料酶水解效率分别为 78% 和 90%[37]。

近来，γ-戊内酯也常用于预处理木质纤维生物质溶出碳水化合物，典型反应条件为 80% γ-戊内酯中加入 0.05% H_2SO_4， 157～217 ℃处理物料，反应完成后溶液中加入盐或液化 CO_2 即可将碳水化合物沉淀分离[38]。由于反应在高温下进行，约 20%～30% 碳水化合物进一步降解生产糠醛、 5-羟甲基糠醛和乙酰丙酸等。降低处理温度虽可获得可观的木质素脱除率，但物料酶水解效率的改善并不理想[39]。

N-甲基吗啉-*N*-氧化物（NMMO）能与纤维素之间形成氢键溶解纤维素，经再生处理物料结构疏松，纤维素结晶度降低， NMMO 处理对硬木和软木都具有良好的处理效果。云杉和桦木经 NMMO 溶解处理后（130 ℃， 1～5 h，固含量 6%）物料酶水解效率可达 88% 和 92%，每克物料的乙醇产量达到 195 mg 和 175 mg。但 NMMO 处理物料需水洗，并回收 NMMO 以降低生产成本，减少对生物转化微生物的抑制作用[40]。

有机溶剂处理时，需从物料和设备中排出、蒸发、浓缩和回收有机溶剂以减少其对后续酶水解和发酵的抑制作用并降低处理成本。此外，有机溶剂易造成环境问题并影响人类健康，因此有机溶剂预处理难以在工业生产中应用。

2.2.5 氧化处理

臭氧处理能够降低木质纤维生物质中木质素含量，但对碳水化合物影响较小，影响臭氧处理效率的因素包括物料含水量、物料尺寸和臭氧浓度。臭氧处理可在常温常压下处理且不产生抑制性物质，处理后臭氧可被催化降解生成氧气，减少环境污染，但臭氧成本较高[41]。臭氧可用于处理不同各类原料（如小麦秸秆、黑麦秸秆、蔗渣、青草、花生壳、松木、棉秆和杨木木屑等）并生成多种降解产物。含水率为45%的杨木木屑经臭氧处理后，水解液中含有草酸、甲酸、羟基乙酸、羧酸、琥珀酸、甘油酸、丙二酸、对羟基苯甲酸、富马酸和丙酸等降解产物[41]。禾本科原料（含水率50%）经臭氧处理后，水解液中含有酸类（己酸、乙酰丙酸、对羟基苯甲酸、香草酸、壬二酸和富马酸）和醛类物质（对羟基苯甲醛、香草醛和氢醌）[42]。

湿氧化是一种有效的预处理技术，氧化剂在高温（>120 ℃）下催化降解木质素和半纤维素，适用于处理多种类型原料。处理温度、时间和氧气压力是影响湿氧化处理效果的主要因素[1]。处理过程中水的存在有利于传质，氧气的存在可增加自由基含量，提高反应速率，木质纤维生物质氧化释放的能量可减少预处理过程中能量的投入。但氧气处理成本较高，因此常以空气为氧化剂。氧化剂对木质纤维生物质的降解并无选择性，在氧化剂作用下木质素芳基和烷基侧链断裂，酚类基团可进一步氧化形成羧酸；半纤维素可氧化降解生成单糖和有机酸等；纤维素部分水解；氧化处理过程中可添加Na_2CO_3调节pH值至中性以减少降解产物的生成[43]。此外，过氧化氢、过氧乙酸等氧化剂也可用于木质纤维生物质预处理。在过氧化氢环境中，木质素也可被氧化酶催化降解。

2.3 物理化学法

2.3.1 爆破处理

（1）蒸汽爆破

蒸汽爆破（steam explosion，SE）是一种物理化学处理技术，在木质纤维生物质预处理过程中已得到广泛应用。典型的蒸汽爆破工艺为160～260 ℃（相应压力0.69～4.83 MPa）温度下保持数秒至数分钟后将蒸汽迅速释放降至常压。蒸汽是有效的热载体，能迅速将物料加热至指定温度并接触一定时间使蒸汽渗入物料空隙后瞬间释放压力，使物料中部分纤维素和半纤维素降解生成单糖，细胞壁结构破坏。影响蒸汽爆破处理效率的主要因素有维压时间、处理温度、物料尺寸和水分含量等。蒸汽爆破处理时木质素熔融、降解、再聚合后在细胞壁中迁移并在物料表面重新分布。在蒸汽爆破过程中半纤维素脱除率对物料酶水解效率的影响随物料种类变化[44]。

蒸汽爆破处理能量投入较少、无需试剂回收、环境影响较小。若要达到相同的物料尺寸降低效果，蒸汽爆破处理仅需机械处理能量投入的 30%。但蒸汽爆破仍有局限性，如木质素-碳水化合物降解不彻底、木聚糖降解及抑制物生成等。蒸汽爆破处理后物料通常需水洗，去除生成的抑制物和降解的半纤维素组分，水洗导致了碳水化合物的损失，使总糖回收率降低。蒸汽爆破对硬木和禾本科物料较有效，对软木处理效果较差，添加酸或碱催化剂可提高处理效率[44]。因此，物料蒸汽爆破前以水、酸（SO_2、 H_2SO_4 和 H_3PO_4 等）或碱（NaOH 等）预浸渍后可降低处理温度、减少抑制物生成、促进木质素-碳水化合物复合物连接键断裂和半纤维素的溶出、提高物料酶水解效率。常用的酸性催化剂有 H_2SO_4（廉价、高效）和 SO_2，用量为 0.3% ~ 3%（与物料质量比），相比之下 SO_2 对设备腐蚀性低、渗入物料能力强，处理后物料酶水解效率高，但 SO_2 毒性强、危害环境。 SO_2 催化蒸汽爆破是针对软木原料有效的处理技术。在相似条件下 SO_2 催化蒸汽爆破过程中产生的抑制物量少于 H_2SO_4 催化蒸汽爆破[45]。目前，催化爆破处理已在美国、瑞士、意大利和加拿大实现了工业化应用。

（2）氨爆

氨爆（ammonia fiber explosion，AFEX）是一个物理化学处理过程，木质纤维生物质物料于液氨中高温高压下保持一定时间后瞬间释放压力。影响氨爆处理的因素包括氨用量、温度、水用量、压力、时间及处理次数。典型的氨爆处理条件为：每千克物料氨用量 1 ~ 2 kg、温度 < 100 ℃、维压时间 10 ~ 60 min、压力 < 3 MPa[25]。当物料含水率较低时，氨爆处理后物料损失较少，可回收全部有效组分，但物料发生润胀、纤维素结晶度降低、木质素-碳水化合物连接键断裂、物料保水能力和酶水解能力增加。添加水或物料含水率较高时，氨爆可催化物料氨解和水解切断物料中的酯基（如酰化半纤维素、阿魏酸酯和对香豆酸酯等）生成酰胺和酸；压力的瞬间释放使氨分子和水分子浸入细胞壁，溶出半纤维素等成分，增加物料孔隙度。因此，氨爆处理具有抑制物生成量少、物料尺寸要求低、后续发酵过程无需为菌体额外添加氮源等特点[46]。氨爆对草类原料处理效率较高，对木质素含量高的原料（木质素含量 > 25%，如硬木、核壳生物质等）处理效率较差。氨爆处理是禾本科原料有效的预处理方法，但氨可能导致环境问题，因此需回收。氨的回收再利用不仅避免了环境污染还提高了氨的利用效率，降低预处理成本。 Holtzapple 等采用氨的过热蒸气（ > 200 ℃）可从处理后物料中回收 99% 的氨。但高设备成本和液氨制备、回收成本限制了氨爆处理的工业化应用[47]。

（3）二氧化碳爆破

二氧化碳爆破（carbon dioxide explosion）以超临界二氧化碳为介质对物料进

行爆破处理，将木质素有效溶出，处理温度比蒸汽爆破低，抑制物产量小，费用较氨爆低。在超临界二氧化碳中（35 ℃），纤维素酶依然具有稳定性。此外，二氧化碳比有机溶液和氨爆处理对环境影响小。在超临界状态下，二氧化碳具有良好的溶解性能和扩散性能，在高温高压推动下渗入木质纤维生物质物料微孔中。在水存在的条件下，二氧化碳可形成碳酸催化半纤维素的水解[48]。超临界二氧化碳压力的瞬间释放使物料细胞壁破坏，纤维素可及度增加有利于酶水解。对比蒸汽爆破、氨爆和二氧化碳爆破处理效率表明，二氧化碳爆破处理后物料酶水解转化效率较低，但二氧化碳爆破处理具有温度较低、抑制物生成量较少、二氧化碳无毒性、挥发性低、易于回收再利用的优点，增加了其经济效益。虽然众多学者研究了二氧化碳爆破在木质纤维生物质预处理中的应用，但制备超临界二氧化碳费用较高，影响了其工业应用[49]。

2.3.2 水热处理

水热处理（liquid hot water pretreatment，LHW）以水为介质，不添加化学试剂，在高温（130～240 ℃）下以密闭条件保持相应的压力对物料处理约 15 min。因此，水热处理具有设备费用低、操作简单、无需化学试剂等优点；同时具有处理温度高、能耗大、废水量大的缺点。高压高温条件下，水电离常数较高，离子化后催化半纤维素降解生成单糖或低聚糖，并降解部分木质素。当温度升高至 150 ℃时，半纤维素开始溶解，随着半纤维素的溶出，乙酰基支链脱落形成乙酸使体系 pH 值下降，进一步催化半纤维素的溶解[25]。水热处理后，总物料溶出率约 40%～60%，其中纤维素溶出率约 4%～22%、木质素溶出率约 35%～60%、半纤维素溶出率可接近 100%[50]。半纤维素的最终脱除率取决于处理温度、时间和物料半纤维素结构。水热处理后物料中主要成分为纤维素和木质素，且处理过程中木质素迁移重新沉积于物料表面阻碍纤维素酶水解。虽水热处理后纤维素结晶度升高，但细胞壁结构的破坏提高了纤维素可及度。此外，水热处理可打破纤维素分子间氢键、切断半纤维素和木质素部分官能团，从而提高纤维素酶水解效率[51]。

相比于酸性处理，水热处理过程中生成的抑制物含量较少，抑制物类型和含量取决于处理条件和木质纤维生物质类型。但随着处理温度的升高，碳水化合物和木质素可进一步降解生成抑制物。通常，水热过程中降解产物包括：可溶性糖、呋喃衍生物、5-羟甲基呋喃、有机酸、酚醛化合物。降解产物中可溶性糖和酚类化合物对酶具有抑制效应，呋喃衍生物和有机酸能抑制发酵过程中微生物的生长代谢[52]。低聚糖对酶的抑制作用主要由于它能吸附酶蛋白，降低酶对纤维素的作用。低聚木糖含量仅 1.67 mg/mL 时，纤维素酶水解转化率降低 5%～13%；酚类物质含量 3.5 mg/mL 时纤维素酶水解效率降低 20%，酚羟基是主要的抑制因素。

为减少抑制物的形成，可加入 KOH、 NaOH 等碱性试剂，维持水热处理 pH 为 4~7[25, 53]。

2.4 生物法

在自然界中许多微生物利用木质纤维生物质作为碳源和能源生长繁殖，因此微生物可用于处理木质纤维生物质进而用于生产燃料乙醇。目前，生物处理木质纤维生物质的微生物包括真菌（白腐菌、褐腐菌和软腐菌）和细菌。白腐菌具有许多细小菌丝，可有效降解木质素生成二氧化碳。白腐菌对木质素的降解作用主要取决于微生物代谢产生的强氧化性酶以及底物的低特异性，白腐菌亦可代谢产生木聚糖酶，降解半纤维素组分。褐腐菌可代谢生产木聚糖酶和纤维素酶，从而降解纤维素和半纤维素。软腐菌可同时降解纤维素和木质素，其对木质素的降解机理目前尚无定论，但软腐菌主要作用于水分含量高、木质化程度较低的物料，它能侵入细胞壁 S2 层使被子类木材原料中酸不溶木质素含量降低。细菌对木质纤维生物质的脱木质素作用则主要源于其代谢的木聚糖酶降解半纤维素，随之将碳水化合物木质素复合物脱除[1, 14, 48]。因此，白腐菌是生物处理木质纤维生物质有效的菌种。

白腐菌降解木质素是一个氧化过程，氧化酶（木质素氧化酶、 Mn 过氧化物酶、酚基氧化酶和漆酶等）是关键因素。其中，木质素氧化酶主要降解非酚基单元， Mn 过氧化物酶可生成 Mn^{2+} 离子，降解木质素中的酚基和非酚基单元；漆酶催化氧化单电子酚基和其他富电子基团[54]。白腐菌可代谢生产脂肪醇氧化酶、醛氧化酶等协同降解木质素；阿魏酸脱酯酶和对香豆酸脱酯酶对降解草类原料具有重要作用[55~57]。此外，白腐菌能生成纤维素酶（外切葡聚糖酶、内切葡聚糖酶和纤维二糖酶）及半纤维素酶。木聚糖酶与木质素降解酶协同作用可切断碳水化合物-木质素复合物连接键，有效降解木质素并避免了木质素的矿物化[58]。为减少生物过程中纤维素的损失，可将细胞代谢产生的酶分离纯化后进行脱木质素处理[59]。虽然生物处理能耗低、环境效益好，但生物处理时间较长，因此生物处理常结合其他预处理技术应用。白腐菌结合碱处理毛白杨，木质素结构改变，木质素和半纤维素脱除率随处理时间的延长而增加，纤维素酶水解效率比相应碱处理后物料高。生物处理结合有机溶剂处理山毛榉同步发酵生产乙醇与单独有机溶剂处理时相比节省了能量投入。

参考文献

[1] Zheng Y，Shi J，Tu M B，et al. Principles and development of lignocellulosic biomass pretreatment for biofuels. In：*Advances in Bioenergy*，volume 2. Eds：Li Y B，Ge X M. Academic press，2017：

1-68.
[2] Agbor V B, Cicek N, Sparling R, et al. Biomass pretreatment: fundamentals toward application. *Biotechnology Advances*, 2011, 29: 675-685.
[3] Taherzadeh M J, Karimi K. Pretreatment of lignocellulosic wastes to improve ethanol and biogas production: a review. *International Journal of Molecular Sciences*, 2008, 9: 1621-1651.
[4] Zhua J Y, Wang G S, Pan X J, et al. Specific surface to evaluate the efficiencies of milling and pretreatment of wood for enzymatic saccharification. *Chemical Engineering Science*, 2009, 64: 474-485.
[5] Garver M P, Liu S J. Development of thermochemical and biochemical technologies for biorefineries. In: *Bioenergy Research: Advances and Applications*. Eds: Gupta V K, Tuohy M G, Kubicek C P, et al. Elsevier, 2014: 457-488.
[6] Holtzapple M T, Humphrey A E, Taylor J D. Energy requirements for the size reduction of poplar and aspen wood. *Biotechnology and Bioengineering*, 1989, 33: 207-210.
[7] Karunanithy C, Muthukumarappan K. Optimization of switchgrass and extruder parameters for enzymatic hydrolysis using response surface methodology. *Industrial Crops and Products*, 2011, 33: 188-199.
[8] Gallos A, Paes G, Allais F, et al. Lignocellulosic fifibers: a critical review of the extrusion process for enhancement of the properties of natural fifiber composites. *RSC Advance*, 2017, 7: 34638-34654.
[9] Um B H, Choi C H, Oh K K. Chemicals effect on the enzymatic digestibility of rape straw over the thermo-mechanical pretreatment using a continuous twin-screw driven reactor. *Bioresource Technology*, 2013, 130: 38-44.
[10] Madison M J, Coward-Kelly G, Liang C. Mechanical pretreatment of biomass-Part I: Acoustic and hydrodynamic cavitation. *Biomass and Bioenergy*, 2017, 98: 135-141.
[11] Tomoko S, Masaya N, Naotsugu N, et al. Effect of gamma-ray irradiation on enzymatic hydrolysis of spent corncob substrates from edible mushroom, enokitake (Flammulina velutipes) cultivation. *Bulletin of FFPRI*, 2007, 6: 27-34.
[12] Lee B M, Lee J Y, Kang P H, et al. Improved pretreatment process using an electron beam for optimization of glucose yield with high selectivity. *Applied Biochemistry and Biotechnology*, 2014, 174: 1548-1557.
[13] Kumar P, Barrett D M, Delwiche M J, et al. Pulsed electric field pretreatment of switchgrass and woodchips species for biofuels production. *Industrial and Engineering Chemistry Research*, 2011, 50: 10996-11001.
[14] Sun Y, Cheng J. Hydrolysis of lignocellulosic materials for ethanol production: a review. *Bioresource Technology*, 2002, 83: 1-11.
[15] Chiaramonti D, Prussi M, Ferrero S, et al. Review of pretreatment processes for lignocellulosic ethanol production, and development of an innovative method. *Biomass and Bioenergy*, 2012, 46: 25-35.
[16] Tian S, Zhu W, Gleisner R, et al. Comparisons of SPORL and dilute acid pretreatments for sugar

and ethanol productions from aspen. *Biotechnology Progress*, 2011, 27 (2): 419-427.

[17] Lu X B, Zhang Y M, Yang J, et al. Enzymatic hydrolysis of corn stover after pretreatment with dilute sulfuric acid. *Chemical. Engineering Technology*, 2007, 30 (7): 938-944.

[18] Davies S M, Linforth R S, Wilkinson S J, et al. Rapid analysis of formic acid, acetic acid, and furfural in pretreated wheat straw hydrolysates and ethanol in a bioethanol fermentation using atmospheric pressure chemical ionization mass spectrometry. *Biotechnology for Biofuels*, 2011, 4: 1-8.

[19] Tao L, Chen X, Aden A, et al. Improved ethanol yield and reduced minimum ethanol selling price (MESP) by modifying low severity dilute acid pretreatment with deacetylation and mechanical refining: 2) techno-economic analysis. *Biotechnology for Biofuels*, 2012, 5: 1.

[20] Kim J S, Lee Y, Kim T H. A review on alkaline pretreatment technology for bioconversion of lignocellulosic biomass. *Bioresource Technology*, 2016, 199: 42-48.

[21] Sierra R, Granda C B, Holtzapple M T. Lime pretreatment. In: Biofuels: Methods and Protocols. Ed, Mielenz, R. J. Humana Press, Totowa, NJ, 2009: 115-124.

[22] Kim T H, Gupta R, Lee Y Y. Pretreatment of biomass by aqueous ammonia for bioethanol production. In: *Biofuels: methods and protocols*, 2009, 581: 79-91.

[23] Kim S, Holtzapple M T. Delignification kinetics of corn stover in lime pretreatment. *Bioresource Technology*, 2006, 97: 778-785.

[24] Banerjee G, Car S, Liu T, et al. Scale-up and integration of alkaline hydrogen peroxide pretreatment, enzymatic hydrolysis, and ethanolic fermentation. *Biotechnology and Bioengineering*, 2012, 109: 922-931.

[25] Mosier N, Wyman C, Dale B, et al. Features of promising technologies for pretreatment of lignocellulosic biomass. *Bioresource Technology*, 2005, 96: 673-686.

[26] Sharma R, Palled V, Sharma-Shivappa R R, et al. Potential of potassium hydroxide pretreatment of switchgrass for fermentable sugar production. *Applied Biochemistry and Biotechnology*, 2013, 169: 761-772.

[27] Li X. Bioethanol production from lignocellulosic feedstock using aqueous ammonia pretreatment and simultaneous saccharification and fermentation (SSF): Process development and optimization. Ames, Iowa: Department of Agricultural Engineering, Iowa State University, 2010.

[28] Yoo C G, Lee C W, Kim T H. Effect of low-moisture anhydrous ammonia (LMAA) pretreatment on biomass quality and enzymatic hydrolysis for longterm storage. *Applied Biochemistry and Biotechnology*, 2014, 174: 2639-2651.

[29] Dutta T, Shia J, Suna J, et al. Ionic liquid pretreatment of lignocellulosic biomass for biofuels and chemicals. In: *Ionic Liquids in the Biorefinery Concept: Challenges and Perspectives*. Royal Society of Chemistry. Eds, Bogel-Lukasik, R., Clark, J. H. London, UK, 2015: 65-94.

[30] Kilpeläinen I, Xie H, King A, et al. Dissolution of wood in ionic liquids. *Journal of Agricultural and Food Chemistry*, 2007, 55: 9142.

[31] Zhang Z Y, Harrison M D, Rackemann D W, et al. Organosolv pretreatment of plant biomass for enhanced enzymatic saccharifification. *Green Chemistry*, 2016, 18: 360-381.

[32] Behera S, Arora R, Nandhagopal N, et al. Importance of chemical pretreatment for bioconversion of lignocellulosic bomass. *Renewable and Sustainable Energy Reviews*, 2014, 36: 96-106.

[33] Arato C, Pye E K, Gjennestad G. The lignol approach to biorefining of woody biomass to produce ethanol and chemicals. *Applied Biochemistry Biotechnology*, 2005, 123: 871-882.

[34] Pan X J, Gilkes N, Kadla J, et al. Bioconversion of hybrid poplar to ethanol and co-products using an organosolv fractionation process: optimization of process yields. *Biotechnology and Bioengineering*, 2006, 94 (5): 851-861.

[35] Nguyen T Y, Cai C M, Kumar R, et al. Co-solvent pretreatment reduces costly enzyme requirements for high sugar and ethanol yields from lignocellulosic biomass. *ChemSusChem*, 2015, 8: 1716-1725.

[36] Lee D H, Cho E Y, Kim C J, et al. Pretreatment of waste newspaper using ethylene glycol for bioethanol production. *Biotechnology and Bioprocess Engineering*, 2010, 15: 1094-1101.

[37] Teramura H, Sasaki K, Oshima T, et al. Organosolv pretreatment of sorghum bagasse using a low concentration of hydrophobic solvents such as 1-butanol or 1-pentanol. *Biotechnology for Biofuels*, 2016, 9: 27.

[38] Luterbacher J S, Rand J M, Alonso D M, et al. Nonenzymatic sugar production from biomass using biomass-derived gamma-valerolactone. *Science*, 2014, 343: 277-280.

[39] Shuai L, Questell-Santiago Y M, Luterbacher J S. A mild biomass pretreatment using gamma-valerolactone for concentrated sugar production. *Green Chemistry*, 2016, 18: 937-943.

[40] Lennartsson P R, Niklasson C, Taherzadeh M J. A pilot study on lignocelluloses to ethanol and fish feed using NMMO pretreatment and cultivation with zygomycetes in an air-lift reactor. *Bioresource Technology*, 2011, 102: 4425-4432.

[41] Euphrosine-Moy V, Lasry T, Bes R S, et al. Degradation of poplar lignin with ozone. *Ozone Science and Engineering*, 1991, 13 (2): 239-248.

[42] Morrison W H, Akin D E. Water soluble reaction products from ozonolysis of grasses. *Journal of Agricultural and Food Chemistry*, 1990, 38: 678-681.

[43] Hon D N S, Shiraishi N. Wood and Cellulose Chemistry. 2ed. Marcel Dekker Inc, New York, 2001.

[44] Singh J, Suhag M, Dhaka A. Augmented digestion of lignocellulose by steam explosion, acid and alkaline pretreatment methods: A review. *Carbohydrate Polymers*, 2005, 117: 624-631

[45] Galbe M, Zacchi G. A review of the production of ethanol from softwood. *Applied Microbiology and Biotechnology*, 2002, 59: 618-628.

[46] Zheng Y, Pan Z, Zhang R. Overview of biomass pretreatment for cellulosic ethanol production. *International Journal of Agricultural Biology Engineering*, 2009, 2: 51-68.

[47] Drapcho C M, Nghiem N P, Walker T H. Biofuels engineering process technology. McGraw Hill, New York, USA, 2008.

[48] Akhtar N, Gupta K, Goyal D, et al. Recent advances in pretreatment technologies for efficient hydrolysis of lignocellulosic biomass. *Environmental Progress and Sustainable Energy*, 2016, 35: 489-511.

[49] Zheng Y Z, Lin H M, Tsao G T. Pretreatment of cellulose hydrolysis by carbon dioxide explosion. *Biotechnology Progress*, 1998, 14: 890-896.

[50] Kumar P, Barrett D M, Delwiche M J, et al. Methods for pretreatment of lignocellulosic biomass for efficient hydrolysis and biofuel production. *Industrial Engineering Chemistry and Research*, 2009, 48: 3713-3729.

[51] Wang Y, Liu S, Liang L, et al. Biochemical conversion. In: *Integrated Biorefineries: Design, Analysis and Optimization*. Eds, Stuart, P. R., El-Halwagi, M. M. CRC Press, New York, 2012: 591-650.

[52] Klinke H B, Thomsen A B, Ahring B K. Inhibition of ethanol-producing yeast and bacteria by degradation products produced during pre-treatment of biomass. *Applied Biochemistry and Biotechnology*, 2004, 66: 10-26.

[53] Qing Q, Wyman C E. Supplementation with xylanase and beta-xylosidase to reduce xylo-oligomer and xylan inhibition of enzymatic hydrolysis of cellulose and pretreated corn stover. *Biotechnology for Biofuels*, 2011, 4: 18.

[54] Hammel K E. Fungal degradation of lignin. In: *Plant litter quality and decomposition*. Eds: Cadisch, G., Gilller, K. E. CAB-International, 1997: 33-46.

[55] Guillén F, Martínez A T, Martínez M J. Substrate specificity and properties of the aryl-alcohol oxidase from the ligninolytic fungus *Pleurotus eryngii*. *Europe Journal of Biochemistry*, 1992, 209: 603-611.

[56] Kuhad R C, Singh A, Ericsson K E L. Microorganisms and enzymes involved in the degradation of plant fiber cell walls. *Advances in Biochemistry and Engineering Biotechnology*, 1997, 57: 45-125.

[57] Kersten P, Cullen D. Extracellular oxidative systems of the lignin-degrading Basidiomycete Phanerochaete chrysosporium. *Forest Genetic Biology*, 2007, 44: 77-87.

[58] Fillingham I J, Kroon P A, Williamson G, et al. A modular cinnamoyl ester hydrolase from the anaerobic fungus Piromyces equi acts synergistically with xylanase and is part of a multiprotein cellulose-binding cellulase-hemicellulase complex. *Biochemistry Journal*, 1999, 343: 215-224.

[59] Bezalel L, Shoham Y, Rosenberg E. Characterization and delignification activity of a thermostable a-L-arabinofuranosidase from Bacillus stearothermophilus. *Applied Microbiology and Biotechnology*, 1993, 40: 57-62.

第3章

影响木质纤维生物质酶水解效率的因素

3.1 纤维素基底物结构对酶水解的影响

3.1.1 纤维素聚合度

纤维素是葡萄糖由 β-1，4糖苷键连接而成的大分子物质，纤维素分子链中葡萄糖单元数量随植物种类不同可在几十至几万变化[1,2]。纤维素聚合度降低可提高纤维素分子链末端基含量，增加纤维素活性位点。纤维素聚合度是纤维素重要结构特征之一，聚合度为2~6的纤维素能溶于水中；聚合度为6~12的纤维素溶解度降低；当聚合度大于100时，纤维素为不溶物[3]。主要由于纤维素分子链越长，羟基含量越多，形成的氢键越多，越难以水解；当预处理降低纤维素聚合度后，末端基含量越高，有利于纤维素与外切纤维素酶的吸附[4,5]。此外，纤维素聚合度降低，羟基含量减少，分子链与分子间氢键作用减少，有利于纤维素酶的接触[6]。但纤维素聚合度与酶水解效率之间的构-效关系尚不明确，当纤维素聚合度降低时有利于外切纤维素酶和纤维素二糖酶作用，但低聚合度的纤维素分子使 β-葡萄糖苷酶活性降低[7]。此外，纤维素聚合度对酶水解的影响还包括其对酶在底物上吸附-脱附性能的影响[5]。

3.1.2 物料可及度

纤维素酶具有独特的结构，具有类似于蝌蚪的核结构与长链结构，从功能看纤维素酶包含催化区域、连接区和碳水化合物结合区域[8]，能与物料形成特异性吸附。纤维素的酶水解有三个主要步骤：①酶在底物上的吸附；②酶催化水解；③完成水解后酶从底物脱附[9]。纤维素的水解从酶在纤维素分子上的吸附开始，当一个纤维素片段水解完成后酶从底物上脱附并附着于新的纤维素片段催化其水解。在物料可及面积中（物料表面积和物料内部孔隙表面积），孔隙内部表面积占总表面积的90%[10]。在水解初期，纤维素酶在底物上的吸附只需30~90 min即可达到平衡。在描述酶在底物上吸附的众多模型中，Langmuir吸附虽较符合实际的模型，但不同类型的纤维素酶吸附常数不同[3]。通常，纤维素酶尺寸约5 nm，可有效浸入50~100 nm的孔隙，当孔隙尺寸较小时，β-葡萄糖苷酶难以进入；孔隙尺寸大于200 nm时，反而因孔隙的干扰和蛋白的聚集影响其在物料内的吸附[11, 12]。因此，提高物料孔隙度是预处理的主要目的之一。在保留半纤维素的预处理技术中，物料的孔隙度随着木质素的溶出而提高；但随着后续半纤维素的溶出物料孔隙度降低。纤维素可及度决定了水解初始速度，但最终转化效率还与纤维素结晶结构和结晶度相关[13]。

3.1.3 纤维素结晶度与结晶结构

纤维素分子中含有大量羟基，可在纤维素分子内和分子间形成氢键，使纤维素大分子形成规则的排列，即纤维素结晶结构。根据纤维素分子链之间距离、结晶形态和大小的差异，纤维素结晶结构主要分为晶面间距分别为0.395 nm、0.441 nm和0.424 nm的纤维素Ⅰ、纤维素Ⅱ和纤维素Ⅲ[14]。其中，纤维素Ⅰ分子链之间平行排列以氢键结合并通过疏水作用形成薄层，而薄层之间无氢键作用[15, 16]；纤维素Ⅱ和纤维素Ⅲ分子链之间通过氢键作用分别平行排列和反向平行排列[14, 17]。经过处理后，纤维素分子链重新排列时可使纤维素结晶结构改变。通过溶解再生处理纤维素Ⅰ可转化生成纤维素Ⅱ，纤维素Ⅰ或纤维素Ⅱ经液氨处理后即可转化为纤维素Ⅲ，纤维素Ⅲ经热处理可转化为纤维素Ⅳ[18]。通常，天然植物纤维素具有两相结构（结晶结构和非晶结构），其中结晶结构主要为Ⅰ型；而非结晶结构分为表面可及纤维素（位于纤维素表面）和不可及纤维素（位于两条微纤丝之间）[15, 16, 19]。根据纤维素二糖重复单元的排列差异，纤维素Ⅰ分为三斜晶系$Ⅰ_{\alpha}$和单斜晶系$Ⅰ_{\beta}$两种，$Ⅰ_{\alpha}$是细菌和藻类纤维素的主要结晶结构；$Ⅰ_{\beta}$是高等植物纤维素的主要结晶结构。在一定条件下，$Ⅰ_{\alpha}$亚稳性结构，可通过热力学转变为稳定的$Ⅰ_{\beta}$结构[15, 16]。不同纤维素结构分子链之间规则度和作用力具有差异使其与纤维素酶之间作用的位点不同。通常，在酶水解过程中纤维素酶首先作用于无定形结构，并对初始水解速率具有重要影响；对不同结晶结构的纤维素，由于纤维素Ⅰ晶面间距较小而分子链之间作用力较强，抗外界侵扰能力较强。研究发现，改变结晶结构有利于纤维素酶水解效率的提高[20]。因此，预处理过程中对物料结构的改变（提高可及度、调整纤维素聚合度、结晶结构和结晶度）有利于提高纤维素酶水解效率。

3.2 木质素的抑制效应

植物生物催化羟基肉桂醇、针叶醇和芥子醇单体通过自由基反应合成三种结构单元：愈创木基（guaiacyl，G型木质素）、紫丁香基（syringyl，S型木质素）和对羟苯基（p-hydroxyphenyl，H型木质素），进而聚合形成木质素大分子结构。三种结构单元随机地分布于木质素大分子结构中。结构单元之间连接键型有β-O-4、α-O-4/β-5、β-β、4-O-5和少量β-1和5-5[21, 22]。随着物料种类的差别和预处理技术的差异，木质素连接键型随之变化，并决定了木质素的物理化学性质及与纤维素酶之间的相互作用能力。

木质素对纤维素酶、木聚糖酶和β-葡萄糖苷酶均具有抑制作用。相比于碳水化合物，木质素更容易吸附酶使生物转化过程中有效酶浓度降低、回收难度增加[23, 24]。此外，预处理过程中木质素在细胞壁中发生迁移并沉积于物料表面阻碍纤维素酶的吸附[25]。因此，木质素的存在使物料纤维素酶用量增加、水解效率降低。

3.2.1 木质素与酶之间的作用

酶在底物上的吸附是水解的第一步，但木质素能非特异性地、不可逆吸附酶，从而降低有效酶的量，降低纤维素酶水解效率。木质素来源不同对酶的抑制作用具有明显差异，木材源木质素对酶的抑制作用大于禾本科源木质素；软木源木质素大于硬木源木质素[26]。木质纤维生物质预处理技术和木质素分离也会导致木质素结构的变化，影响其与酶的作用。通常，木质素对酶之间的抑制作用主要包括：非特异性吸附和立体位阻[25]。

凝胶电泳法分析含木质素的复合酶体系，发现木质素完成吸附3β-葡萄糖苷酶和内切、外切葡萄糖酶[27]。木质素对酶的吸附作用可分为：疏水性作用、静电作用和氢键作用。疏水性作用主要发生在酶的芳香类氨基酸与木质素的疏水端之间，并在木质素对酶的吸附中占主要地位。结构中的羟基和羧基的存在使木质素和酶蛋白均带有表面电荷，相互之间能产生静电作用力。酶蛋白的表面电荷性质和大小随蛋白类型和pH值变化。当pH值在酶蛋白等电点范围内时酶蛋白为中性；小于等电点时酶蛋白为电正性；大于等电点时酶蛋白为电负性。木质素结构中含有的大量羟基和羧基具有电负性，因此木质素与酶蛋白静电作用力受pH值和酶类型的影响。此外，预处理对木质素结构的改变以及温度也是影响木质素和酶蛋白静电作用的因素。氢键作用主要在木质素结构中的羟基（尤其中酚羟基）与酶之间形成，木质素的酚类官能团吸附酶，而羟丙基侧链调节木质素对纤维素酶水解的抑制作用[24]。木质素与酶蛋白结构复杂，两者之间的相互作用取决于木质素和酶蛋白的结构特征、来源等多种因素。

除吸附作用外，预处理过程中木质素发生迁移，在细胞壁内和物料表面重新分布，其中附着于物料表面的木质素将阻碍纤维素酶在碳水化合物上的吸附，木质素与纤维素表面之间的疏水性结合阻断了酶与纤维素之间的特异性吸附，从而降低纤维素酶的水解效率。虽然木质素与酶具有较强的吸附作用，但50 ℃下微晶纤维素对纤维素酶（Accellerase 1000™ from T. reesei）的亲和力和吸附速率大于木质素。因此，木质素对酶的抑制作用主要取决于阻碍作用[28]。稀酸处理时，碳水化合物降解生成糠醛、5-羟甲基糠醛和乙酰丙酸等物质。这些物质可进一步聚合形成类似于木质素的物质，即假木质素。在水解过程中，假木质素能吸附大量酶蛋白，假木质素对酶的抑制作用比稀酸木质素更强烈[29]。

3.2.2 影响木质素与酶作用的因素

（1）木质素结构

木质素结构特征（含量、化学成分、表面性质、分子量）是影响其与酶之间相互作用的关键因素。对比基因工程植物原料酶水解效率发现，纤维素酶水解初始速度和最终转化率随木质素含量降低而增加[25]。

木质素化学组成对酶具有显著影响。物料中酸不溶木质素含量增加，则酶水解效率降低；纤维素酶水解效率随醚化对香豆酸和醚化阿魏酸含量增加而降低，但随酯化对香豆酸和酯化阿魏酸含量增加而升高[30]。目前，众多学者致力于木质素中S结构单元与G结构单元比例对酶水解的影响，但并未得到一致的结论。但通过基因工程技术调整拟南芥使其木质素以H结构单元为主，基因改造后物料酶水解葡萄糖得率比野生物料提高了2倍[31]。

木质素表面特性，如表面积、表面电荷和疏水性，对酶吸附具有直接影响。木质素表面积增加，对酶吸附量增大；表面疏水性基团增加，与酶之间的疏水性结合能力增加。木质素表面官能团决定了木质素与酶之间的作用，如表面羧基使木质素表面呈电负性，增加了木质素与酶之间的静电斥力，减少酶的吸附量；表面的脂肪醇羟基使木质素疏水性增加，加强了木质素与酶的疏水性结合；表面酚羟基能与蛋白结合使酶失活[24]。当预处理过程中生成木质素硫酸盐时，由于其具有表面活性剂特性，因此能减少木质素与纤维素酶的吸附、增加酶的稳定性，从而提高酶水解效率[32]。此外，分子量和多分散性也是木质素重要的结构特征。当木质素分子量减小时，对酶的抑制作用降低。木质素磺酸盐和碱木质素多分散性比酶木质素和有机溶剂木质素低，但对酶的吸附亲和力更强。

（2）酶的特性

酶的结构和类型也是影响木质素-酶相互作用的重要因素。纤维素酶大分子可分为活性催化位点和非催化位点（如结合结构区， CBM）。 CBM 的主要功能为识别底物类型并引导酶吸附于底物催化水解。但 CBM 具有较强的疏水性，与木质素亲和能力较强，常引导酶吸附于木质素表面。木聚糖酶与纤维素酶属于不同的氨基酸类型，因此两者与木质素之间的亲和能力不同。 *A. niger*、 *T. reesei*、 *T. longibrachiatum*、 *Talaromyces emersonii* 是生产纤维素水解用酶的主要微生物。不同来源的纤维素酶与木质素之间亲和能力不同；不同酶种类（内切葡聚糖酶、外切葡聚糖酶、β-葡萄糖苷酶）与木质素之间亲和能力也不同。 *T. reesei* 代谢产生的外切葡聚糖酶与木质素之间的亲和能力大于其产生的内切葡聚糖酶[33]；在微晶纤维素中添加磨木木质素时，外切葡萄糖酶受到的抑制作用大于内切葡萄糖酶和葡萄糖苷酶[21]。由于 β-葡萄糖苷酶活性端和疏水端相距较远，因此木质素虽能吸附大量 β-葡萄糖苷酶，但对其活性影响较小[34]。此外，来源于不同微生物代谢产生的相同种类的酶与木质素之间吸附能力也不同。

（3）预处理和木质素分离技术

木质素在不同预处理条件下结构变化不同，从而影响其与酶的相互作用。采用酶水解的方法回收不同预处理后的物料中残余的木质素用于酶吸附实验，对纤维素酶的吸附量按预处理方式排列为：氨循环处理 > SO_2 处理 > 稀酸处理 > 氨爆处理；对 β-葡萄糖苷酶的吸附量按预处理方式排列为： SO_2 处理 > 稀酸处理 > 氨循环处理 > $Ca(OH)_2$ 处理 > 氨爆处理[35]。对比不同预处理方式对木质素结构的影响发现，氨爆处理对玉米秸秆木质素结构影响较小，稀酸和离子液体处理引起了木质素成分和分子大小的变化。水热处理过程中，随着处理条件严苛程度增加，木质素缩合、 S 型结构单元比例减少、与酶之间的相互作用增强[36]。蒸汽爆破处理能水解半纤维素和部分木质素，但常引起木质素的降低和缩合使其疏水性增加，与酶的亲和能力增加[24]。有机溶剂处理对木质素结构影响较小，但处理后物料中酚类基团含量增加，与酶发生非特异性吸附的活性位点增加[37]。稀酸和水热处理溶出半纤维素和部分木质素，但伴随着木质素的降解、重聚和缩合。在稀酸和水热处理过程中加入碳正离子清除剂，如萘酚，可阻碍木质素的重聚，降低木质素对酶水解的抑制效应[38]。此外，预处理对木质素结构的影响取决于原料种类。玉米髓、皮和叶经水热处理后，木质素含量无明显变化，但物料中纤维素酶水解转化率差异较大。因此，可观的木质纤维生物质生物转化效率需采用有效的预处理技术，综合考虑预处理后物料中木质素含量、结构、假木质素等众多因素的影响。

在研究木质素与酶之间相互作用的过程中，木质素需从原料或预处理物料中分离，不同的分离技术对木质素结构的影响不同。对比酸水解木质素和酶木质素结构发现，酶木质素分子量较大、碳水化合物和蛋白质含量较高；而在酸水解过程中木质素 β-芳基醚键断裂，木质素碳水化合物之间连接键的断裂使木质素分子较小、纯度较高、酚羟基含量较高[39]。核磁共振波谱分析表明，磨木木质素与酶木质素相比缩合单元含量较高、β-O-4 连接的结构单元含量较少；竹材乙醇木质素与碱木质素相比，分子量和碳水化合物含量较高、分散度较低，而碱木质素结构中 β-O-4 含量较高，反应活性较高[40, 41]。碱木质素能吸附除外切葡聚糖酶Ⅰ催化区域外的纤维素酶（包括外切葡聚糖酶Ⅰ、内切葡聚糖聚Ⅱ和内切葡聚糖酶Ⅱ催化区域）；酶木质素吸附外切葡聚糖酶Ⅰ和内切葡聚糖酶Ⅱ；酸木质素不吸附酶[33]。

木质素-酶之间相互作用是非特异性吸附、疏水结合、静电作用、阻碍作用等多种因素协同作用的结果，难以确定各单因素的作用效果[25]。因此，减少木质素对酶的抑制作用可采用多种技术。例如，通过分子模型物可研究木质素结构对其抑制作用的影响，从而优化物料预处理技术或木质素提取技术[42]；添加表面活性剂改变木质素表面电荷性质可减少静电作用对木质素抑制效应的影响。

3.2.3 木质素抑制作用的调节

（1）降低物料中木质素含量

预处理能溶出部分木质素，减少酶水解底物中的木质素含量从而减少对酶的吸附。但不同的预处理技术对木质素的脱除效果不同：酸处理主要脱除半纤维素和部分木质素，降低酸溶木质素含量；碱处理能切断芳基醚键使木质素降解并从物料中溶出。但碱处理脱木质素效果取决于原料类型，通常农业秸秆和草类原料在碱性条件下脱木质素效果高于木本原料。在常用的碱处理方法中，NaOH 同时溶出半纤维素和木质素，而氨水对木质素选择性较好，能最大程度地将碳水化合物保留于固体残渣中。有机溶剂可从物料中抽提出木质素，提高残渣纤维素含量并从溶剂中回收高纯度木质素用于制备吸附剂、聚合物、化学品等高附加值产品。由亚硫酸盐制浆工艺衍生而来的亚硫酸盐预处理技术在二代生物乙醇的生产中应用越来越广泛，在此过程中木质素可衍生成木质素磺酸盐，减少对酶的非特异性吸附[22, 26, 32]。虽然，离子液体处理也能有效脱除木质素，提高木质纤维生物质水解效率，但木质素在预处理过程中完全溶出可能导致纤维素微纤丝之间结合、结晶度提高而影响纤维素酶水解转化效率。

（2）添加助剂

表面活性剂可改善木质素对酶的非特异性吸附和不可逆吸附，并影响酶水解过程中木质素对酶的吸附、脱附作用。聚乙二醇和吐温是常用的非离子型表面活性剂，它们能与木质素之间形成疏水结合和氢键结合，从而阻止酶在木质素上的吸附[43]。木质素本身可经改性使其具备表面活性剂的特性，如木质素磺酸盐和木质素-聚乙二醇。木质素磺酸盐可与纤维素酶正电荷基团相结合形成木质素硫酸盐-纤维素酶复合物，该复合物表面负电荷量较大，与木质素排斥力较强，从而减少纤维素酶在木质素上的吸附。但木质素基表面活性剂作用效果取决于其结构特征，如分子量、链长、木质素含量。通常，低分子量（<2500）、高硫化度（$>6\%$）的木质素能够促进纤维素酶水解，而高分子量（>5000）、低硫化度（$<6\%$）木质素却呈现抑制作用[32]。木质素-聚乙二醇能将纤维素酶分散于溶液中减少其聚集，并减少酶在木质素上的吸附，从而提高底物酶水解效率[44]。

添加非活性蛋白质［如牛血清蛋白（BSA）、大豆蛋白等］能减少木质素对酶的吸附。蛋白质的作用机理与表面活性剂作用机理类似，但其具有生物相容性好和低毒性的优点。此外，茶蛋白和酵母水解液也可作为添加剂提高酶水解效率。除了非活性蛋白质外，漆酶也能催化木质素反应，添加至酶水解体系中能催化降解减少木质素的抑制作用。但漆酶催化木质素反应的产物对内切葡聚糖酶、纤维二糖酶和木聚糖酶具有一定的抑制作用，水解液中木糖含量较低[45]。

尿素和盐离子也能调节木质素对酶的吸附作用。尿素中氮含量较高，可与木质素产生亲核作用减少其对酶的吸附。NaCl 溶液中的盐离子能屏蔽木质素和酶的表面电荷，从而减少木质素对酶的吸附。此外，部分金属阳离子（如 Mg^{2+}）也能降低木质素表面电负性从而减少木质素对酶的吸附，Mg^{2+} 与 H 型木质素酚羟基作用强度较大，其次为 G 型，最弱为 S 型[36, 46, 47]。

添加助剂虽能改善木质素对酶的吸附，但添加助剂的成本及其对后续发酵、产品纯化和回收方面的影响需综合考虑。

（3）生物工程

微生物代谢产生的纤维素酶具有结合域和催化域，其中结合域引导酶结合于底物（纤维素、木质素均可结合），提高物料表面酶蛋白浓度，催化域催化水解。通过生物工程技术去除纤维素酶结合域后，木质素吸附的酶量降低但纤维素酶的催化效果不明确[33]。部分学者认为纤维素酶结构中结合域的缺失并不影响其催化效率。因此，酶的修饰改进通常选择在结合域进行[48]，以疏水性较弱的丙氨酸取代结合域中芳香酪氨酸后酶与木质素亲和能力下降，但以疏水性更强的色氨酸取代时酶与木质素亲和能力提高[24]。采用融合技术将 *T. reesei* 产生的外切葡聚糖酶 CBH I 与 *Cryptococcus sp.* s-2 产生的羧甲基纤维素酶相连在一起后产物与纤维素的亲和能力增加[49]。此外，不同来源的酶与木质素亲和能力不同，筛选适宜的产酶菌株也可减少酶在木质素上的吸附。

生物工程技术也可调控木质纤维生物质物料中木质素含量、连接键类型、结构单元比例等因素，从而减少物料的抗降低屏障、降低木质素对酶的吸附。木质素的生物合成需约 10 种酶体系的催化将三种前体通过不同连接键型结合形成三维立体结构，调控三种前体供应比例及生物合成酶体系类型可调节木质素含量、结构和抗降解能力等[50]。研究表明，生物工程处理后植物纤维素水解得率随木质素含量和结构单元比例的不同而变化[31]。虽然通过生物工程技术改进、修饰纤维素酶和木质素结构对两者之间相互作用的调节具有重要作用，但目前生物工程技术尚处于探索阶段。

3.3 降解产物的影响

3.3.1 木质纤维生物质降解及抑制物种类

木质纤维生物质含有纤维素、半纤维素和木质素三种主要成分，各组分在预处理过程中的降解不可避免。根据原料种类、预处理技术的差异，处理后木质纤维生物质中含有的抑制物主要分为四类：碳水化合物降解产物、木质素降解产物、抽出物和金属离子。

在酸性条件下，碳水化合物中乙酰基支链脱落生成乙酸；五碳糖及糖醛酸脱水生成糠醛，当进一步延长反应时间和温度时，糠醛可进一步降解生成甲酸或缩合形成聚合物；六碳糖脱水生成 5-羟甲基糠醛或进一步降解生成乙酰丙酸和甲酸。弱碱性条件预处理能有效保留物料中的碳水化合物，但仍有部分碳水化合物发生剥皮反应，末端基团脱落后氧化生成糖酸；脱落的末端基团则氧化生成乳酸、甲酸、二羟基化合物和双羧酸类化合物；由于皂化作用乙酰基从分子结构上脱落生成的乙酸也是碱处理的产物。存在氧化条件时，葡萄糖可氧化生成葡萄糖酸， 4-甲基葡糖醛酸可能发生脱甲氧基反应，生成葡萄糖，进一步脱羧后氧化生成木糖酸[51]。水热预处理在中性环境中进行，但高温条件下水离子化后催化半纤维素乙酰基脱落形成乙酸将水溶液酸化，使碳水化合物降解生成乙酸、甲酸、糠醛等降解产物。

酸处理使木质素结构单元之间的连接链断裂形成大量酚类化合物，如 4-羟基苯甲酸、 4-羟基苯甲醛、香草醛、松柏醛、紫丁香醛、紫丁香酸、对香豆酸等。此外，水解液中还检测到对苯二酚和邻苯二酚，在预处理过程中这类物质可进一步氧化生成苯醌。此外，脂肪族化合物可沉淀过滤去除，但其中的酚类化合物（如邻苯三酚、没食子酸等）溶于水解液中[52]。碱性条件下木质素降解产生酚类化合物，在氧化环境中可进一步氧化生成羧酸，木质素降解生成的苯丙烷单体也可在氧化条件下发生侧链的断裂生成酚醛或酚酸类化合物，如 4-羟基苯醛、香草醛和紫丁香酸[53]。

除木质纤维生物质降解产物外，酸性处理容易导致设备腐蚀，释放重金属离子（如铁、铬、镍、铜等）于反应体系中，引起酶中毒，从而影响微生物代谢和木质纤维生物质的转化。Waston 等评估了金属阳离子对微生物 *P. tannophilus* 生长繁殖和木糖代谢酶的影响。当铜、镍、铬和铁离子浓度在 150 mg/L 以下时，微生物活性略有下降，但镍离子浓度达到 100 mg/L 时，微生物活性下降 60%。

3.3.2 抑制机理

（1）碳水化合物降解产物的抑制机理

碳水化合物降解生成的脂肪酸类化合物对微生物抑制作用较小，但预处理后体系中该类化合物浓度较高。脂肪酸为弱酸，具有脂溶性，未解离的弱酸能透过细胞膜溶入细胞液中降低其 pH 值[54]。虽然酸性环境下弱酸不发生解离，溶液中的 H^+ 能透过细胞膜进入细胞质，影响微生物的繁殖[55]。弱酸的抑制机理主要有两种：解离和细胞内阴离子聚集[56]。未解离弱酸扩散至细胞膜内导致细胞内 pH 值下降，需微生物消耗能量将弱酸排出细胞以维持细胞内 pH 值。当弱酸浓度较高时，微生物细胞质溶液酸化，需消耗大量能量排出弱酸[55]。阴离子聚集累积理论认为溶液中未解离的酸能透过细胞膜进入细胞，最终使细胞膜内外弱酸浓度达到平衡，且弱酸在细胞内的浓度取决于 pH 值。弱酸在微生物细胞内的聚集影响了酶的活性，其抑制作用主要由于细胞质的酸化和弱酸的干扰[54]。

有氧环境、厌氧环境和限制性供氧环境下糠醛均能被 *S. cerevisiae* 还原生成糠醇，但氧气供给条件决定了微生物对糠醛的承受能力。有氧条件下 *S. cerevisiae* 可将糠醛氧化降解；厌氧条件下，糠醛可为微生物代谢生产丙三醇提供碳源进而合成 NADH。此外，溶液中存在糠醛时，细胞内积累乙醛，使微生物生长滞后，从而影响发酵乙醇产率[57]。

（2）木质素降解产物抑制机理

木质素降解产生的酚类物质能够破坏微生物细胞膜，影响微生物代谢。木质素降解物虽然浓度低，但对微生物抑制效应强，酚类物质分子量越小，亲水性越强，对微生物和酶的抑制作用越大。木质素降解产物主要为芳香类化合物，如 4-羟基苯甲酸、香草醛等。甘蔗渣经水热处理后木质素降解产物采用丙酮萃取，丙酮相萃取物中木质素降解产物对 β-葡萄糖苷酶和 β-木糖苷酶具有抑制作用；而萃余物中的木质素降解产物抑制了纤维素酶和半纤维素酶的活性[58]。不同木质素降解产物对微生物的抑制作用也有差别，4-羟基苯甲酸浓度为 1 g/L 时可抑制 *S. cerevisiae* 的作用，使发酵乙醇得率降低 30%；相同浓度下，香草醛对 *S. cerevisiae* 的抑制作用较小，并未导致发酵乙醇产率的降低。阿魏酸浓度达到 1 mmol/L 即可抑制 *S. cerevisiae* 的发酵；松柏酸 0.1 mmol/L 浓度即可完全抑制 *S. cerevisiae* 的发酵。木质素降解生成的香草醛、羟基苯甲醛和紫丁香醛在发酵过程中可被微生物 *S. cerevisiae* 同化吸收。此外，在木质纤维生物质降解产物中还包含其他物质，如醌类、脂肪醛类等。苯醌浓度达到 20 mg/L 时可完全抑制 *S. cerevisiae* 的生长和乙醇生产[59~61]。

乙酸、糠醛和木质素降解产生的酚类化合物对微生物均具有一定抑制作用，木质纤维生物质预处理过程中产生的抑制物是多种降解产物的集合体，对微生物的抑制作用还存在多种化合物的协同作用。且微生物对每种降解产物所能承受的最大浓度受微生物类型、抑制物种类、生长环境和协同作用的影响。因此，预处理后物料需相应后续处理，减少降解产物对酶水解和发酵过程的抑制作用。

3.3.3 水解液的脱毒技术

毛白杨稀硝酸处理（0.25 g/L， 170.7 ℃， 25.3 min）水解液中含有 35 种以上对酒精酵母具有抑制作用的降解物质，以脂肪族和芳香族醛、酸类物质为主，其中 4-羟基苯甲酸、 3，4-二羟基苯甲酸、紫丁香醛、紫丁香酸、 4-O-戊酸含量较高[62]。因此，木质纤维生物质预处理后需中和并降低降解产物抑制作用以提高物料生物转化效率。减少降解产物的方法主要有四种：①避免预处理水解过程中抑制物的形成；②发酵前进行脱毒处理；③培育耐抑制物作用的菌种；④抑制物转化为对微生物代谢不影响或影响较小的化合物[10]。其中，脱毒处理是减少降解物抑制效率的有效方法。常用的脱毒技术包含：生物处理、物理处理、化学处理和综合处理技术。但脱毒技术的选择需综合考虑物料类型、预处理条件、生产成本等因素。

（1）生物法

生物处理主要通过微生物或酶作用于降解产物，并改变其组成从而降低抑制效应。白腐菌（*Trametes versicolor*）代谢产生的漆酶和过氧化物酶能够作用于水解产物中的酸和酚类化合物，催化小分子酚类化合物氧化聚合。漆酶处理柳树水解液选择性降低酚和酚酸类物质的含量，在紫外光谱所有检测波段，小分子物质吸收峰强度降低，大分子物质吸收强度增加。经漆酶处理后，最大乙醇产率提高了 2 ~ 3 倍。微生物处理是另一种生物脱毒法。软腐菌（*Trametes reesei*）处理蒸汽爆破过程中黄杨半纤维素降解物，使发酵乙醇产率提高了 4 倍。与漆酶处理相比，降解物在 280 nm 处的紫外吸收强度仅下降了 30%，表明 *T. ressei* 与漆酶处理时脱毒机理不同。经处理后，降解物中乙酸、呋喃和芳香酸衍生物含量降低。诱导变异后 *S. cerevisiae* 可选择性降解乙酸。此外，提高微生物对水解液中降解产物的适应性也是一种有效的生物处理法[63]。这种方法适用于连续发酵工艺，即将前一发酵工段的微生物用于下一工段。

（2）物理法

物理法主要包括减压蒸馏和萃取。减压蒸馏处理能去除降解产物中的可挥发物质（如乙酸、糠醛和香草醛等），但非挥发性降解物质浓度提高对发酵抑制作用增加。 Wilson 等将桉木酸水解液减压蒸馏浓缩至干，加缓冲液复溶后以 *P. stipitis* 发酵，乙醇产率由 0 增加至 13%。在此过程中，乙酸、糠醛和香草酸含量分别减少了 54%、 100% 和 29%。 Rodrigues 等研究了减压蒸馏对活性炭处理前后蔗渣半纤维素水解液中降解物组成的影响，减压蒸馏处理后降解物中糠醛含量下降了 98%。随着非挥发性物质在减压蒸馏过程中的浓缩，其抑制作用增强，发酵乙醇产率降低。萃取能够去除水解液中大量抑制物，酸性条件下（pH= 2）乙醚萃取能够脱除云杉水解液中甲酸、乙酸、乙酰丙酸、糠醛、羟甲基糠醛和酚类物质，提高发酵乙醇浓度；乙酸乙酯萃取也取得了类似的效果，水解液中糠醛、香草醛和 4-羟基苯甲酸全部脱除，乙酸减少量为 56%，发酵乙醇产量由 0 增加至 93%，葡萄糖的消耗速率增加[64, 65]。

（3）化学法

化学法脱毒处理水解液通常是添加化学试剂使水解液中抑制物沉淀或离子化。$Ca(OH)_2$ 是常用的碱处理剂，它能使抑制物沉淀，因此脱毒效果高于 NaOH。$Ca(OH)_2$ 处理能有效降低稀酸水解液中木质素降解物、糠醛和羟甲基糠醛含量，但乙酸含量变化不大，升高 $Ca(OH)_2$ 处理温度能够提高处理效率。此外，还原性试剂亚硫酸钠也常用于处理木质纤维生物质水解液，处理后水解液中糠醛和羟甲基糠醛含量降低。结合 $Ca(OH)_2$ 和亚硫酸钠处理能进一步降低抑制物的作用，提高微生物发酵产率，缩短发酵时间[53]。

活性炭具有廉价、比表面积大、吸附性能强的优点，因此广泛用于液体产品的净化和化学物的回收。但活性炭处理效率受 pH、反应时间、温度和活性炭浓度的影响。通常，环境 pH 值直接影响活性炭对降解产物中弱酸（如酚或羧酸）和弱碱（如胺）的吸附作用。酸性条件下有利于有机弱酸的吸附，而碱性环境中酚类物质离子化在活性炭上吸附效率较低。碱性环境有利于弱碱类物质在活性炭上的吸附。反应时间是影响活性炭处理效率的另一重要因素，吸附过程需要足够的时间以达到吸附平衡。不同类型降解物在活性炭上达到吸附平衡所需时间不同，木质素降解物仅需 20 min，木材水解液可在 24 h 内达到吸附平衡。温度对物质的扩散速率具有重要影响，温度升高扩散速率增加，有利于降解物扩散至活性炭孔隙中吸附于孔隙表面。活性炭用量增加能够加速降解产物的吸附，但活性炭用量的增加使水解液中糖损失增加[66]。除活性炭外，离子交换树脂也可用于水解液的脱毒。对比 $Ca(OH)_2$ 处理、蒸发、阴离子交换树脂处理和微生物处理后水解液中抑制物含量的变化表明，阴离子交换树脂对水解液中降解产物的脱除效果最好[67]。

由于木质纤维生物质降解产生的抑制物种类较多，采用单一的脱毒技术难以有效去除降解产物时可根据原料类型和预处理条件结合几种脱毒技术处理。Contti 等结合了多种方法脱除硬木半纤维素降解物用于发酵生产木糖醇，水解液首先以 $Ca(OH)_2$ 调节至 pH 为 10，再以 H_2SO_4 调节至 pH 为 5.5 后加入活性炭吸附，待活性炭处理完成后再蒸发。处理完成后，木质素降解产物脱除率达 95.4%，乙酸、糠醛等可挥发性物质含量也相应降低，发酵木糖醇得率为 63%，生产能力为 0.41 g/（L·h）。

3.3.4 优化发酵菌种和发酵工艺

（1）发酵菌株的选择

生物乙醇生产需选用能够对抑制物具有一定抵抗力的菌种并具有适当的生产效率，通过人工驯化可提高酒精酵母对抑制物的耐受能力。酵母菌经驯化后对云杉、玉米秸秆和麦秆水解液中抑制物耐受能力均有所提高[68]。基因工程的发展能够调控微生物基因，表达较强的抗抑制效应。酵母菌 *S. cerevisiae* 经基因改造后对甲酸、乙酸、糠醛等降解物抵抗能力增加[69]。虽然通过菌种选择、人工驯化和基因改造提高微生物的抗抑制能力，但改进微生物菌种对发酵乙醇产率的提高难以达到脱毒技术相应的效果。

（2）发酵工艺优化

发酵工艺主要分为分批式、分批补料式和连续式。乙醇产量主要取决于微生物的生产能力和水解液中的抑制物组分和含量。在分批式和分批补料式发酵工艺中，微生物接种量较低且在水解液中生长速率慢，使乙醇产率较低。发酵菌种的繁殖与 pH 值密切相关，酸性条件下水解液中未解离的弱酸物质浓度较高，抑制了微生物的生长繁殖。此外，发酵体系中增加脂质、蛋白质、维生素、酵母浸膏等营养物质有利于提高乙醇产率。在连续发酵工艺中，水解液以低速率持续进入发酵体系减少了抑制的含量，也稀释了发酵菌种浓度。因此，连续发酵要保证稳定的菌种浓度[70]。

参考文献

[1] 杨淑蕙. 植物纤维化学. 北京：中国轻工业出版社，2005.

[2] Klemm D, Heublein B, Fink H P, et al. Cellulose: fascinating biopolymer and sustainable raw material. *Angewandte Chemistry*, 2005, 44: 3358-3393.

[3] Zhang Y H P, Lynd L R. Toward an aggregated understanding of enzymatic hydrolysis of cellulose: noncomplexed cellulase systems. *Biotechnology and Bioengineering*, 2004, 88: 797-824.

[4] Zhang Y H P, Lynd L R. Determination of the number-average degree of polymerization of cellodextrins and cellulose with application to enzymatic hydrolysis. *Biomacromolecules*, 2005, 6: 1510-1515.

[5] Yang B, Dai Z, Ding S Y, et al. Enzymatic hydrolysis of cellulosic biomass. *Biofuels*, 2011, 2: 421-450.

[6] Hallac B B, Ragauskas A J. Analyzing cellulose degree of polymerization and its relevancy to cellulosic ethanol. *Biofuels Bioproducts and Biorefining*, 2011, 5: 215-225.

[7] Lee Y H, Fan L T. Properties and mode of action of cellulase. *Advances in Biochemical Engineering*, vol. 17. Springer, Berlin Heidelberg, 1980: 101-129.

[8] Srisodsuk M, Reinikainen T, Penttila M, et al. Role of the interdomain linker peptide of *Trichoderma reesei* cellobiohydrolase I in its interaction with crystalline cellulose. *Journal of Biology Chemistry*, 1993, 268: 20756-20761.

[9] Taherzadeh M J, Karimi K. Enzyme-based hydrolysis processes for ethanol from lignocellulosic materials: A review. *Bioresources*, 2007, 2: 707-738.

[10] Wang Q Q, He Z, Zhu Z, et al. Evaluations of cellulose accessibilities of lignocelluloses by solute exclusion and protein adsorption techniques. *Biotechnology and Bioengineering*, 2012, 109: 381-389.

[11] Bubner P, Dohr J, Plank H, et al. Cellulases dig deep: In situ observation of the mesoscopic structural dynamics of enzymatic cellulose degradation. *Journal of Biology and Chemistry*, 2012, 287: 2759-2765.

[12] Davison B H, Parks J, Davis M F, et al. Plant Cell Walls: Basics of Structure, Chemistry, Accessibility and the Influence on Conversion. John Wiley & Sons Ltd., 2013: 23-38.

[13] Karimi K, Taherzadeh M J. A critical review on analysis in pretreatment of lignocelluloses: Degree of polymerization, adsorption/desorption, and accessibility. *Bioresource Technology*, 2016, 203: 348-356.

[14] Wada M, Chanzy H, Nishiyama Y, et al. Cellulose Ⅲ crystal structure and hydrogen bonding by synchrotron X-ray and neutron fiber diffraction. *Macromolecules*, 2004, 37: 8548-8555.

[15] Nishiyama Y, Langan P, Chanzy H. Crystal structure and hydrogen-bonding system in cellulose $Ⅰ_β$ from synchrotron X-ray and neutron fiber diffraction. *Journal of American Chemistry Society*, 2002, 124 (31): 9074-9082

[16] Nishiyama Y, Sugiyama J, Chanzy H, et al. Crystal structure and hydrogen bonding system in cellulose Ⅰα from synchrotron X-ray and neutron fiber diffraction. *Journal of American Chemistry Society*, 2003, 125: 14300-14306.

[17] Langan P, Nishiyama Y, Chanzy H. X-ray structure of mercerized cellulose Ⅱ at 1 Å resolution. *Biomacromolecules*, 2001, 2: 410-416.

[18] Goldberg R N, Schliesser J, Mittal A, et al. A thermodynamic investigation of the cellulose allo-

morphs：Cellulose（am），cellulose Ⅰ$_{\beta}$（cr），cellulose Ⅱ（cr），and cellulose Ⅲ（cr）. *Journal of Chemical Thermodynamics*，2015，81：184-226.

[19] Browning B L. The isolation and determination of cellulose. In：*Methods in Wood Chemistry*. John Wiley，New York，1967：387-414.

[20] Wada M，Ike M，Tokuyasu K. Enzymatic hydrolysis of cellulose Ⅰ is greatly accelerated via its conversion to the cellulose Ⅱ hydrate form. *Polymer degradation and stability*，2015，95：543-548.

[21] Guo F，Shi W，Sun W，et al. Differences in the adsorption of enzymes onto lignins from diverse types of lignocellulosic biomass and the underlying mechanism. *Biotechnology for Biofuels*，2014：7.

[22] Li M，Pu Y，Ragauskas A J. Current understanding of the correlation of lignin structure with biomass recalcitrance. *Frontiers in Chemistry*，2016，4.

[23] Berlin A，Balakshin M，Gilkes N，et al. Inhibition of cellulase，xylanase and beta-glucosidase activities by softwood lignin preparations. *Journal of Biotechnology*，2006，125（2）：198-209.

[24] Rahikainen J L，Martin-Sampedro R，Heikkinen H，et al. Inhibitory effect of lignin during cellulose bioconversion：The effect of lignin chemistry on non-productive enzyme adsorption. *Bioresource Technology*，2013，133：270-278.

[25] Li X，Zheng Y. Lignin-enzyme interaction：Mehcanism，mitigation approach，modeling，and research prospects. *Biotechnology advance*，2017，35：466-489.

[26] Lai C H，Tu M B，Shi Z，et al. Contrasting effects of hardwood and softwood organosolv lignins on enzymatic hydrolysis of lignocellulose. *Bioresource Technology*，2014，163：320-327.

[27] Yarbrough J M，Mittal A，Mansfield E，et al. New perspective on glycoside hydrolase binding to lignin from pretreated corn stover. *Biotechnology for biofuels*，2015，8（1）：1-14.

[28] Zheng Y，Zhang S，Miao S，et al. Temperature sensitivity of cellulase adsorption on lignin and its impact on enzymatic hydrolysis of lignocellulosic biomass. *Journal of Biotechnology*，2013，166（3）：135-143.

[29] Kumar R，Hu F，Sannigrahi P，et al. Carbohydrate derived-pseudo-lignin can retard cellulose biological conversion. *Biotechnology and bioengineering*，2013，110：737-753.

[30] Chong B F，Bonnett G D，O' Shea M G. Altering the relative abundance of hydroxylcinnamic acids enhances the cell wall digestibility of high-lignin sugarcane. *Biomass and Bioenergy*，2016，91：278-287.

[31] Bonawitz N D，Im Kim J，Tobimatsu Y，et al. Disruption of mediator rescues the stunted growth of a lignin-deficient Arabidopsis mutant. *Nature*，2014，509（7500）：376-380.

[32] Wang Z，Zhu J，Fu Y，et al. Lignosulfonate-mediated cellulase adsorption：enhanced enzymatic saccharification of lignocellulose through weakening nonproductive binding to lignin. *Biotechnology for Biofuels*，2013，6：156.

[33] Palonen H，Tjerneld F，Zacchi G，et al. Adsorption of Trichoderma reesei CBH Ⅰ and EG Ⅱ and their catalytic domains on steam pretreated softwood and isolated lignin. *Journal of Biotechnology*，2004，107（1）：65-72.

[34] Sammond D W，Yarbrough J M，Mansfield E，et al. Predicting enzyme adsorption to lignin films by

calculating enzyme surface hydrophobicity. *Journal of Biology and Chemistry*, 2014, 289 (30): 20960-20969.

[35] Kumar R, Wyman C E. Effect of cellulase and xylanase enzymes on the deconstruction of solids from pretreatment of poplar by leading technologies. *Biotechnology Progress*, 2009, 25: 302-314.

[36] Ko J K, Ximenes E, Kim Y, et al. Adsorption of enzyme onto lignins of liquid hot water pretreated hardwoods. *Biotechnology and Bioengineering*, 2015, 112 (3): 447-456.

[37] Zhao X, Cheng K, Liu D. Organosolv pretreatment of lignocellulosic biomass for enzymatic hydrolysis. *Applied Microbiology and Biotechnology*, 2009, 82 (5): 815-827.

[38] Pielhop T, Reinhard C, Hecht C, et al. Application of potential of a carhocation scavenger in autohydrolysis and dilute acid pretreatment to overcome high softwood recalcitrance. Biomass and Bioenergy, 2017, 105: 164-178.

[39] Jääskeläinen A, Sun Y, Argyropoulos D, et al. The effect of isolation method on the chemical structure of residual lignin. *Wood Science and Technology*, 2003, 37 (2): 91-102.

[40] Holtman K M, Chang H M, Kadla J F. Solution-state nuclear magnetic resonance study of the similarities between milled wood lignin and cellulolytic enzyme lignin. *Journal of Agricultural and Food Chemistry*, 2004, 52 (4): 720-726.

[41] Sun S N, Li M F, Yuan T Q, et al. Sequential extractions and structural characterization of lignin with ethanol and alkali from bamboo (*Neosinocalamus affinis*). *Industrial Crop and Products*, 2012, 37 (1): 51-60.

[42] Qin C, Clarke K, Li K. Interactive forces between lignin and cellulase as determined by atomic force microscopy. *Biotechnology for Biofuels*, 2014, 7: 65.

[43] Eriksson T, Borjesson J, Tjerneld F. Mechanism of surfactant effect in enzymatic hydrolysis of lignocellulos. *Enzyme Microbial Technology*, 2002, 31 (3): 353-364.

[44] Lin X, Qiu X, Lou H, et al. Enhancement of lignosulfonate-based polyoxyethylene ether on enzymatic hydrolysis of lignocelluloses. *Industrial Crop and Products*, 2016, 80: 86-92.

[45] Oliva-Taravilla A, Tomás-Pejó E, Demuez M, et al. Phenols and lignin: Key players in reducing enzymatic hydrolysis yields of steam-pretreated biomass in presence of laccase. *Journal of Biotechnology*, 2016, 218: 94-101.

[46] Monschein M, Reisinger C, Nidetzky B. Dissecting the effect of chemical additives on the enzymatic hydrolysis of pretreated wheat straw. *Bioresource Technology*, 2014, 169: 713-722.

[47] Akimkulova A, Zhou Y, Zhao X B, et al. Improving the enzymatic hydrolysis of dilute acid pretreated wheat straw by metal ion blocking of non-productive cellulase adsorption on lignin. *Bioresource Technology*, 2016, 208: 110-116.

[48] Hatakka A, Viikari L. Carbohydrate-binding modules of fungal cellulases: occurrence in nature, function, and relevance in industrial biomass conversion. *Advances in Applied Microbiology*, 2014, 88: 103-165.

[49] Thongekkaew J, Ikeda H, Masaki K, et al. Fusion of cellulose binding domain from Trichoderma reesei CBHI to Cryptococcus sp. S-2 cellulase enhances its binding affinity and its cellulolytic activity to

insoluble cellulosic substrates. *Enzyme Microbial Technology*, 2013, 52 (4): 241-246.

[50] Li Q Z, Song J, Peng S B, et al. Plant biotechnology for lignocellulosic biofuel production. *Plant Biotechnology Journal*, 2014, 12: 1174-1192.

[51] Fengel D, Wegener G. Wood Chemistry, Ultrastructure, Reactions. Berlin: Walter de Gruyter, 1989.

[52] Mitchell V D, Taylor C M, Bauer S. Comprehensive analysis of monomeric phenolics in dilute acid plant hydrolyzates. *BioEnergy Research*, 2014, 7: 654-669.

[53] Martín C, Klinke H, Marcet M, et al. Study of the phenolic compounds formed during pretreatment of sugarcane bagasse by wet oxidation and steam explosion. *Holzforschung*, 2007, 61: 483-487.

[54] Pampulha M E, Loureiro-Dias M C. Combined effect of acetic acid, pH and ethanol on intracellular pH of fermenting yeast. *Applied Microbiology Biotechnology*, 1989, 31: 547-550.

[55] Imai T, Ohono T. The relationship between viability and intracellular pH in the yeast *Saccharomyces cerevisiae*. *Applied Environmental Microbiology*, 1995, 61: 3604-3608.

[56] Russell J B. Another explanation for the toxicity of fermentation acids at low pH: anion accumulation versus uncoupling. *Journal of Applied Bacteriology*, 1992, 73: 363-370.

[57] Palmqvist E, Almeida J, Hahn-Hägerdal B. Inffuence of furfural on anaerobic glycolytic kinetics of Saccharomyces cerevisiae in batch culture. *Biotechnology and Bioengineering*, 1999, 62: 447-454.

[58] Michelin M, Ximenes E, Teixeira de Moraes Polizeli M, et al. Effect of phenolic compounds from pretreated sugarcane bagasse on cellulolytic and hemicellulolytic activities. *Bioresource Technology*, 2016, 1999: 275-278.

[59] Ando S, Arai I, Kiyoto K, et al. Identification of aromatic monomers in steam-exploded poplar and their infuence on ethanol fermentation. *Journal of Fermentation Technology*, 1986, 64: 567-570.

[60] Delgenes J P, Moletta R, Navarro J M. Effects of lignocellulose degradation products on ethanol fermentations of glucose and xylose by*Saccharomyces cerevisiae*, *Pichia stipitis*, and *Candida shehatae*. *Enzyme Microbial Technology*, 1996, 19: 220-225.

[61] Larsson S, Quintana-Sáinz A, Reimann A, et al. Influence of lignocellulose-derived aromatic compounds on oxygen-limited growth and ethanolic fermentation by *Saccharomyces cerevisiae*. *Applied Biochemistry Biotechnology*, 2000, 84: 617-632.

[62] Luo C D, Brink D L, Blanch H W. Identification of potential fermentation inhibitors in conversion of hybrid poplar hydrolyzate to ethanol. *Biomass and Bioenergy*, 2002, 22: 125-138.

[63] Jönsson L J, Alriksson B, Nilvebrant N O. Bioconversion of lignocellulose: inhibitors and detoxification. *Biotechnology for Biofuels*, 2013, 6: 16.

[64] Wilson J J, Deschatelets L, Nishikawa N K. Comparative fermentability of enzymatic and acid hydrolysates of steampretreated aspenwood hemicellulose by *Pichia stipitis* CBS 5776. Applied Microbiology Biotechnology, 1989, 31: 592-596.

[65] Nilvebrant N O, Reimann A, Larsson S, et al. Detoxification of lignocellulose hydrolysates with ion exchange resins. *Applied Biochemistry Biotechnology*, 2001, 91-93: 35-49.

[66] Fox C R. Conceptual design of adsorption systems; Industrial wastewater control and recovery of or-

ganic chemicals by adsorption. In：Slejko，F. L.（Ed.），*Adsorption Technology：A Step-by-Step Approach to Process Evaluation and Application*. 1985，New York，pp. 91-183.

[67] Larsson S，Reimann A，Nilvebrant N O，et al. Comparison of different methods for the detoxification of lignocellulose hydrolyzates of spruce. *Applied Biochemistry Biotechnology*，1999，77-79：91-103.

[68] Almario M P，Reyes L H，Kao K C. Evolutionary engineering of Saccharomyces cerevisiae for enhanced tolerance to hydrolysates of lignocellulosic biomass. *Biotechnology for Bioengineering*，2013，110：2616-2623.

[69] Wang X，Yomano L P，Lee J Y，et al. Engineering furfural tolerance in Escherichia coli improves the fermentation of lignocellulosic sugars into renewable chemicals. *Proceedings of the National Academy of Sciences of the United States of America*，2013，110：4021-4026.

[70] Palmqvist E，Galbe M，Hahn-Hägerdal B. Evaluation of cell recycling in continuous fermentation of enzymatic hydrolyzates of spruce with Saccharomyces cerevisiae and on-line monitoring of glucose and ethanol. *Applied Biochemistry and Biotechnology*，1998，50：545-551.

第4章

影响木质纤维生物质结构及生物转化效率的因素

4.1 木质纤维生物质结构与生物转化效率研究方法

4.1.1 木质纤维生物质结构研究方法

（1）成分分析

物料成分分析通常采用湿化学法参考美国能源实验室方法进行[1]。称取 300 mg 样品于 100 mL 水解瓶中，加入 3 mL 72% H_2SO_4， 30 ℃水解 60 min 后加入 84 mL 去离子水，置于 121 ℃高压灭菌锅反应 1 h。反应结束后，水解液以 0.22 μm 水系针孔滤头过滤后可采用液相色谱仪分析碳水化合物组成与含量。水解残渣即为酸不溶木质素，酸溶木质素采用紫外吸光谱测定。此外，物料中木质素含量也可采用乙酰溴木质素含量表示。测定方法如下：取 1.5 mg 样品于小瓶中，加入 0.1 mL 新配制的乙酰溴溶液（乙酰溴：冰乙酸体积比为 25：75）在 50 ℃条件下反应 3 h，在最后 1 h 的反应时间内每 15 min 振荡小瓶一次。反应结束后，小瓶置于冰浴中冷却至室温并加入 0.4 mL 2 mol/L NaOH 溶液及 0.07 mL 新鲜配制的 0.5 mol/L 盐酸羟胺溶液。待混合均匀后，将反应液以冰乙酸定量至 10 mL，测定 280 nm 波长下的紫外吸收值，并参照下列公式计算乙酰溴木质素含量：

$$ABSL=\frac{A\times V\times 100\%}{C\times m\times L}$$

式中， A 为 280 nm 波长下的紫外吸光度； V 为 10 mL； C 为修正系数，随物种种类变化而变化，其中毛白杨为 18.21 mL/（mg × cm）； m 为样品质量； L 为样品池宽度。

木质素组分含有的非缩合酚酸和酚醛单元可用硝基苯氧化降解后进行高效液相

色谱（HPLC）分析。称取 5 mg 木质素样品于反应釜中，加入 7 mL 1 mol/L NaOH 和 0.4 mL 硝基苯在 170 ℃下反应 2.5 h。非缩合木质素中酯键结合的结构单元含量的测定采用 1 mol/L NaOH 于室温下反应 24 h，醚键含量的测定采用 4 mol/L NaOH 在 170 ℃下反应 2.5 h[2]。反应结束后冷却至室温，过滤反应液，并依次以 7 mL 0.2 mol/L NaOH 和 10 mL H_2O 洗涤残渣并收集液体。将液体组分以 90 mL 氯仿分 3 次萃取，去除液体中未反应完全的硝基苯后，以 1 mol/L HCl 将水相 pH 值调节至 1.5 ~ 2.0，再分别以 30 mL 氯仿萃取 3 次并收集有机相氯仿萃取液。萃取液于 40 ℃下减压蒸馏至干后以 3 mL 色谱甲醇复溶，并以 0.22 μm 有机系针孔滤头过滤后以备分析。

酚酸和酚醛成分的含量采用配有二极管阵列（DAD）检测器和 Zorbax Eclipse XDB-C_{18}（4.6 × 150 mm，安捷伦，美国）色谱柱的高效液相系统（安捷伦 1200 液相系统，美国）进行分析。流动相为色谱甲醇和水，采用梯度洗脱将样品分离，柱温箱温度 30 ℃，进样量 10 μL。洗脱条件为：23 min 内流动相中甲醇的浓度由 10% 增加至 28.5%；23 ~ 30 min，甲醇浓度由 28.5% 增加至 31.5%；30 ~ 40 min，以 100% 甲醇冲洗色谱柱将其中的杂质成分洗出；40 ~ 50 min，以 10% 甲醇平衡色谱柱以备下一次进样分析。

（2）官能团结构研究分析

纤维素样品的红外光谱图采集于配置有氘化硫三肽（DTGS）热电检测器的傅里叶变换红外光谱仪（TENSOR 27，德国，布鲁克 Bruker 公司）。红外光谱的采集以色谱纯溴化钾（KBr）为背景，将 KBr 在玛瑙研钵中研磨至 200 目粉末后通过压片机压制成透明薄片并采集其红外光谱图。波长扫描范围为 4000 cm^{-1} 至 400 cm^{-1}，分辨率 2 cm^{-1}，扫描次数 32 次。随后，将样品与色谱纯溴化钾以 1 : 100 比例混合并研磨至 200 目后制成透明薄片，在相同条件下采集样品的红外光谱图。

拉曼光谱图采集于 LabRam HR800 共聚焦荧光拉曼仪（Horiba JobinYvon），激光波长为 633 nm 的极化线性激光，强度 8 mW，直接风冷，光栅 600 槽/mm，光谱分辨率 2 cm^{-1}，安装前照射光谱电荷耦合装置于光栅后。光谱扫描步长 0.5 μm，扫描周期 2 s，样品谱图采用 Savitsky-Golay 法扣除本底。

固体样品的交叉极化魔角旋转核磁共振波谱（CP/MAS ^{13}C NMR）采集于布鲁克核磁共振波谱仪（Bruker AV-Ⅲ 400 MHz，Germany）。将富含纤维素的样品紧密地装填于 4 mm 氧化锆（ZrO）转子中，采集条件为：功率 100.6 MHz，交叉极化脉冲弛豫时间 2 s，配置时间 1 ms，旋转速率为 5 kHz。

木质素样品的碳氢相关（heteronuclear single-quantum correlation，HSQC）二维核磁共振波谱图采集于布鲁克核磁共振波谱仪（Bruker AV-Ⅲ

400 MHz， Germany）。波谱采集前，称取 100 mg 木质素样品溶于 1 mL 氘代二甲亚砜（DMSO-d_6）中配制成浓度为 100 mg/mL 的木质素溶液。采集条件为：^{1}H 维和^{13}C 维的谱宽分别为 5000 Hz 和 25625 Hz；^{1}H 维采集扫描次数 1024，弛豫时间 1.5 s。^{13}C 维的扫描次数 64 次，增益系数 256 [3~5]。

（3）结晶结构研究

样品结晶度采用 X 射线衍射仪（XRD-6000， Shimadzu，日本）进行测定，仪器配置铜靶，石墨单色器，其加速电压为 40 kV，电流 30 mA。将样品密实平整地放置于载物台上后进行扫描，扫描衍射角 2θ 旋转范围为 5° ~35°，扫描步长为 0.2°/2θ，扫描速度为 2°/min，扫描射线波长 1.5 Å。样品相对结晶度采用以下公式进行计算 [6]：

$$\mathrm{CrI}(\%)=\frac{I_{020}-I_{am}}{I_{020}}\times 100$$

I_{020}：校正后结晶区和非结晶区强度， 2θ ≈22.5°； I_{am}：校正后无定形区强度， 2θ ≈18.0°。

（4）聚合度研究

半纤维素样品测定时称取 2 mg 样品溶解于 1 mL 磷酸钠缓冲液中（NaH_2PO_4-Na_2HPO_4， pH= 6.8）配制成 2 mg/mL 的溶液，并以 0.22 μm 水系针孔滤头过滤后进行分子量测定。样品分子量测定采用凝胶色谱法，在安捷伦 1200 液相系统（1200series， Agilent Technolgies， USA）上安装凝胶色谱分析柱（PLgel 10 μ Mixed-B， 300×7.5 mm），以磷酸钠缓冲液为流动相进行洗脱。分析条件为：流速 0.5 mL/min，示差检测器（RID），进样量 10 μL。样品分子量计算时采用聚葡萄糖为标样进行积分计算，聚葡萄糖分子量分别为 1600000、 100000、 9200 和 738。木质素分子量测定时分析柱为 PLgel 10 μ Mixed-B， 300×7.5 mm，流动相为色谱纯四氢呋喃，二极管阵列检测器（DAD），扫描波长 240 nm，标样聚苯乙烯，分子量分别为 435500、 66000、 9200 和 1320。

木质纤维素样品中碳水化合物分子量测定时采用异氰酸酯将碳水化合物酯化后溶于四氢呋喃中以凝胶渗透色谱测定。具体方法如下：将样品在酸性（pH 3.8~4.0）条件下以亚氯酸钠脱除木质素，称取 15 mg 不含木质素的综纤维素样品于 10 mL 具塞试管中，加入 4 mL 吡啶及 1 mL 异氰酸酯在 70 ℃油浴中搅拌反应 48 h 后，向试管中加入 1 mL 甲醇溶液以结束反应。溶液混合均匀后逐滴加入到 70% 甲醇-水中以沉淀衍生化的碳水化合物样品。过滤收集沉淀，并依次以 50 mL 70% 甲醇-水和 100 mL 水将残余的化学试剂清洗干净后并置于 40 ℃烘箱中干燥 [7, 8]。进行凝胶色谱分析前，取4 mg衍生化样品溶于2 mL色谱四氢呋喃中，并用0.22 μm有机系针孔滤头过滤后置于2 mL样品瓶中等待分析。分析仪器为：安捷伦1200液相系统（Agilent 1200 system）、二极管阵列检测器（DAD）以及凝胶色谱柱（PLgel 10 μ Mixed-B）。分析条件为：色谱纯四氢呋喃为流动相，流速为0.5 mL/min，进样量10 μL，检测波长为240 nm。积分曲线中标准样品是分散度为1的聚苯乙烯，分子量分别为1030000、435500、156000和66000。分子量数据为三组平行实验的平均值。

纤维素分子量也可采用黏度法测定。取250 g纯硫酸铜于盛有2 L热蒸馏水的烧杯中，加热至沸腾后冷却至约45 ℃，在不断搅拌作用下加入浓氨水至溶液呈紫色后静置沉淀。待沉淀冷却至10 ℃以下，剧烈搅拌下加入800 mL浓氢氧化钠（100 g/L）沉淀氢氧化铜，再以蒸馏水洗涤氢氧化铜并倾倒出洗涤液，以酚酞指示剂检测洗涤液为无色时即可结束洗涤。洗涤完成后在搅拌状态下加入约110 g乙二胺使沉淀溶解，然后以蒸馏水稀释至800 mL，于避光条件下静置一天后以玻璃滤器过滤后置于棕色瓶备用。铜乙二胺使用前需以$Na_2S_2O_3$标定。取25 mL铜乙二胺溶液定量至250 mL后取25 mL稀释液于500 mL磨口锥形瓶中，加入25 mL HCl（V_1）标准溶液（约1 mol/L，c_1）及30 mL KI溶液（100 g/L），摇匀后立即用0.1 mol/L $Na_2S_2O_3$滴定至棕色消失，加入1 g硫氰酸铵及淀粉指示剂，继续滴定至蓝色消失，记录消耗$Na_2S_2O_3$的体积V_2，向锥形瓶中再加入5滴$Na_2S_2O_3$和200 mL蒸馏水摇匀后用甲基橙为指示剂，1 mol/L NaOH溶液滴定至溶液呈黄色，记录NaOH消耗体积V_3。标定过程中反应方程式如下：

$$Cu(En)_2(OH)_2 + 2HCl \rightarrow Cu(En)_2Cl_2 + 2H_2O$$

$$Cu(En)_2Cl_2 + 4HCl \rightarrow CuCl_2 + 2[(En) \cdot 2HCl]$$

$$Cu(En)_2(OH)_2 + 6HCl \rightarrow CuCl_2 + 2[(En) \cdot 2HCl] + 2H_2O$$

$$2CuCl_2 + 4KI \rightarrow Cu_2I_2 + 4KCl + I_2$$

$$2Na_2S_2O_3 + I_2 \rightarrow Na_2S_4O_6 + 2NaI$$

铜乙二胺溶液中乙二胺浓度c_4和铜离子浓度c_5分别按下式计算：

$$c_4 = \frac{c_1V_1 - 2c_2V_2 - c_3V_3}{2V}$$

$$c_5 = \frac{c_2V_2}{V}$$

$$R = \frac{c_4}{c_5} \quad (R \approx 2)$$

式中　V——用于滴定的铜乙二胺溶液体积；

c_1——HCl标准溶液浓度；

V_1——加入的 HCl 标准溶液体积；

c_2——滴定时使用的 $Na_2S_2O_3$ 浓度；

V_2——滴定时消耗的 $Na_2S_2O_3$ 体积；

c_3——NaOH 标准溶液浓度；

V_3——滴定时消耗 NaOH 标准溶液体积。

待铜乙二胺标定以后，取 150 mg 样品于细口聚乙烯瓶中，加入 2 ~ 3 块紫铜片（约 5 mm × 5 mm），加入 15 mL 蒸馏水将试样分散后再加入 15 mL 配制好的铜乙二胺，并将瓶中残余空气排出后反复剧烈摇荡将样品溶解，以不含样品的溶液体系为空白溶液。将溶液加入至乌氏黏度计中，于 25 ℃恒温水浴中以秒表计时测定溶液流出时间，计算溶液黏度和样品分子量。

（5）表面形态研究

样品表面形态采用扫描电镜探测，将样品固定在金属样品台上，使用溅射涂膜机喷涂一层厚约 10 nm 的金，使其具有导电性。样品表面形态图采集于扫描电镜 Hitachi 3400 N，操作电压为 10 kV，电流为 81 mA。

（6）可及度研究

样品比表面积的测定采用氮气吸附仪（Micrometritics ASAP 2020，Micrometritics Instrument Corp.，Norcross，USA），通过布鲁诺-埃梅特-特勒（Brunauer Emmett Teller，BET）方法检测 77 K 下样品对氮气的吸附量。分析前，样品置于氮气吸附仪中在相对压力为 0.995 的条件下室温脱气 16 h。

（7）酶吸附

底物对酶的吸附量参考考马斯亮蓝法对溶液中蛋白质含量进行测定。将 100 mg 考马斯亮蓝 G-250 溶于 50 mL 95% 乙醇，加入 100 mL 85% 的磷酸，以蒸馏水定容至 200 mL 后于 4 ℃保存 6 个月待用。取牛血清蛋白作为标准蛋白，配制成 20 ~ 50 μg/100 mL 溶液。加入考马斯亮蓝溶液，显色 30 min 后于 595 nm 处测定吸光度，并绘制牛血清蛋白浓度和吸光度标准曲线。进行样品测定时，采用同一考马斯亮蓝染色剂显色后测定 595 nm 处测定吸光度，并根据样品吸光度和标准曲线计算样品中的蛋白浓度。

4.1.2 生物转化

（1）生物催化剂——酶

木质纤维生物质中可发酵糖的释放主要采用酶水解。纤维素的有效降解需要多种纤维素酶的协同作用。纤维素酶常被分为两类：内切葡聚糖酶（endoglucanases，EG）（EC 3.2.1.4），它能够随机地切断纤维素分子链；外切葡聚糖酶（exoglucanases 或 cellobiohydrolases，CBH）（EC 3.2.1.91），主要作用于游离的纤维素链末端，水解生成纤维二糖。将纤维素完全水解成葡萄糖时，还需要 β-葡萄糖苷酶（EC 3.2.1.21）的作用水解低聚葡萄糖中的糖苷键生成葡萄糖。但对于内切葡聚糖酶和外切葡聚糖酶的分类界线并不明确，研究发现一些外切葡聚糖酶也具有内切酶的活性。由于一些酶对其他的聚糖（如木聚糖）也有水解作用，这使得酶的分类更为复杂。因此，一些新的分类法应用于纤维素酶及其他糖苷键水解酶的分类。根据催化域结构的差异，糖苷键水解酶可分为 70 多个家族。虽然并未取得酶中氨基酸排列的完整信息，目前已在 11 个微生物种群的代谢物中发现了纤维素酶。里氏木霉代谢产生的纤维素酶是目前研究最为广泛的纤维素酶体系，且大多数工业中采用的酶也都来自于该菌株。在水解过程中，各种纤维素酶之间协同作用，且多种纤维素酶的协同作用效果比体系单个酶作用效果的总和要高。大多数纤维素酶具有多区域的结构特征，酶的催化区域与纤维素结合域之间分离但通过肽链连接。催化区域中包含着活性位点，而结合域则主要将酶的活性位点连接到纤维素表面。结合域在结晶纤维素的水解过程中扮演着极为重要的角色。研究发现，当缺失结合域时外切纤维素酶对结晶纤维素的反应效率明显降低。这主要由于纤维素酶结合域不仅能够增加纤维素表面有效酶的浓度，也能够将表面的单个纤维素分子链解离出来，从而提高纤维素酶的反应活性。但纤维素酶结合域也能吸附于木质素上，这种吸附降低了纤维素酶的效率，也影响了酶的回收利用。

木聚糖和葡甘聚糖是木材原料中主要的半纤维素成分。在阔叶材中，木聚糖是主要的半纤维素成分，而在针叶材半纤维素中葡甘聚糖的含量是木聚糖含量的两倍。目前已有的文献资料在针对木聚糖酶的研究中主要侧重于木聚糖酶的制备、特性、反应模型以及应用。内切木聚糖酶［（1→4）-β-*D*-木聚糖水解酶，EC 3.2.1.8］能在木聚糖主链上随机切断（1→4）-β-糖苷键。大多数的木聚糖酶都能够水解各种类型的木聚糖，只是不同的木聚糖底物水解后产物不同。在水解产物中，主要包含木二糖、木三糖以及一些带有支链基的聚合度在 3～5 的低聚木糖。低聚木糖产物中聚合度以及取代基位置与类型取决于单个木聚糖酶的反应模型。实验数据表明，木聚糖酶具有高选择性和高热稳定性，即使在较高温度下仍然具有较高的反应活性。

内切甘露糖酶［（1→4）-β-*D*-甘露糖水解酶，EC 3.2.1.78］能够随机地水解聚甘露糖以及含甘露糖单元的其他聚糖（如葡甘聚糖、聚半乳糖甘露糖和聚半乳糖葡萄糖甘露糖）主链上的（1→4）-β-糖苷键。与木聚糖酶相比，甘露糖酶具有更为复杂的酶组成。在一些甘露糖酶中发现了和纤维素酶相似的结构区域，如酶蛋白的催化区域与结合域之间分隔开并通过肽链连接。聚半乳糖甘露糖和葡甘聚糖的水解产物中主要是甘露二糖、甘露三糖以及其他一些混合的低聚糖。产物的得率则取决于支链取代度以及支链的分布位置。葡甘聚糖的水解同样也受到分子链上葡萄糖与甘露糖之间比例的影响。

木聚糖和葡甘聚糖上侧链基的脱除也可以通过一系列其他的水解酶来完成，如α-葡萄糖醛酸酶（EC 3.2.1.131）、α-阿拉伯糖苷酶（α-*L*-阿拉伯呋喃糖苷水解酶，EC 3.2.1.22）和α-*D*-半乳糖苷酶（α-*L*-半乳糖苷水解酶，EC 3.2.1.22）。半纤维素侧链上的乙酰基则可通过酯键酶（EC 3.2.1.72）来脱除。这一系列的侧键基脱除酶都具有不同的反应特性和蛋白质性质。在这些支链脱除酶的参与下，各种木聚糖酶的协同作用能够加速内切葡聚糖酶的反应速率。为得到较高的水解效率将可溶性和不可溶性半纤维素彻底水解成为单糖，这些侧链基水解酶必不可少。

为了将内切酶水解生成的低聚糖成分彻底水解成单糖，糖苷酶体系必不可少，如β-木糖苷酶［（1→4）-β-*D*-木糖苷水解酶，EC 3.2.1.37］、β-甘露糖苷酶［（1→4）-β-*D*-甘露糖苷水解酶，EC 3.2.1.25］和葡萄糖苷酶（EC 3.2.1.21）。β-木糖苷酶（EC 3.2.1.37）能够连续地从低聚木糖的非还原性末端基团上水解释放木糖单元。β-甘露糖苷酶则主要作用于末端基团的水解以及聚甘露糖主链上的非还原性末端基团。通常，外切水解酶比内切酶的蛋白质含量高，并具有两个及以上的亚单元。

（2）乙醇生产工艺

目前，常使用的乙醇生产工艺主要有分步糖化发酵、同步糖化发酵、同步糖化共发酵和固体生物转化四种。分步糖化发酵工艺分两步进行，首先采用酶预处理原料中的碳水化合物水解生成单糖，再接种微生物发酵将单糖转化为乙醇。在该工艺中，酶水解和发酵都可在最佳条件下进行。但酶水解生产的单糖容易引起产物抑制效应降解酶的水解效率，从而影响最终乙醇产率[9, 10]。同步糖化发酵则是在同一反应器中同时完成纤维素水解和乙醇发酵，酶水解释放的单糖及时经微生物转化生成乙醇从而降低产物抑制效应。此外，同步糖化发酵工艺操作简单，设备费用低，水解和发酵工艺同时进行不易被污染[10~12]。但同步糖化发酵难以同时满足酶水解和发酵的最佳条件。通常，酶水解的最佳温度为50 ℃，而微生物的最佳生长、繁殖、代谢温度为28~37 ℃。以目前的蛋白质工程技术难以实现酶最佳反应温度的调节，因此培育耐热菌种提高热环境下微生物代谢速度是提高同步糖化发酵工艺中生物乙醇产量的关键[13]。同步糖化共发酵是利用多种微生物之间的协同将五碳糖和六碳糖共同发酵生产乙醇。但通常六碳糖代谢微生物生长速度大于五碳糖代谢微生物。因此，培育能同时利用六碳糖和五碳糖的菌种是提高乙醇产率的有效途径[14, 15]。该方法因其费用低、操作时间短、污染侵蚀风险低、抑制效应低等优点而受到众多学者的关注[16]。固体生物转化也称直接生物转化，该工艺融合了生物质转化制备乙醇过程中的所有反应，生物质原料降解酶的制备、酶水解和发酵同时进行。在固体生物转化过程中，原料中所有的碳水化合物能水解生成单糖而无需额外添加纤维素酶。固体生物转化过程中的微生物对原料的适应性较好，且具有较好的耐热能力，但低乙醇耐受能力限制了这类菌株的工业化应用（$<2\%$）。此外，耐热酵母菌 K. Marxianus 经生物工程改进后能够耐受 48 ℃环境温度，并在发酵生产乙醇的同时生产内切葡聚糖酶和 β-葡萄糖苷酶[10]。

（3）生物转化

物料酶水解以 pH 值 4.8 的乙酸钠（50 mmol/L）缓冲液为溶剂，底物浓度为 2% ~ 5%，纤维素酶用量为 15 FPU/g 底物，葡聚糖苷酶用量 30 IU/g 底物，木聚糖酶用量 30 IU/g 木聚糖，于 50 ℃下 150 r/min 振荡反应时间 72 h。同步糖化发酵前：取 2 g 葡萄糖加入 100 mL 水中加热沸腾 5 min 后冷却至 35 ℃，然后加入 3 g 酒精活性干酵母粉活化 60 min 用于发酵。取 0.5 g 底物至 50 mL 三角瓶中，加入 9 mL 含有酵母浸膏（10 g/L）和蛋白胨（20 g/L）的乙酸钠缓冲液，于 121 ℃高压灭菌锅中灭菌 20 min 后置于无菌操作台中冷却至 35 ℃后加入 1 mL 酵母液，以单向通气阀盖紧三角瓶后置于 35 ℃摇床中 120 r/min 振荡发酵 24 h。酶水解和发酵过程中间隔取样，采用高效液相色谱测定液体中的糖和乙醇组成。酶水解液中单糖含量分析采用伯乐（Bio-Rad） HPX-87P 色谱柱，流动相为水，流速 0.6 mL/min，柱温 60 ℃，进样量 10 μL。发酵液中乙醇含量分析采用伯乐（Bio-Rad） HPX-87H 色谱柱，流动相为 0.05 mol/L H_2SO_4，流速 0.6 mL/min，柱温 60 ℃，进样量 10 μL。

4.2 半纤维素对物料结构与酶水解效率的影响

在植物细胞壁中，纤维素被半纤维素和木质素组分紧密包裹。木质素对纤维素酶水解效率的影响主要是由于它的存在阻碍了酶对纤维素的接触，且木质素对纤维素酶有吸附作用。在细胞壁中，半纤维素则嵌入纤维束之间通过与纤维素之间形成氢键将纤维束紧密相连，从而影响纤维素酶对纤维素的作用。半纤维素为无定形结构，亲水性强于纤维素，且对酶的亲和能力强于纤维素。此外，水解生成的木糖和低聚木糖对纤维素酶以及 β-葡萄糖苷酶都有抑制作用。 Ishizawa 等表明，稀酸处理玉米秸秆脱除半纤维素比脱除木质素能更明显地提高纤维素的可及度与水解效率[17]。

纤维素分子量和结晶结构也是影响纤维素酶水解效率的重要因素。 Nummi 等发现，外切纤维素酶不能水解可溶性的低聚葡萄糖，里氏木霉生产制备的外切纤维素酶仅水解聚合度在一定范围以上的底物，通常最低为 30~60 [18] 。纤维素的结晶形态对水解效率也有重要的影响。据 Weimer 等报道，纤维素不同结晶结构初始水解速率不同，其顺序为：无定形纤维素 > 纤维素 $Ⅲ_{Ⅰ}$ > 纤维素 $Ⅳ_{Ⅰ}$ > 纤维素 $Ⅲ_{Ⅱ}$ > 纤维素Ⅰ > 纤维素Ⅱ [19] 。早期的报道也表明，将天然纤维素Ⅰ转化成为其他结晶结构的纤维素也能够提高纤维素的水解效率。 Mittal 等发现，采用氨水溶液在 130 ℃下对天然纤维素Ⅰ进行处理后得到的纤维素样品即使在相同的结晶度下其初始水解速率也远高于天然纤维素Ⅰ [20] 。 Igarashi 等认为，纤维素 $Ⅲ_{Ⅰ}$ 比纤维素Ⅰ具有更高的水解效率的主要原因是前者密度较低，且具有更多的亲水性表面积 [21] 。

为了探讨半纤维素对纤维素酶水解效率的影响，可采用酸性亚氯酸钠脱木质素的方法排除植物细胞壁中木质素的影响。本节将讨论碱抽提梯度脱除半纤维素和半纤维素酶添加这两种方法对纤维素酶水解效率的影响，并对样品进行了成分分析、结晶结构分析和酶水解效率的测定。虽然，微晶纤维素与天然纤维素具有结构的差异，但其中几乎不含有半纤维素组成。对其进行相同的处理后作为对照组，以表征半纤维素对酶水解效率的影响。

4.2.1 样品制备与生物转化

取 50 g 木粉于烧瓶中，加入 50 g 亚氯酸钠（$NaClO_2$）和 1000 mL 水，用乙酸将溶液 pH 值调至 3.8~4.0，在 80 ℃水浴中反应 1 h 后再加入 25 g $NaClO_2$ 并以乙酸调节 pH 值至 3.8~4.0 继续反应 1 h。反应结束后过滤收集综纤维素，以去离子水将残渣洗至中性后置于 60 ℃烘箱烘干，命名为 C_0，并用以制备不同半纤维素含量的纤维素样品。样品的制备流程如图 4-1 所示，取 30 g 综纤维素样品（C_0）经 0.25 mol/L NaOH 在 30 ℃下抽提 3 h 后过滤收集残渣。将残渣洗至中性后置于 60 ℃烘箱烘干，命名为 C_1，并以此作为 0.5 mol/L NaOH 溶液抽提时的原料。重复以上步骤，分别经 0.5 mol/L、 1.0 mol/L、 1.5 mol/L、 2.0 mol/L 及 3.0 mol/L NaOH 溶液抽提后的纤维素样品根据碱浓度依次命名为 C_2、 C_3、 C_4、 C_5 和 C_6。为了进一步对比说明半纤维素对纤维素酶水解效率的影响，采用不含半纤维素组分的微晶纤维素在相同条件下处理后作为空白样。根据处理过程中 NaOH 浓度的增加，微晶纤维素空白样品系列分别命名为 CC_0、 CC_1、 CC_2、 CC_3、 CC_4、 CC_5 和 CC_6。

纤维素的水解效率分别在低酶用量（10 FPU/g 纤维素）和高酶用量（20 FPU/g 纤维素）的条件下进行测定。在纤维素酶体系中加入木聚糖酶对半纤维素组分进行水解也能够提高纤维素的糖化效率。因此，酶法脱除半纤维素可提高纤维素转化效率。采用综纤维素样品（C_0）为底物，测定不同木聚糖酶用量下木聚糖酶的影响因子。水解底物含量为 5%，纤维素酶用量固定于 10 FPU/g 纤维素，木聚糖酶用量分

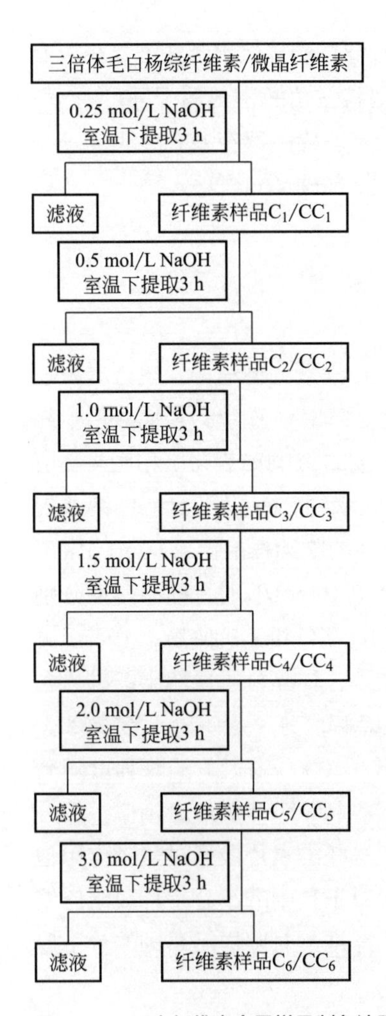

图 4-1 不同半纤维素含量样品制备流程

别为 0 IU/g 木聚糖、 2.5 IU/g 木聚糖、 5.0 IU/g 木聚糖、 10.0 IU/g 木聚糖和 15.0 IU/g 木聚糖。较高酶用量条件下木聚糖酶影响因子的测定则采用纤维素酶活性为 20 FPU/g 纤维素、 0 IU/g 木聚糖和 60 IU/g 木聚糖的酶添加量。

取 0.5 g 样品于 50 mL 三角瓶中，加入 9 mL 含有营养物的乙酸钠缓冲溶液（pH= 4.8），营养物浓度为：酵母浸膏 10 g/L，蛋白胨 20 g/L。整个发酵体系置于高压灭菌锅 121 ℃下灭菌 20 min 后，将三角瓶置于超净工作台中冷却至室温等待接种发酵菌种。发酵菌种为商业化酿酒酵母，称取 0.3 g 干酵母，加入 10 mL 2% 葡萄糖溶液中于 30~35 ℃活化 1.5~2 h。活化结束后，在超净工作台中取 1 mL 酵母液接种至每个三角瓶中，使发酵体系中酵母菌浓度为 3 g/L。此外，向三角瓶中加入 30 FPU/g 底物的纤维素酶和 60 IU/g 底物的葡萄糖苷酶，以水解纤维素释放葡萄糖供酵母菌发酵生产乙醇。以带有单向阀的橡胶塞将三角瓶密封后于 40 ℃空气摇床中发酵 24 h，定时取样，并采用高效液相色谱及示差检测器在多孔性阴离子交换色谱柱 HPX-87H 上对发酵液中乙醇及葡萄糖浓度进行分析。

4.2.2 半纤维素溶出对物料结构的影响

(1) 样品得率、成分与分子量

木质纤维素原料的酶水解效率与其本身的成分、纤维素晶型结构、聚合度等结构特性密切相关。毛白杨综纤维素中半纤维素含量为 24.7%，连续的碱抽提后半纤维素含量逐渐降低，连续碱处理对物料成分和分子量的影响如表 4-1 和图 4-2 所示。经 0.25 mol/L 的 NaOH 溶液处理后，木聚糖脱除率约 57%；当 NaOH 溶液提高至 1.5 mol/L 时，木聚糖几乎完全脱除。随着木聚糖的脱除样品得率从 70.1% 下降至 59.2%，进一步提高 NaOH 溶液至 2.0 mol/L 和 3.0 mol/L 时，样品得率分别下降至 44.6% 和 43.1%。这可能由于高浓度的碱也引起了纤维素的降解，分子量测定结果证实了该推断。由于半纤维素分子量比纤维素小，样品分子量随半纤维素含量的降低由 658000 增加至 891000；随后纤维素发生降解，分子量下降至 812000。由分子量分布的曲线图中也可以看出，小分子量区域（10000 附近）的峰强度随着半纤维素含量的降低而降低。虽然样品 C_2、 C_3 和 C_4 中半纤维素含量相似，但分子量依次增加。这可能由于结晶纤维素将一些小分子量纤维素片段通过氢键作用包裹在结晶结构中，高浓度碱溶液将纤维素润胀后，包裹于其中的小分子片段溶出使样品的分子量略有升高[20, 22]。不含半纤维素的微晶纤维素对照样品系列的分子量也出现了类似现象（表 4-2和图 4-3）。

表 4-1 不同半纤维素含量样品的得率、成分及分子量

项目	样品名称						
	C_0	C_1	C_2	C_3	C_4	C_5	C_6
得率/%①		70.1	64.4	60.6	59.2	44.6	43.1
葡萄糖/（mg/L）	67.5	80.8	87.5	90.2	92.3	93.0	94.7
木糖/（mg/L）	24.7	15.1	6.8	4.1	2.4	ND②	ND
重均分子量	658000	811000	831000	882000	891000	856000	812000
数均分子量	72300	54400	66900	76700	93800	95100	142000
分散度	9.1	14.9	12.4	11.5	9.5	9.0	5.7

注：三次平行实验平均值，误差小于 5%。

① 得率的计算基于每步得到的残渣质量与初始综纤维素原料质量之比。

② ND：未被检出。

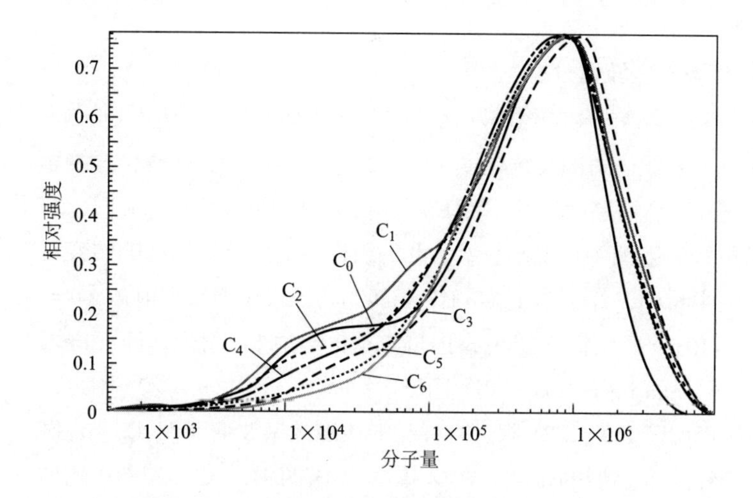

图 4-2 不同半纤维素含量样品的分子量分布曲线

表 4-2 微晶纤维素对照样品得率及分子量

项目	样品名称						
	CC_0	CC_1	CC_2	CC_3	CC_4	CC_5	CC_6
得率/%		95.0	90.7	86.5	81.7	75.4	68.5
重均分子量	153000	163000	165000	166000	163000	158000	106000
数均分子量	34100	40100	41600	49600	41500	41500	343000
分散度	4.5	4.1	4.0	3.4	3.9	3.8	3.1

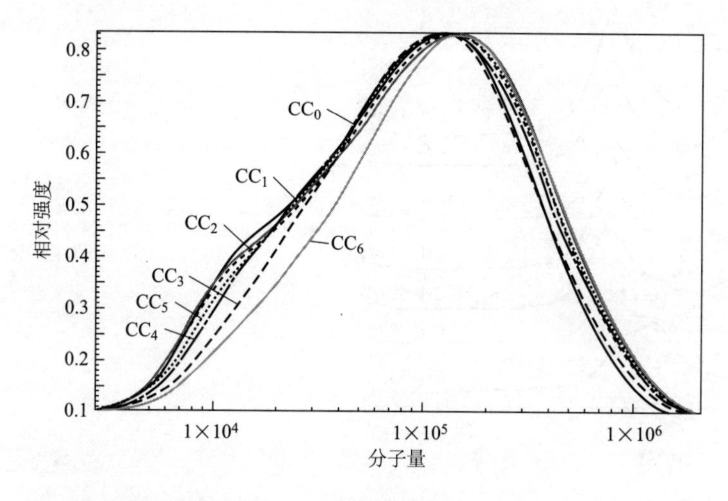

图 4-3 微晶纤维素对照样品分子量分布曲线

（2）结晶结构与核磁共振波谱分析

NaOH 处理能够改变纤维素内部的氢键网络结构从而改变纤维素结晶的形态，碱抽提后纤维素样品的 X 射线衍射图及结晶度（CrI）如图 4-4 所示。随着半纤维素和无定形纤维素的溶出，样品结晶度上升；当 NaOH 溶液增加至 3.0 mol/L 时，纤维素样品（C_6）的 X 射线衍射图中呈现出纤维素Ⅱ的结构特征。结晶结构的转变可从纤维素 X 射线衍射图中看出，纤维素Ⅰ（200）晶面的特征峰出现在衍射角 2θ = 22° 附近，（101）及（101）晶面衍射峰重叠出现在 2θ = 16.5° 附近；而纤维素Ⅱ（101）晶面和（101）晶面的衍射峰分离分别位于 2θ = 12° 和 2θ = 20° 附近，（020）晶面的衍射峰则仍位于 2θ = 22° 附近。样品的核磁共振波谱（图 4-5）也同样证实了在碱性条件下纤维素晶型的转变。在样品 C_6 的谱图中，C-4 和 C-1 的信号峰都发生了分裂，尤其以 C-1 信号峰呈现纤维素Ⅱ的结构特征。Fengel 等表明，纤维素Ⅰ向纤维素Ⅱ的晶型转变开始于 NaOH 浓度于 11% ~ 12%[23]。毛白杨纤维素样品在 8% NaOH 处理后结晶结构润胀，在 X 射线照射下 2θ = 20° 出现衍射峰，表明样品中已有纤维素Ⅱ形成；而不含半纤维素的微晶纤维素对照组样品晶型的转变与文献报道的 NaOH 浓度相同（图 4-6）。该现象表明，半纤维素的存在对碱性条件下纤维素结构的变化也起着重要作用。Lewin 和 Roldan 推测氨水处理纤维素使其结晶结构发生转变的模型，由于氨水分子体积小并且能够与纤维素形成氢键，在反应过程中氨水分子浸入到纤维素内部与氢键发生反应改变其氢键网络[24]。根据相似的理论，样品中半纤维素的存在占据一定的体积，当 NaOH 将半

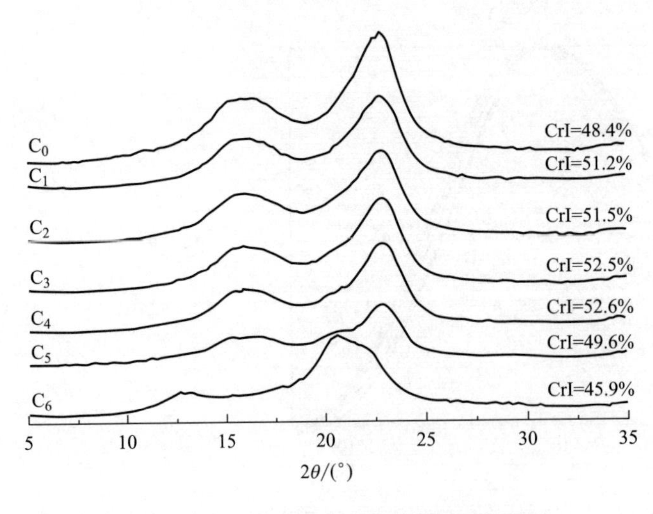

图 4-4　不同半纤维素含量样品的 X 射线衍射图和结晶度

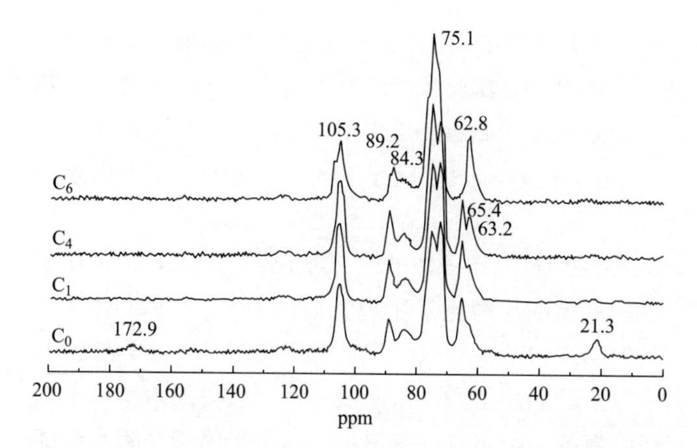

图 4-5　不同半纤维素含量样品（C_0、 C_1、 C_4 和 C_6）的固体核磁共振波谱

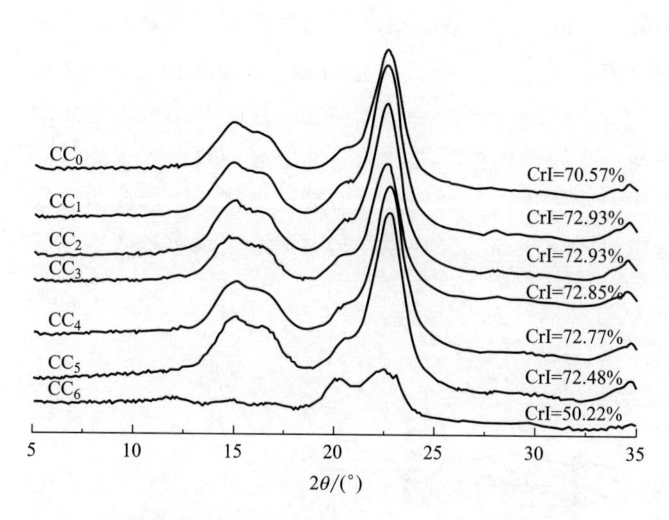

图 4-6　微晶纤维素对照样品系列的 X 射线衍射图和结晶度

纤维素溶解出来时， NaOH 分子浸入纤维束之间取代半纤维素并占据原本属于半纤维素的空间。 NaOH 浸入后与纤维束内的氢键反应，不仅使纤维素发生润胀并改变了纤维素内部的氢键结构，进而使纤维素结晶结构发生转变。

4.2.3　半纤维素含量对物料酶水解效率的影响

在植物细胞壁中，半纤维素嵌入纤维束之间将纤维束紧密地结合在一起，对酶和纤维素的结合起着阻碍作用。因此，去除原料中的半纤维素，打破半纤维素与纤维素之间的连接能够提高纤维素对酶的可及度。经过碱处理后，随着半纤维素及一些较低聚合度的小分子纤维素片段的溶出，纤维素的酶水解效率得到明显的提高（图 4-7）。相比之下同样的处理方法对微晶纤维素对照组样品的酶水解效率的影响并不明显（图 4-8），这可能由于微晶纤维素中几乎不含有半纤维素。当半纤维素完全脱除后，纤维素（C_4）的水解效率反而下降，这可能由于木质素和半纤维素完全脱除后纤维素分子间的空隙减小，微纤丝之间发生聚集，反而降低了纤维素的可及度。Ishizawa 等采用玉米秸秆为原料，对不含半纤维素和木质素的样品进行纤维素酶水解效率的测定时也得到了相似的结论[17]。当 NaOH 浓度进一步提高时，纤维素降解且内部结构发生润胀使纤维素具有更多不参与氢键的自由羟基，为酶的作用提供了更多的活性位点，从而使纤维素最终的水解效率增加。此外，结构的变化也使纤维素的初始水解速率增加，这主要由于在酶水解纤维素的过程中首先是纤维素酶的结合域将纤维素分子链从高度结晶的结构中解离出来将纤维素无定形化。而纤维素在高度浓度的碱处理时已发生润胀，规则度降低，因此增加了水解的初始效率。此外，在低酶用量（10 FPU/g 纤维素）和高酶用量（20 FPU/g 纤维素）的水解反应中，纤维素样品的转化效率相似（图 4-7 和图 4-9）。但在高酶用量下，样品的初始水解效率显著增加，并在 15 h 左右达到水解平衡。这表明，在低酶用量下，纤维素样品提供的活性位点的数量大于酶的活性位点数量。以纤维素样品作为底物进行发酵时，在发酵终点糟液中乙醇浓度最高达 6. 17 g/L。半纤维素含量对乙醇产率的影响也同其对纤维素酶水解效率的影响相同（图 4-10）。

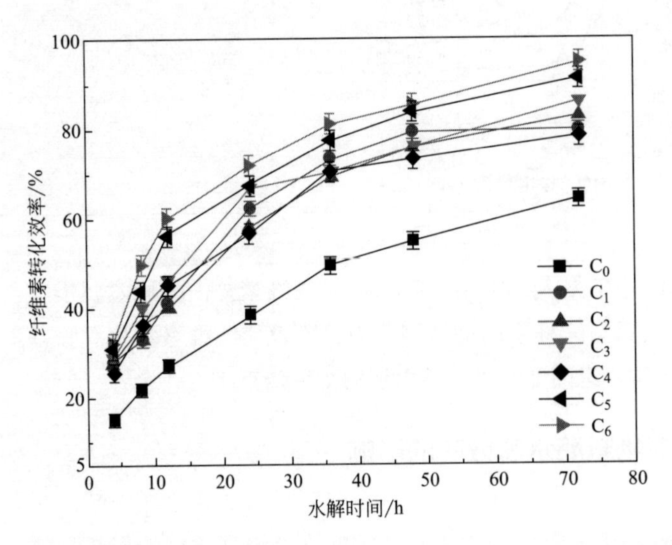

图 4-7 在低酶用量（10 FPU/g 纤维素）下不同半纤维素含量样品的酶水解曲线

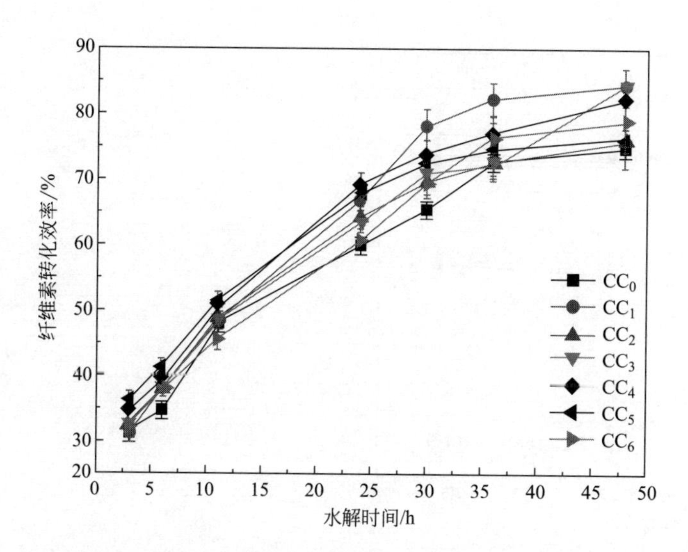

图 4-8　在低酶用量（10 FPU/g 纤维素）下微晶纤维素对照组样品的酶水解曲线

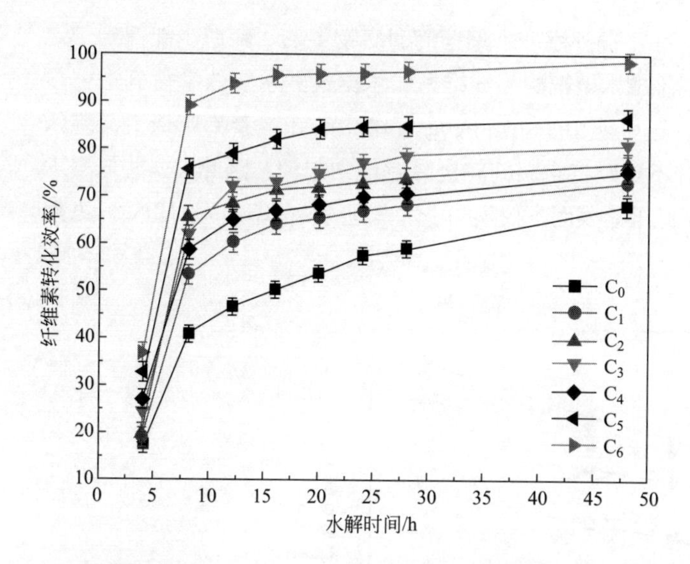

图 4-9　在高酶用量（20 FPU/g 纤维素）下不同半纤维素含量样品的酶水解曲线

研究发现，在水解酶体系中添加木聚糖酶能够水解附着于纤维素表面的木聚糖和低聚木糖使纤维素的可及度增加，并减少了木聚糖和低聚木糖等水解产物对纤维素酶和 β-葡萄糖苷酶的抑制作用。Kumar 和 Wyman 将加入木聚糖酶后葡萄糖得率增长的百分比与木糖得率增加的百分比之间的比值定义为木聚糖酶的影响因子[25，26]，并以此来表征木聚糖酶的添加对纤维素水解效率的影响。商品纤维素酶

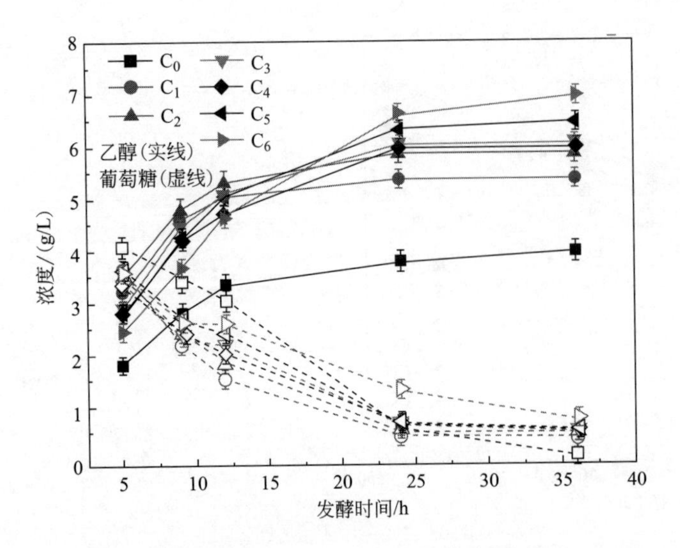

图 4-10 半纤维素含量对纤维素底物发酵乙醇产率的影响

中有一定的木聚糖酶活性，在不额外添加木聚糖酶时底物中的木聚糖也能得到一定程度的转化（图 4-11），但添加木聚糖酶后纤维素和木聚糖的水解效率得到进一步提高（图 4-11 和图 4-12）。这可能由于 10 FPU/g 纤维素的纤维素酶用量下，酶体系中包含的木聚糖酶活性并不足以将木聚糖完全降解成为单糖。因此，一些低聚木糖释放于水解液中或吸附于纤维素表面不仅限制了木聚糖的转化率，同时也对纤维素

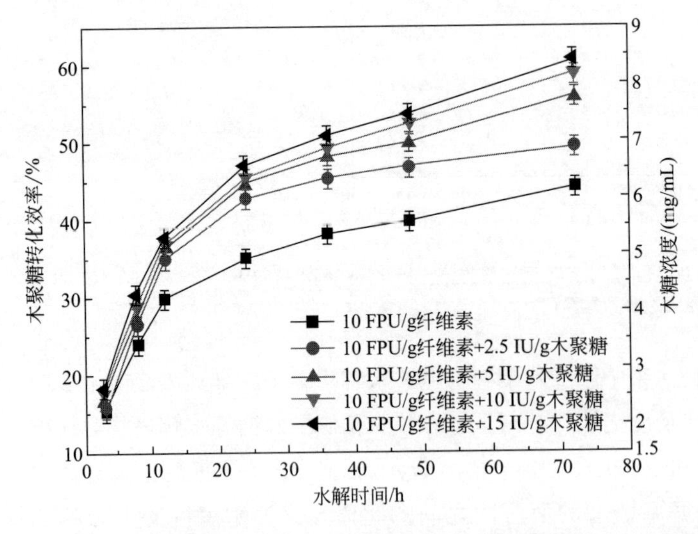

图 4-11 纤维素酶于 10 FPU/g 纤维素用量下不同木聚糖酶添加量下木聚糖的转化效率

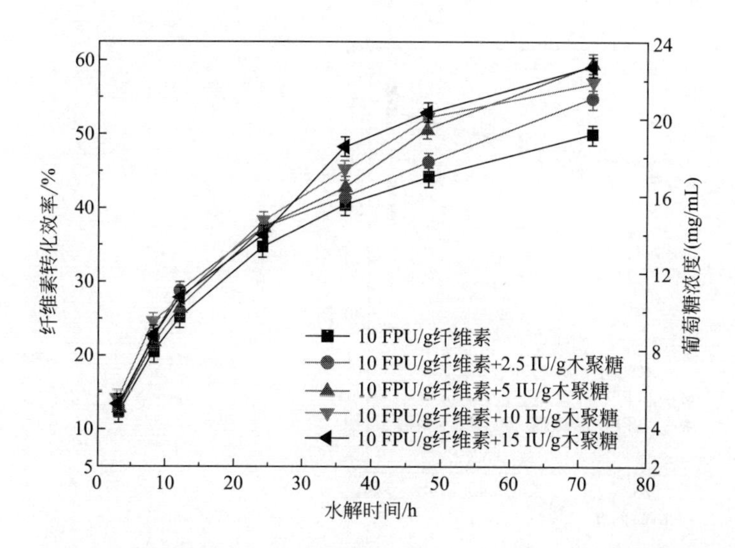

图 4-12　纤维素酶于 10 FPU/g 纤维素用量下不同木聚糖酶添加量下纤维素的转化效率

酶有抑制作用，使纤维素水解受到限制。当在纤维素酶体系中加入木聚糖酶时，这些低聚木糖进一步水解成单糖，减少了低聚木糖的抑制作用从而提高了纤维素的转化效率。在 10 FPU/g 纤维素的纤维素酶用量下，随着木聚糖酶用量的增加其影响因子逐渐降低（表 4-3）。这主要由于木聚糖酶用量增加时，水解液中木糖的浓度随着木聚糖的水解而增加，而木糖产物对纤维素酶的抑制作用与浓度成正相关。此外，随着纤维素酶用量的增加，包含于其中的木聚糖酶量也有所增加，木聚糖酶的影响因子也会随之下降（表 4-3 和图 4-13）。研究发现，纤维素酶用量为 10 FPU/g 纤维素时，木聚糖酶添加量为 5 IU/g 木聚糖时具有较高的影响因子且纤维素转化效率较高。但与碱法溶出木聚糖相比，化学法从根本上减少了水解液中木糖的抑制效应从而更有效地提高纤维素的水解效率。

表 4-3　不同木聚糖酶用量下的木聚糖酶的影响因子

酶用量	影响因子
10 FPU +2.5 IU	0.83
10 FPU +5 IU	0.71
10 FPU +10 IU	0.41
10 FPU +15 IU	0.50
20 FPU +60 IU	0.30

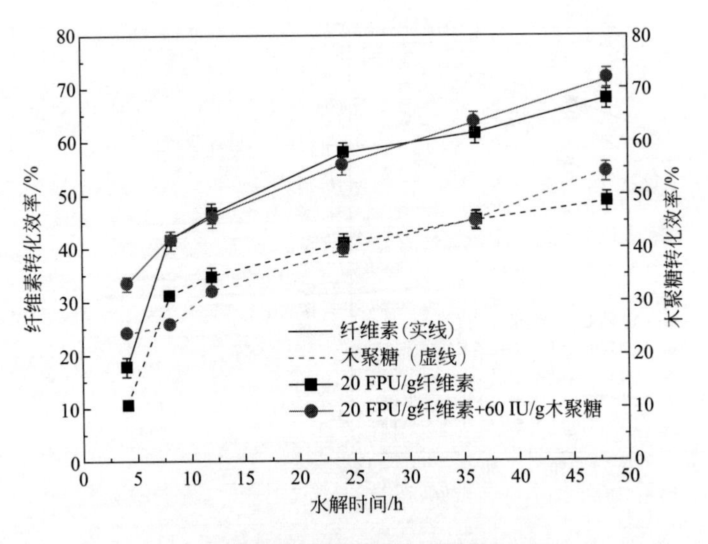

图 4-13　20 FPU/g 纤维素酶用量下纤维素和木聚糖的转化效率

4.2.4　小结

① 随着碱抽提过程中半纤维素含量的减少，纤维素水解效率增加。当半纤维素含量由 24.7% 下降至 4.1% 时，纤维素水解效率由 64.7% 提高至 85.8%。但当半纤维素完全脱除后，纤维素酶水解效率反而降低至 78.4%。

② 当 NaOH 浓度升高至 12% 时，处理后纤维素发生了结晶结构的转变，由纤维素Ⅰ变为纤维素Ⅱ。同时，纤维素的水解效率也随之提高至 94.6%。

③ 木聚糖酶的添加也能使纤维素水解效率在一定程度上提高，但木聚糖酶对纤维素酶水解效率的影响因子随着酶用量的增加而降低。当额外的木聚糖添加量为 5 IU/g 木聚糖时，纤维素水解效率提高了 19%，木聚糖酶的影响因子为 0.71。

4.3　稀酸处理对物料结构与酶水解效率的影响

木质纤维素原料复杂的细胞壁结构是纤维素成分抗击化学和生物侵袭的天然屏障。因此，在纤维素-乙醇的转化过程中，能够降低生物质原料刚性、提高原料可接触面积的预处理过程是至关重要且必不可少的。近几年来，常用的预处理方法包括生物法、化学法、物理法以及物理化学法。最有效的预处理过程需要添加化学试剂，如稀酸、二氧化硫、氨及氧化钙等，其中稀酸处理因其高效性及廉价性著名。在稀酸处理中，半纤维素被降解成为单糖，尤其是木糖，能进一步转化成为乙醇或木糖醇。目前，稀酸处理常采用 0.4% ~2.0% 的硫酸在 200 ℃以下进行处理以提高细胞壁中纤维素的可及度。但在高温的酸性条件下，半纤维素和纤维素降解生成的单糖能够进一步降解生成一些对后续的酶水解和发酵过程有抑制作用的物质，如甲酸、乙酸、乙酰丙酸、糠醛以及 5-羟甲基糠醛，且抑制效果来自于各种物质的综合作用。有机酸（甲酸、乙酸等）能够使菌体发生解离并使阴离子在分子内逐渐积累，糠醛和 5-羟甲基糠醛则在发酵过程中被还原成醇[27]。此外，在酸处理过程中木质素残留于物料中，阻碍了酶与纤维素的结合，木质素对纤维素水解酶较高的吸附能力也是影响纤维素酶水解的一个重要因素。

4.3.1 样品制备与酶水解

原料采用三年生三倍体毛白杨，经粉碎后选取 0.18～0.25 mm 粒径的木粉采用甲苯-乙醇（甲苯：醇= 2：1，体积比）抽提 8 h 脱脂。脱脂后的木粉主要成分为：纤维素 44.6%，木聚糖 19.3%，木质素 24.1%。

预处理的样品制备流程如图 4-14 所示，称取 3 g 原料于 50 mL 聚四氟乙烯高压

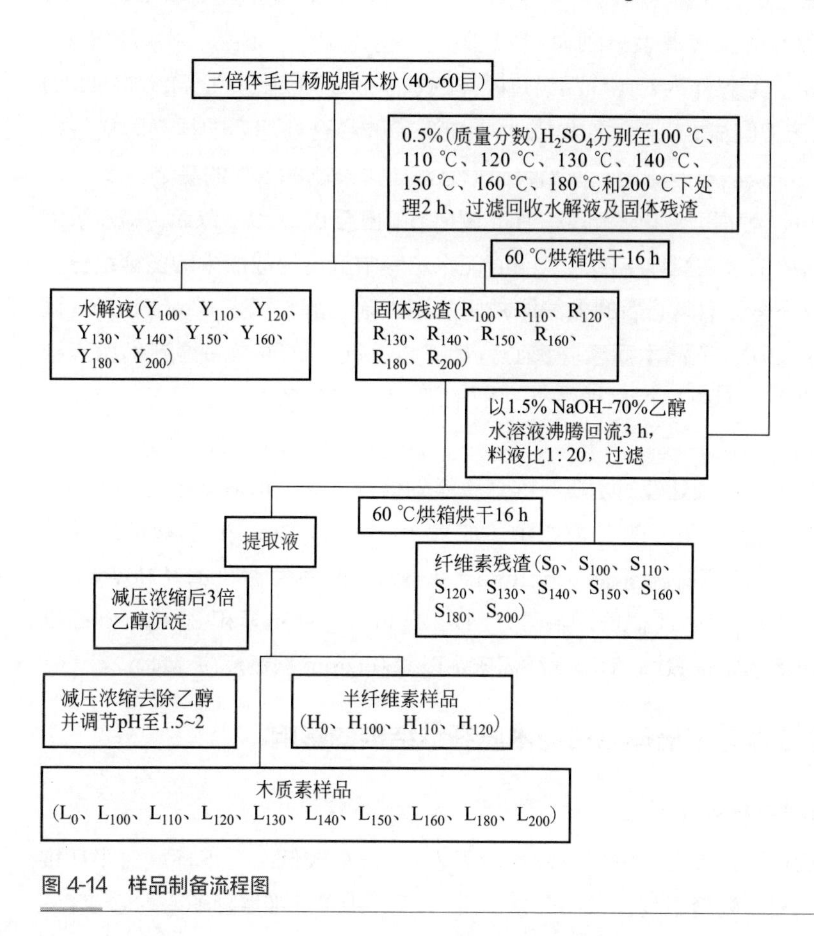

图 4-14 样品制备流程图

反应釜中，加入 30 mL 0.5% H_2SO_4。反应温度分别设定为 100 ℃、110 ℃、120 ℃、130 ℃、140 ℃、150 ℃、160 ℃、180 ℃及 200 ℃，反应时间为 2 h。反应结束后，过滤分别收集酸水解液以及残余固体，并以 100 mL 热水洗涤残渣后以去离子水将残渣洗涤成中性，置于 60 ℃烘箱干燥。根据处理温度，处理后收集到的固体样品和酸水解液体分别命名为 R_{100}、R_{110}、R_{120}、R_{130}、R_{140}、R_{150}、R_{160}、R_{180}、R_{200} 和 Y_{100}、Y_{110}、Y_{120}、Y_{130}、Y_{140}、Y_{150}、Y_{160}、Y_{180}、Y_{200}。原料作为对照样品，命名为 R_0。对处理后的固体样品进行了成分分析、纤维素结晶度测定、纤维素表面形态测定和纤维素酶解效率的测定，并对水解液中单糖组分以及降解产物的含量进行了分析。

为了进一步提高酸处理的效果并回收残渣中的木质素组分，采用稀碱溶液对酸处理后的物料进行处理。分别取 2 g 烘干后的酸处理固体样品，以 40 mL 含有 1.5% NaOH 的 70% 乙醇-水溶液回流 3 h。反应结束后经过滤收集纤维素残渣并以蒸馏水洗至中性，干燥（60 ℃烘箱）后置于干燥器中以备结构检测及酶水解。所得样品根据酸处理时的反应温度分别命名为 S_{100}、S_{110}、S_{120}、S_{130}、S_{140}、S_{150}、S_{160}、S_{180} 及 S_{200}。原料作为对照样品经过同样的碱溶液处理后，即：1.5% NaOH 的 70% 乙醇-水溶液回流 3 h，命名为 S_0。对稀酸-稀碱结合处理后的样品同样进行了成分分析、纤维素结晶度测定、样品表面形态测定以及酶解效率的测定。

将稀碱-70% 乙醇提取液以 6 mol/L HCl 调节 pH 值至 5.5~6.0 以后，减压浓缩至 10 mL，再将浓缩液在搅拌下倒入 30 mL 无水乙醇中沉淀提取液中的多糖组分，静置 6 h 后离心分离。取离心后的上清液减压蒸馏去除乙醇，加入 6 mol/L HCl 调节 pH 值至 1.5~2.0，沉淀木质素并离心分离，将沉淀冷冻干燥后得到木质素样品。分离得到的木质素样品根据稀酸处理时的温度分别命名为 L_0、L_{100}、L_{110}、L_{120}、L_{130}、L_{140}、L_{150}、L_{160}、L_{180} 和 L_{200}。

酶水解常用于衡量预处理对木质纤维素原料的处理效率。取 0.2 g 处理后的木质纤维素底物加入到 50 mL 的三角瓶中，加入 10 mL 50 mmol/L 乙酸钠缓冲液（pH= 4.8）。反应所用纤维素酶（Cellulast 1.5 L）和葡萄糖苷酶（Novozyme 188）由诺维信中国有限公司提供，用量分别为 20 FPU/g 纤维素和 30 Cbu/g 纤维素。将整个反应体系置于 50 ℃恒温水浴摇床中以 150 r/min 振荡反应 144 h。

4.3.2 稀酸处理对三倍体毛白杨木质纤维结构的影响

（1）物料得率及成分

稀酸处理后样品得率及其主要成分含量见表 4-4，在较低温度下稀酸对半纤维素的降解并不明显。处理温度在 100~120 ℃时，原料中半纤维素降解率为 8.4% ~

38.2%，当处理温度升至 130 ℃时，半纤维素脱除率达到 79.9%。随着温度的继续上升，半纤维素持续降解，物料的回收率逐渐降低。然而，当温度上升至 180 ℃时仍有少量半纤维素残留于物料中。这表明在植物细胞壁中，有部分半纤维素与纤维素紧密相连而不易发生降解。此外， Brunecky 等发现，在处理过程中木质素阻碍 H^+ 对半纤维素的作用使半纤维素的水解延缓[28]。在水解之前，半纤维素要先向细胞壁边沿移动，移动过程中的物理阻碍也是半纤维素在 180 ℃下也没有完全降解的原因之一。当温度升高至 200 ℃时，半纤维素降解完全，在此条件下，纤维素也发生了降解，物料的损失达到 58.8%，处理残渣中木质素含量为 50.4%。研究发现，木质素结构在酸处理过程发生变化并对后续的酶水解过程有重要的影响。当处理温度高于木质素玻璃化转变温度时，木质素变成熔融状态并向细胞壁外移动，在冷却的过程中又重新附着于细胞壁外层，沉积木质素的量会随着处理温度的升高而增加。这些木质素在水解过程中阻碍着酶与纤维素之间的接触，从而降低了纤维素的水解效率。此外，酸处理后的木质素对纤维素酶有吸附作用，使纤维素酶的用量增加。

⊡ 表 4-4　原料及稀酸处理后样品的得率及主要成分

样品	得率/%	碳水化合物/（mg/L）							乙酰溴木质素/（mg/L）
		鼠李糖	阿拉伯糖	半乳糖	葡萄糖	木糖	甘露糖	糖醛酸	
R_0		0.3	0.3	1.3	64.9	28.8	2.6	1.8	20.8
R_{100}	92.4	0.2	0.1	0.3	66.9	28.9	1.3	2.3	21.8
R_{110}	92.4	ND	0.4	0.3	72.9	22.8	1.7	1.8	28.5
R_{120}	84.4	ND	0.3	0.2	74.8	21.1	1.7	2.0	29.0
R_{130}	69.1	ND	ND	ND	89.5	8.8	0.9	0.7	30.9
R_{140}	71.0	ND	ND	ND	85.7	12.0	1.1	1.1	32.2
R_{150}	64.2	ND	ND	ND	92.0	6.6	0.8	0.6	37.7
R_{160}	62.9	ND	ND	ND	92.9	5.9	0.8	0.5	39.0
R_{180}	60.6	ND	ND	ND	96.7	2.6	0.5	0.2	39.7
R_{200}	41.2	ND	ND	ND	96.8	ND	ND	3.2	50.4

注：三次平行实验平均值，误差小于 5%。

（2）物料结晶结构与表面形态

纤维素分子内及分子间的强大氢键网络使纤维素分子具有高度规则的结晶结构，并限制了纤维素的可及度，影响酶与纤维素的结合。通过一系列的 X 射线衍射研究，高等植物中纤维素结晶形态主要为纤维素Ⅰ，且包含两种晶系（三斜晶系

Ⅰ$_α$ 和单斜晶系Ⅰ$_β$），以纤维素Ⅰ$_β$ 型为主并含少量纤维素Ⅰ$_α$。在高温状态下，纤维素无定形区及结晶区的水解显著不同，即使在结晶区，纤维素Ⅰ$_α$ 和纤维素Ⅰ$_β$ 的水解也有明显差异。经 X 射线衍射对稀酸处理后的样品进行结晶结构测定发现，半纤维素、无定形纤维素溶出后，样品在衍射角 $2\theta = 22.2°$ 处的吸收峰强度略有增加，表明样品结晶度的上升（表 4-5 和图 4-15）。然而，这些变化并不明显，表明酸处理并没有充分破坏纤维素的结晶结构。当温度升高至 200 ℃时，结晶纤维素降解，使样品的 X 射线衍射的峰强度明显降低。此外，研究表明 X 射线衍射图中纤维素Ⅰ$_α$ 的出峰位置处于比纤维素Ⅰ$_β$ 的（002）晶面衍射峰略低的衍射角度处，由于酸性条件下纤维素Ⅰ$_α$ 比纤维素Ⅰ$_β$ 更容易发生酸解，样品 R_{200} 的 X 射线衍射图中（002）晶面的衍射峰向低衍射角方向偏移。此外， 180～200 ℃条件下纤维素Ⅰ结晶结构可能发生转变，也是造成衍射峰偏移的因素之一。

表 4-5 稀酸处理后样品的结晶度

项目	样品名称									
	R_0	R_{100}	R_{110}	R_{120}	R_{130}	R_{140}	R_{150}	R_{160}	R_{180}	R_{200}
结晶度/%	43.5	44.4	43.9	44.4	47.8	47.7	48.0	47.7	49.3	32.1

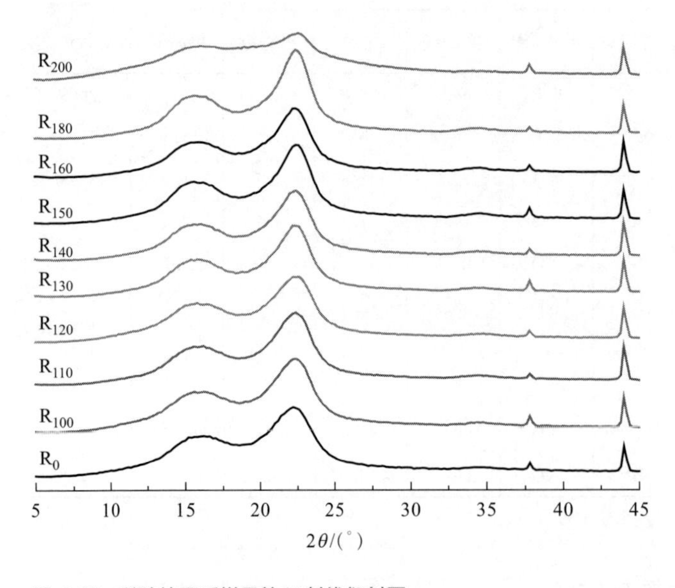

图 4-15 稀酸处理后样品的 X 射线衍射图

处理后样品的表面形态与纤维素酶在底物上的吸附性能密切相关，图 4-16 显示着处理后样品的表面形态。随着处理温度的升高，样品表面形成裂痕并呈现着粗糙的边沿，当温度升高至 200 ℃时，纤维素降解并伴随着其物理尺寸的降低，在扫描电镜图中呈碎片状。

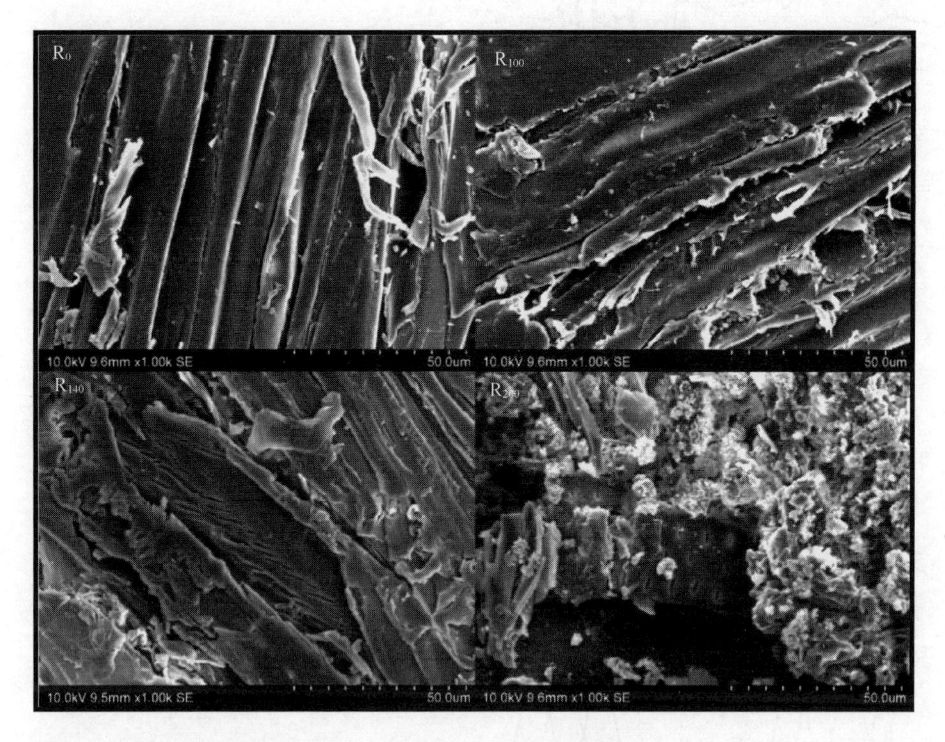

图 4-16 稀酸处理后样品 R_0、 R_{100}、 R_{140} 和 R_{200} 的表面形态

（3）核磁共振波谱分析

高分辨率的固体核磁能提供许多关于木质纤维素原料结构的信息。样品 R_0、R_{100}、 R_{140}、 R_{180} 和 R_{200} 的固体核磁共振波谱如图 4-17（a）所示， 60～100 ppm（1 ppm= 1×10^{-6}）的化学位移峰主要来自碳水化合物。在纤维素 C4 的信号峰中，80～86 ppm 范围内的峰主要来源于非结晶纤维素，而 86～92 ppm 的信号峰则主要来源于结晶纤维素。根据罗伦兹拟合，纤维素的结晶区域化学位移峰又可再次划分为纤维素 I_α、纤维素 I_β 和半结晶的纤维素；非结晶区域可分为纤维素的可及表面和不可及表面，见图 4-17（b）。 88.2 ppm 处化学位移峰强度逐渐增强表明纤维素结晶的逐渐上升。物料经过 200 ℃处理后，残渣中剩余大量木质素，使谱图中木质素的信号峰强度明显增加，且木质素甲氧基的信号峰与纤维素 C6 信号峰相互交叉重叠，形成 54.7 ppm 处的宽峰。

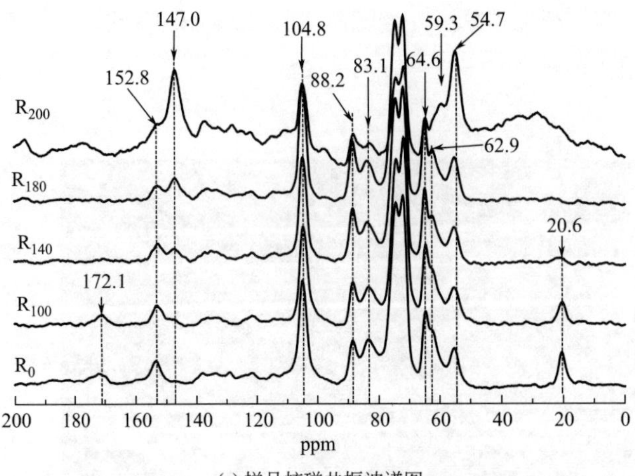

(a) 样品核磁共振波谱图

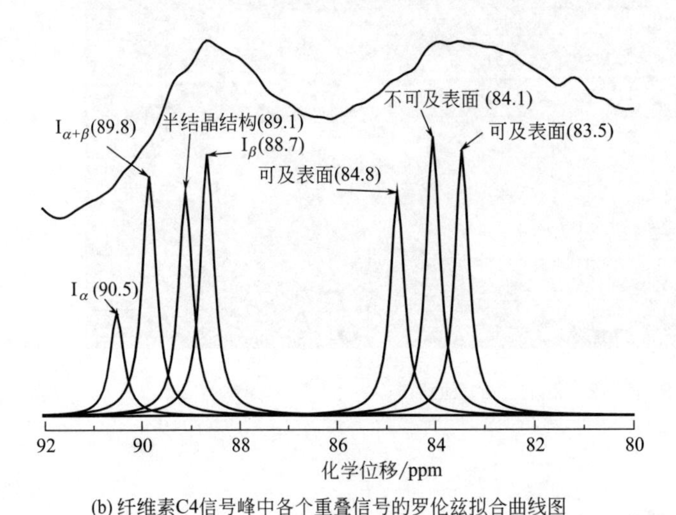

(b) 纤维素C4信号峰中各个重叠信号的罗伦兹拟合曲线图

图 4-17 稀酸处理样品 R_0、R_{100}、R_{140}、R_{180} 和 R_{200} 核磁共振波谱图和纤维素 C4 信号峰的罗伦兹拟合曲线

低场区 152. 8 ppm 的信号峰主要来自在于 S 型木质素的芳香环，G 型木质素的芳环峰则位于 147. 0 ppm，甲氧基的特征峰则位于 54. 7 ppm 处。随着处理温度的升高，半纤维素大量降解使 20. 6 ppm（半纤维素乙酰基化学位移）以及 172. 1 ppm（酯键的化学位移）处峰强度降低。经高温（200 ℃）处理后样品谱图中木质素显著的信号峰表明木质素比碳水化合物抗酸解的能力更强。此外，147. 0 ppm 处的信号随着处理温度的升高而不断增强，在样品 R_{200} 的谱图中尤为明显，该现象表明酸处理过程中木质素结构发生了变化。

4.3.3 稀酸处理对物料酶水解效率的影响

纤维素酶水解效率是衡量预处理方法有效性的一个重要手段。理论上，预处理能够使物料可接触面积增加，从而提高纤维素的酶水解效率。 Thompson 等发现，纤维素酶水解最重要的因素是纤维素酶在纤维素表面的有效结合[29]。稀酸处理样品的水解效率随反应时间的变化如图 4-18 所示，样品的初始水解速率随着酸处理时温度的增加而升高。该现象表明，酸处理使原料致密的细胞壁结构受到破坏，为酶在物料表面的吸附提供了大量的可接触面积。由图 4-18 可以看出，酸处理提高

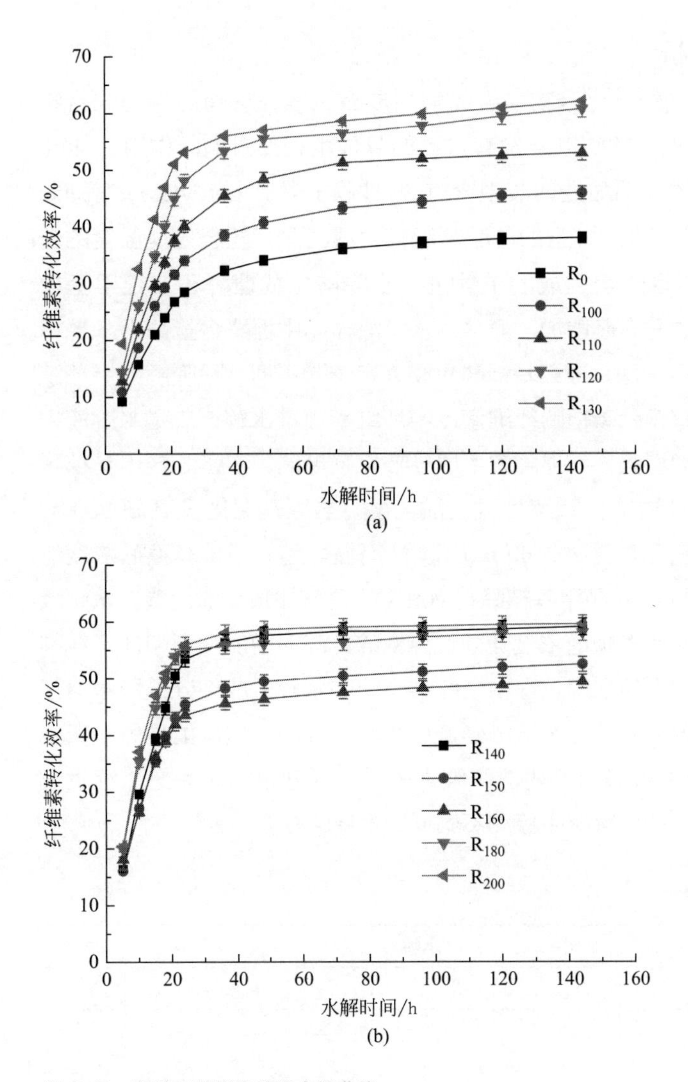

图 4-18 稀酸处理样品的酶水解曲线

了纤维素的转化率，0.5% H_2SO_4 在130 ℃下处理后纤维素转化率最高（62.1%），相比原料提高了63%。当处理温度超过130 ℃时，纤维素水解效率反而降低，可能由于在高温条件下木质素发生了缩合并重新沉积在了纤维素表面，不仅影响了纤维素的可及度，还对纤维素酶产生了吸附，降低了反应液中酶的浓度。当温度升高至180 ℃和200 ℃时，纤维素降解生成小片段进而提高了可及度和反应的活性位点数量，使处理后纤维素转化率分别回升至58.1%和59.6%。然而，升高处理温度使物料损失率增加，综合考虑物料回收率及纤维素酶水解效率发现，120 ℃条件下处理能够获得了较为理想的纤维素转化效率（60.8%）以及较高的物料回收率（84.4%）。

4.3.4 降解物成分分析

在高温的酸性条件下，碳水化合物能够降解生成有机酸、呋喃衍生物化合物（表4-6），对后续水解过程中的酶以及发酵过程的菌种生长都有抑制作用。Luo等发现，在二倍体毛白杨的稀硝酸处理液中含有35种以上对 *S. cerevisiae* 有抑制作用的物质[27]。酸性条件下半纤维素的乙酰基脱落生成乙酸，随着处理温度的升高（> 150 ℃），碳水化合物降解生成的单糖进一步降解生成糠醛和5-羟甲基糠醛，且浓度随着处理温度的升高而增加。通常，水解液样品中糠醛含量高于5-羟甲基糠醛，主要有三个原因：一是5-羟甲基糠醛主要来自于六碳糖，易降解的半纤维素中六碳糖含量较少，而富含六碳糖的纤维素比半纤维素更难水解；二是水解液中六碳糖比五碳糖抗降解能力更强，不易降解生成5-羟甲基糠醛；三是5-羟甲基糠醛反应活性高于糠醛，容易被进一步降解生成乙酰丙酸。当处理温度升高到200 ℃时，水解液中乙酰丙酸含量升高至203.49 mg/L，然而糠醛和5-羟甲基糠醛浓度的增加并不明显，该现象表明，5-羟甲基糠醛在200 ℃下降解生成乙酰丙酸。水解液中葡萄糖、乙酰丙酸和5-羟甲基糠醛浓度随处理温度的升高而增加侧面印证了纤维素的降解。此外，文献表明在酸水解过程中半纤维素能够水解生成部分低聚木糖于水解液中，而本研究中水解液中并没有检测到低聚木糖的存在。这可能是由于聚合度超过15的低聚木糖容易重新吸附到残渣纤维素表面，或低聚木聚完全降解生成单糖甚至一些抑制物成分，使水解液中检测不到低聚木糖的存在。

表4-6 稀酸水解液成分及含量 单位：mg/L

成分	水解液								
	Y_{100}	Y_{110}	Y_{120}	Y_{130}	Y_{140}	Y_{150}	Y_{160}	Y_{180}	Y_{200}
鼠李糖	0.27	1.19	2.06	4.18	4.08	5.15	3.81	4.31	ND
阿拉伯糖	3.34	7.77	7.64	6.71	6.56	6.20	5.26	4.76	0.11
半乳糖	0.55	2.45	5.08	9.17	9.28	9.65	8.53	8.58	0.63

续表

成分	水解液								
	Y_{100}	Y_{110}	Y_{120}	Y_{130}	Y_{140}	Y_{150}	Y_{160}	Y_{180}	Y_{200}
葡萄糖	6.99	17.1	31.6	53.35	52.89	67.75	60.36	71.19	81.84
木糖	0.89	6.48	34.55	95.86	96.56	109.77	103.14	104.71	3.16
甘露糖	ND	ND	ND	10.60	7.03	14.38	12.93	14.85	1.72
甲酸	6.52	89.04	97.97	130.15	130.61	109.13	119.63	109.74	117.46
乙酸	7.55	27.85	30.88	80.07	77.63	93.37	94.40	99.44	109.96
乙酰丙酸	ND	ND	ND	ND	ND	8.20	5.96	10.09	203.49
5-羟甲基糠醛	ND	ND	ND	ND	ND	5.51	7.16	8.16	20.65
糠醛	ND	ND	ND	ND	ND	12.83	14.80	31.49	36.81

注：三次平行实验平均值，误差小于5%。

4.3.5 小结

稀酸处理（0.5% H_2SO_4， 100~200 ℃）能够有效打破三倍体毛白杨致密的细胞结构，提高纤维素酶水解效率。经稀酸处理后，物料中半纤维素、部分木质素和部分无定形纤维素降解使残余物料回收率降低。无定形结构化合物的降解也使物料结晶度增加。此外，随着处理温度升高，碳水化合物降解生成单糖使水解液中葡萄糖和木糖浓度增加。而进一步升高处理温度时（> 150 ℃），碳水化合物过度降解生成甲酸、乙酸、糠醛、 5-羟甲基糠醛和乙酰丙酸等对酶和微生物有抑制作用的物质。物料中组分的降解使细胞壁结构破坏，纤维素可及度增加，从而增加纤维素酶水解效率。酶水解表明，稀酸处理最佳温度为 130 ℃，处理后物料中纤维素酶水解效率为 62.11% 。

4.4 稀酸-稀碱结合处理对物料结构与酶水解效率的影响

碱处理能够有效去除原料中的木质素，打破木质纤维素原料的刚性结构。除脱木质素作用以外，碱处理还能够使纤维素发生水化膨胀，降低纤维素聚合度和结晶度。随着木质素和碱抽出物的降解与溶出以及原料孔隙的润胀，物料多孔性和内比表面积增加，从而改善了酶的可渗透性。但碱抽出液中成分复杂，除了含有木质素以外还含有聚戊糖、树脂酸、糖醛酸等成分。研究发现，采用乙醇抽提出的木质素具有纯度高、分子量低、可反应性官能团比较多的特点，很适合用于制备木质素基的高值化产品，如胶黏剂，抗氧化剂、聚酯类等生物降解性材料。从某种意义上讲，乙醇预处理具有实现“生物炼制”的潜力。因此，本节采用稀碱-乙醇-水溶抽提稀酸处理后的三倍体毛白杨为研究对象（同 4.3 节），对三倍体毛白杨纤维素结构和酶水解效率进行了研究。

4.4.1 稀酸-稀碱结合处理对物料结构的影响

（1）物料得率、成分与表面形态

当酸处理的温度从 100 ℃上升至 200 ℃时，稀酸-稀碱结合处理造成的质量损失从 22.1% 上升至 68.6% 。随着处理温度的上升，半纤维素不断降解使残留于底物中的木糖成分不断降低，如表 4-7 所示。当酸处理的温度高于 130 ℃时，样品残余木糖含量为 6.14%，纤维素含量为 93.51% 。然而，即使酸处理温度升高至 180 ℃也不能完全降解木糖，仍有 1.13% 木糖残留于样品中。这可能是由于在酸处理过程中，木质素缩合并被附着于纤维素表面，不仅阻碍了半纤维素的分离，木质素的疏水性也阻碍氢离子渗入细胞壁切断木糖单元之间的连接。虽然稀碱抽提能够脱除部分残余木质素，但随着酸处理温度的升高，木质素相对含量（以乙酰溴木质素计）增加，从 21.0% 上升至 63.4% 。研究表明，酸处理能够使木质素结构变得更为复杂，β-O-4 键断裂后木质素单元之间形成碳—碳键而缩合生成大分子，在碱性乙醇水溶液中的溶解度降低。酸处理过程也造成了碳水化合物的深度降解，降解产物造成了一定的质量损失。此外，酸处理温度达到 200 ℃时，纤维素也发生了严重降解使得残余底物呈现小尺寸的纤维束碎片，如图 4-19 所示。

⊡表 4-7 稀酸-稀碱结合处理后样品成分

样品	得率/%	碳水化合物/（mg/L）							乙酰溴木质素/（mg/L）
		鼠李糖	阿拉伯糖	半乳糖	葡萄糖	木糖	甘露糖	糖醛酸	
S_0	77.9	0.1	0.4	0.3	71.2	26.2	ND	1.8	21.0
S_{100}	71.2	0.1	0.1	0.2	76.2	22.2	ND	1.3	27.2
S_{110}	66.2	0.1	0.1	0.2	80.3	18.5	1.0	ND	29.0
S_{120}	60.3	ND	ND	0.1	83.1	16.0	0.8	ND	27.2
S_{130}	47.8	ND	ND	ND	93.5	6.1	ND	0.3	33.0
S_{140}	48.7	ND	ND	ND	92.9	6.8	ND	0.3	35.3
S_{150}	43.6	ND	ND	ND	96.0	3.5	ND	0.5	38.5
S_{160}	44.0	ND	ND	ND	95.5	4.3	ND	0.2	40.4
S_{180}	38.6	ND	ND	ND	98.6	1.3	ND	0.1	39.9
S_{200}	31.4	ND	ND	ND	99.9	ND	ND	ND	63.4

注：三次平行实验平均值，误差小于 5%。

（2）红外光谱分析

红外光谱能够提供化合物结构、构象、规则度以及排列方向等方面的信息。纤

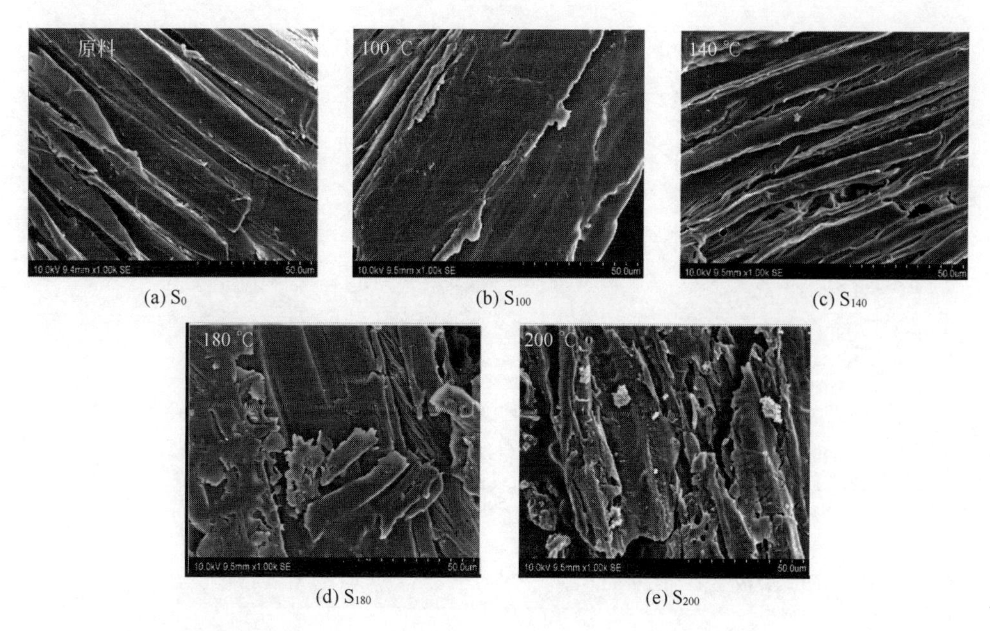

图 4-19　稀酸-稀碱结合处理后样品 S_0、S_{100}、S_{140}、S_{180}、S_{200} 的表面形态

维素分子的红外吸收受分子内、分子间氢键和纤维素分子排列规则度的影响，因此纤维素的红外光谱图能够提供关于纤维素氢键网络的信息，样品红外吸收光谱图如图 4-20 所示：3420 cm^{-1} 处吸收峰主要来源于无定形纤维素的分子内氢键，而结晶纤维素分子内氢键吸收峰位于较低的波数。样品 S_{200} 红外吸光谱中羟基吸收峰右移至 3384 cm^{-1} 表明了纤维素无定形结构的降解。2900 cm^{-1} 和 1370 cm^{-1} 处的吸收峰则来源于纤维素的 C—H 伸缩振动；C—O 伸缩振动吸收峰则分布于 950～1200 cm^{-1}；伯醇和仲醇的红外吸收峰分别位于 1033 cm^{-1} 和 1058 cm^{-1}。893 cm^{-1} 吸收峰强度的降低表明了 β-1，4 苷键的断裂，即碳水化合物的降解。样品中残余木质素的红外吸收峰位于 1595 cm^{-1}、1504 cm^{-1} 以及 1462 cm^{-1}。

随着红外技术的发展，学者们建立了一系列纤维素结晶指数计算的经验公式。1958 年，O'Conner 等建立了纤维素侧面结晶指数（LOI）的计算公式，即纤维素红外光谱图中 1429 cm^{-1} 与 893 cm^{-1} 处吸收峰强度的比值 [30]。随后，Nelson 和 O'Conner 将 1372 cm^{-1} 与 2900 cm^{-1} 处吸收峰强度的比例设定为纤维素的总结晶指数（TCI）[31]。Nada 等以 3336 cm^{-1} 及 1336 cm^{-1} 吸收峰强度的比值表征纤维素的氢键强度（HBI）[32]。图 4-20 和表 4-8 显示，样品具有相似的红外光谱图和红外结晶指数。这主要是由于在处理过程中半纤维素和无定形纤维素降解使样品结晶度升高，而处理后样品中木质素含量的上升降低了纤维素纯度，对纤维素的结晶起到负作用。

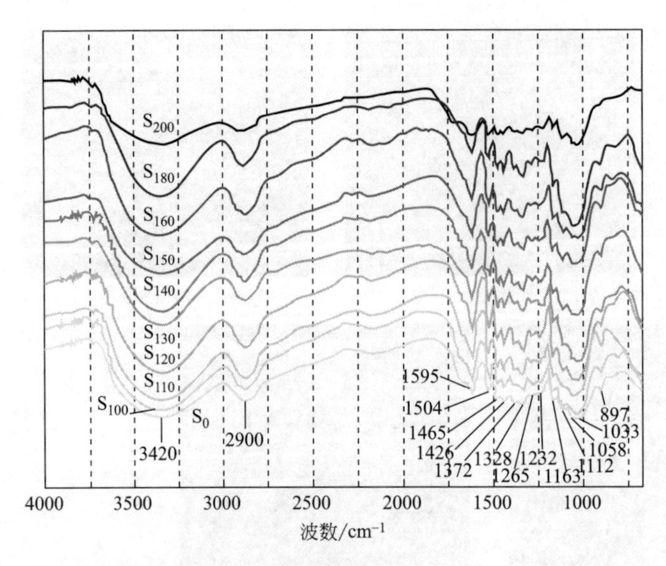

图 4-20 稀酸-稀碱结合处理样品红外光谱图

表 4-8 稀酸-稀碱结合处理样品的红外结晶指数

项目	样品名称									
	S_0	S_{100}	S_{110}	S_{120}	S_{130}	S_{140}	S_{150}	S_{160}	S_{180}	S_{200}
侧面结晶指数①	0.925	0.948	0.945	0.904	1.010	0.840	0.802	0.881	0.993	0.846
总结晶指数②	0.993	1.060	1.025	1.030	0.992	0.970	1.072	1.024	0.995	0.994
羟基指数③	0.918	0.902	0.931	0.987	0.974	0.845	0.833	0.880	0.959	0.938

① 红外光谱图中 1426 cm^{-1} 波谱处吸光度与 897 cm^{-1} 波谱处吸光度的比值。

② 红外光谱图中 1372 cm^{-1} 波谱处吸光度与 2900 cm^{-1} 波谱处吸光度的比值。

③ 红外光谱图中 3420 cm^{-1} 波谱处吸光度与 1328 cm^{-1} 波谱处吸光度的比值。

（3）结晶结构分析

多聚糖之间的糖苷键连接很容易在酸的催化下水解而引起聚合物的降解。Battista 通过样品的质量损失及广角 XRD 分析建立了纤维素的水解模型，该模型研究表明无定形纤维素水解速率大于结晶纤维素，结晶纤维素晶体侧面表面的分子容易接触到酸催化剂却并不容易降解[33]。样品 X 衍射图中（图 4-21），16.5°和 22.5°处的峰表征着结晶纤维素Ⅰ中（110）和（020）晶面的衍射峰。样品 XRD 相似的谱图表明处理后纤维素仍具有相似的结晶结构及结晶度（如表 4-9，同 FTIR 结果一致）。当酸处理温度在 120 ℃以下时，逐渐上升的样品结晶度表明着半纤维素和无定形纤维素的降解；当处理温度上升到 200 ℃时，纤维素结晶度明显下降表明结晶纤维素的降解和纤维素结晶区内部羟基间氢键强度的变化。这些现象表明，纤维素强大的氢键网络限制了糖苷键对酸的可及度。文献通过对非结晶纤维素的分析指出，一些低聚物可逆地吸附在纤维素晶体界面处，这些低聚物的存在为纤维素重结晶提供了可能性。后续稀碱抽提将这些低聚物溶出，不仅防止了纤维素重结晶的发生，也使样品显现出光滑的表面及规则的边沿（图 4-19）。

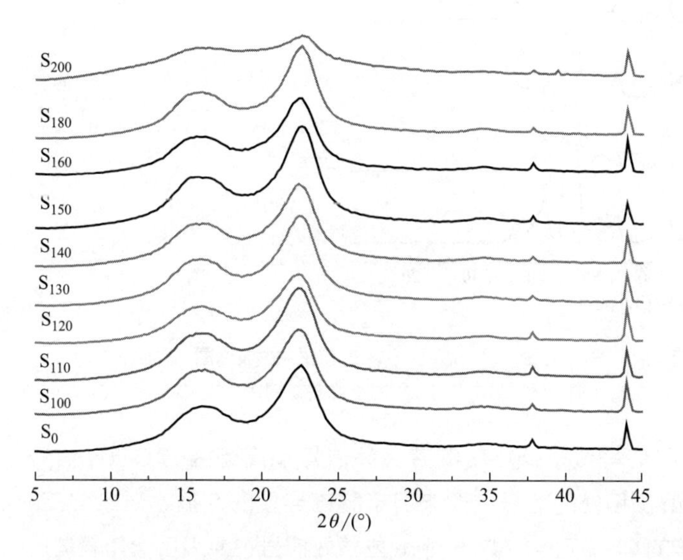

图 4-21 稀酸-稀碱结合处理样品的 X 衍射图

⊡ 表 4-9 稀酸-稀碱处理样品结晶度

项目	纤维素样品									
	S_0	S_{100}	S_{110}	S_{120}	S_{130}	S_{140}	S_{150}	S_{160}	S_{180}	S_{200}
结晶度/%	46.4	48.6	49.2	48.5	48.2	47.8	47.4	48.2	47.4	31.1

（4）核磁共振波谱分析

固体核磁共振波谱能够为木粉的整体结构以及在处理过程中结构的变化提供信息。样品 S_0、 S_{100}、 S_{140}、 S_{180} 及 S_{200} 的核磁共振波谱图如图 4-22 所示，随着酸处理温度的上升， C_4 和 C_6 信号峰中非结晶纤维素信号峰强度逐渐降低。而样品的 XRD 以及 FTIR 谱图中纤维素非结晶区信号强度的变化并不明显，这表明核磁共振波能够更形象地表征纤维素结晶度的变化。在样品 S_{200} 的谱图中 C_6 信号的非结晶峰信号展宽与 OCH_3 信号峰（54.9 ppm）连接在一起，这主要由于 200 ℃下进行酸处理时纤维素严重降解，在固体残渣中木质素为主要成分（如表 4-7 所示，木质素占 63.4%），木质素中 OCH_3 信号峰重叠包裹了非结晶纤维素 C_6 的信号峰。

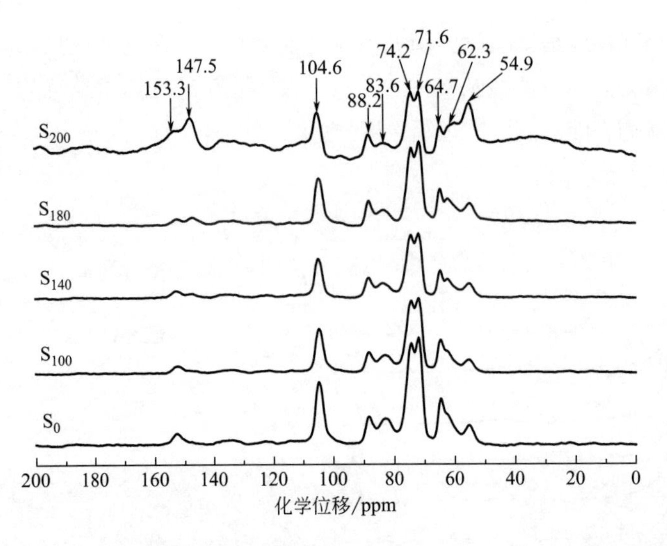

图 4-22 稀酸-稀碱结合处理样品 S_0、S_{100}、S_{140}、S_{180}、S_{200} 的核磁共振波谱图

残余木质素的化学位移信号位于低场区的芳香环信号和高场区的 OCH_3 信号（54.9 ppm）。153.3 ppm 位移处的信号主要来自于醚键连接的 S 型木质素 C_3 和 C_5 单元，以及 G 型木质素的 C_3 单元； 147.5 ppm 位移处信号主要来自于非醚键连接的 S 型木质素的 C_3 和 C_5 单元，以及 G 型木质素的 C_3 单元。样品经预处理后，147.5 ppm 处的信号峰强度随处理温度的上升而逐渐增强，表明处理过程中木质素结构的变化。当处理温度上升至 200 ℃时，固体样品中残余木质素含量高于纤维素，使样品核磁谱图中木质素信号峰非常明显。这些结果也间接地表明木质素对酸的作用具有较强的抵抗力。

4.4.2 稀酸-稀碱结合处理对物料酶水解效率的影响

稀酸-稀碱结合处理后样品对酶的抵抗作用下降，样品初始水解效率增加的同时纤维素的最终转化率也得到了提高，样品水解率在 43.7% 与 75.2% 之间变化（图 4-23），样品的水解转化效率与酸处理的条件密切相关。 Wyman 等将毛白杨用 2% 硫酸在 190 ℃下处理 1.1 min 后，固体残渣酶水解得到了 48.2% 的纤维素转化率[34]。本研究中，稀碱提抽 0.5% 硫酸在 130 ℃下处理 2 h 后的样品，使纤维素的酶解率达到最大（75.2%）。较高的转化率可能是由于后续的碱处理将酸处理产生的一些半纤维素的低聚糖、降解产物以及一部分木质素脱除，减小了这些物质在酶水解过程中对酶的阻碍和抑制作用。结合样品水解效率曲线以及样品成分分析，处理温度在 100～120 ℃时，样品中还残留 18.48% ～26.17% 的木聚糖。这些木聚糖对纤维素的水解效率的影响占主要因素，它减少了纤维素对酶的可及度不利于纤

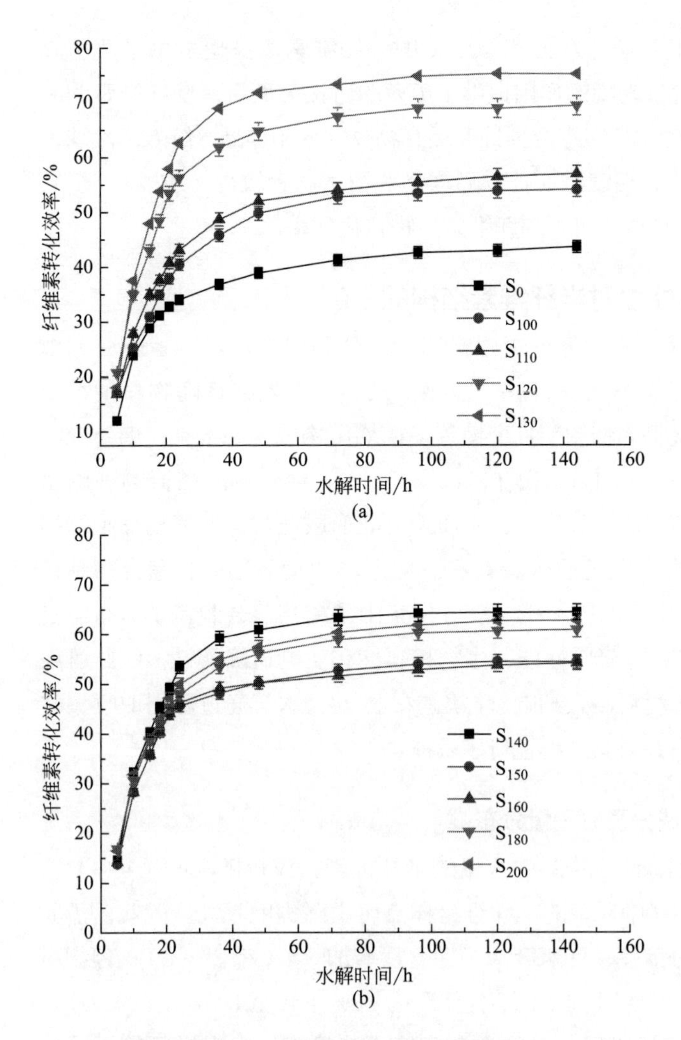

图 4-23　稀酸-稀碱结合处理样品的酶水解效率曲线

维素的酶水解。随着处理温度的升高，木聚糖发生降解，含量降低，纤维素的水解效率逐渐提高。然而，当处理温度高于 130 ℃时，样品中残留的缩合木质素对纤维素水解效率的影响占主导地位，使样品的水解效率由最大值（75.2%；130 ℃）下降了 10% ~20%。这些附着于纤维素表面的木质素不仅降低了纤维素的可及度，其对酶的吸附也造成了纤维素酶的失活。酸处理的木质素对 β-糖苷酶有较强的吸附作用，并且这种吸附不可逆。一些学者以滤纸纤维素与玉米秸秆木质素混合并在 0.8% 的硫酸溶液中 170 ℃处理 20 min 后对纤维素进行酶水解，实验结果证实了木质素对纤维素酶水解效率的影响。处理温度在 140 ~ 160 ℃时，随着温度的升高，残留木质素含量逐渐增加并吸附于纤维素表面，稀碱抽提并不能有效地脱除这些缩合木质素。然而，当温度上升到 180 ℃和 200 ℃时，纤维素本身也发生了严重降解，产生了许多纤维素碎片，为酶的作用提供了更多的可接触面积，使纤维素的酶水解效率升高至 61.0% 和 62.8% 。综合预处理后底物收回率和样品水解效率发现，当酸处理温度为 120 ℃时，经后续碱抽提以后样品残留木质素较少（27.2%），底物回收率较高（60.3%），并具有可观的纤维素生物转化效率（69.4%）。

4.4.3 稀酸-稀碱结合处理对半纤维素结构的影响

实现“生物炼制”过程中木质纤维素原料的全组分利用是众多学者研究的重点。在自然界中，半纤维素含量丰富，成分复杂，且半纤维素结构随物料种类变化。木葡聚糖、木聚糖、聚甘露糖和葡甘聚糖等多糖均可构成半纤维素；糖单元之间的连接键型包括，α-（1-3，1-4）和 β-（1-3，1-4）糖苷键。在植物细胞壁中，半纤维素可嵌入纤维束之间与纤维素、木质素之间形成连接，为植物细胞壁提供机械强度。目前，半纤维素在工业中具有广泛应用，如食品工业、聚合物制备等。 Grondahl 等采用桦木中提取的半纤维素与 35% 山梨糖醇混合制备了具有氧阻隔性能的膜[35]。半纤维素具有凝胶性能、生物相容性和生物可降解性，因此可用于制备药物载体、药物缓释材料浸入细胞进行治疗。因此，本节通过碱提取收集酸处理后物料中的半纤维素，并对其结构进行了表征。

（1）半纤维素得率、成分及分子量分布

在较高温度下稀酸处理降解了物料中大量的半纤维素，仅较低温度（100 ℃、110 ℃和 120 ℃）处理后物料中残余的半纤维素样品可由碱提取收集。因此，稀酸处理后，大量半纤维素组分溶解，使水解液中糖含量增加（4.3 节表 4-6）；但物料中残余半纤维素含量降低，碱抽提回收半纤维素得率从 3% 下降至 1.7%（表 4-10）。样品结构分析表明，具葡萄糖醛酸支链的聚葡萄糖木糖是半纤维素样品的主要成分，核磁共振波谱的结果也证实了结构中葡萄糖醛酸支链的存在。此外，半乳糖醛酸也少量存在于半纤维素结构中（0.1% ~ 0.3%），与 Willfor 等发现的杨木半纤维素结构相符[36]。随着稀酸处理温度不同，葡萄糖醛酸/木糖比例从 1∶9.4 减少至 1∶13.5，证明了稀酸处理过程中葡萄糖醛酸支链的脱落。来自原料的半纤维素样品中含有 28.9% 葡萄糖组分，可能由于物料组分中淀粉和半纤维素在碱抽提过程中共同溶出。经稀酸处理后，木糖含量增加至 89.6%，但较高温度的稀酸处理降低了木糖含量。且葡萄糖和木糖中—OH 含量和位置略有差异，红外光谱中半纤维素特征峰（1200 ~ 950 cm^{-1}）频率也随半纤维素样品中单糖组成的变化飘移，见图 4-24（a）。此外，稀酸处理还能将木聚糖主链和支链断裂，生成木聚糖碎片。分子量分析结果表明，稀酸处理使半纤维素样品分子量由 89600 降低到 19630，分散度由 2.4

下降至 1.2。经稀酸处理后，样品分子量分布曲线峰值明显向低分子量区域偏移，见图 4-24（b）。与预处理过程将半纤维素组分完全降低的工艺相比，回收部分具有特定组成和分子量分布的半纤维素样品可进一步高值化利用原料并应用于医药和食品等行业。

表 4-10 稀酸-稀碱结合处理对半纤维素样品得率、组成单元（相对含量）、分子量和分散度的影响

项目		半纤维素样品			
		H_0	H_{100}	H_{110}	H_{120}
得率/%		3.0	2.5	1.6	1.7
组成/（mg/L）	鼠李糖	1.2	0.2	0.4	0.8
	阿拉伯糖	2.1	0.4	0.2	0.3
	半乳糖	3.6	0.5	1.5	2.5
	葡萄糖	28.9	0.6	1.4	1.8
	木糖	56.1	89.6	86.6	83.9
	葡萄糖醛酸	7.8	8.6	9.7	10.4
	半乳糖醛酸	0.3	0.1	0.2	0.3
重均分子量		89600	25240	22560	19630
数均分子量		37200	16980	18690	15080
分散度		2.4	1.5	1.2	1.3

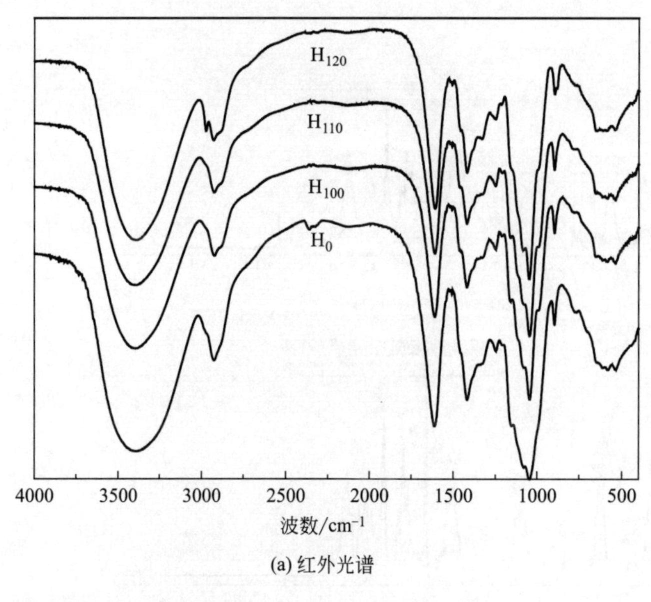

(a) 红外光谱

图 4-24

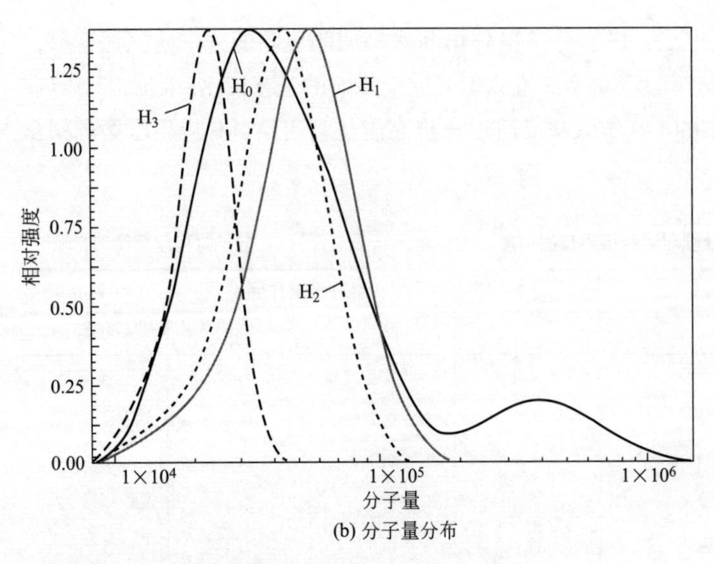

(b) 分子量分布

图 4-24 半纤维素样品的红外光谱图和分子量分布曲线

（2）核磁共振波谱分析

为进一步研究稀酸预处理对半纤维素结构的影响，部分样品（H_0 和 H_2）采用^{13}C、^{1}H 和碳-氢相关（HSQC）二维核磁共振波谱分析（图 4-25）。在^{13}C 谱图中，

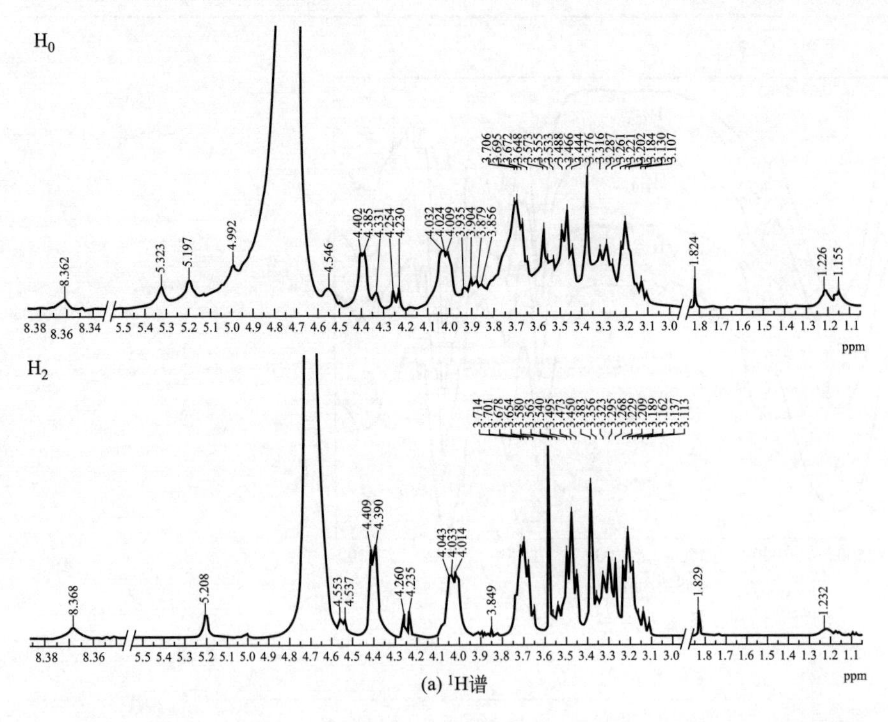

(a) ¹H谱

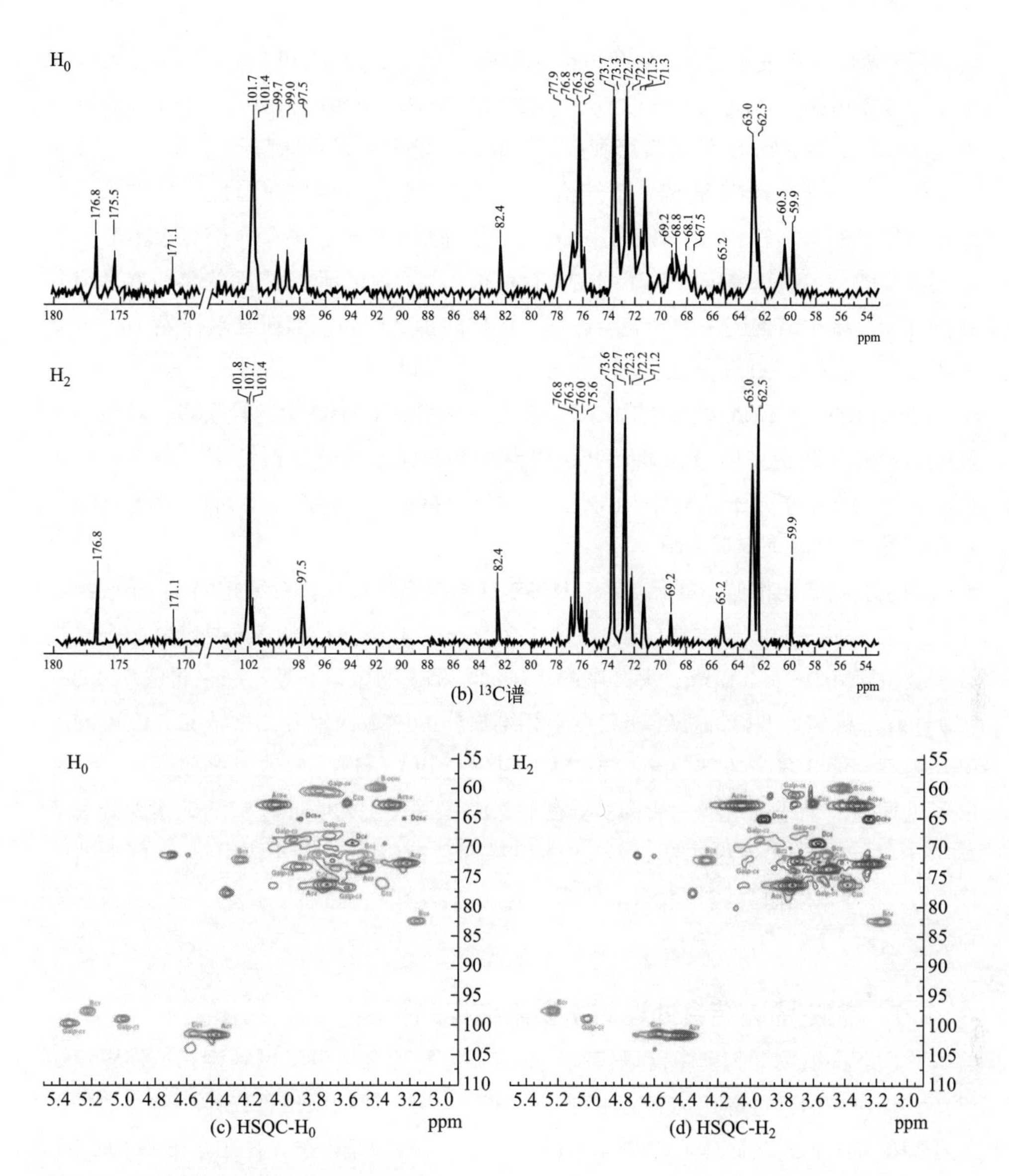

(b) ^{13}C谱

(c) HSQC-H_0

(d) HSQC-H_2

图 4-25 半纤维素样品的核磁共振波谱图

位于 101. 7 ppm、 76. 3 ppm、 73. 7 ppm、 72. 7 ppm 和 63. 0 ppm 处的特征峰分别来源于 β-1-4 连接的 *D*-木聚糖单元 1 位、 4 位、 3 位、 2 位和 5 位的碳原子。176. 8 ppm（羧基碳）、 97. 5 ppm（1 位碳， C-1）、 82. 4 ppm（4 位碳， C-4）、 72. 2 ppm（3 位碳， C-3）、 71. 3 ppm（2 位碳， C-2）和 59. 9 ppm（4 位甲氧基）处则为半纤维素结构中 4-*O*-*D*-甲葡萄糖醛酸的特征峰。当木糖单元 C-2 位被 4-*O*-*D*-甲葡萄糖醛酸取代时，木糖分子中碳原子上电子云密度发生变化，使其核

磁共振波吸收频率发生变化，特征峰分别偏移至 101.4 ppm（C-1）、 76.0 ppm（C-4）、 73.3 ppm（C-3）、 76.8 ppm（C-2）和 62.5 ppm（C-5）。 101.8 ppm、69.2 ppm 和 65.2 ppm 处吸收峰则来源于非还原型末端基木糖单元的 C-1、 C-4 和 C-5 位[37]。通常，半纤维素分子结构中存在乙酰基，且容易在碱性环境脱落。半纤维素样品的^{13}C 谱图中， 171.1 ppm 处吸收峰则来自于乙酰基，但经过稀酸预处理和碱提取，乙酰基特征峰依然残留。这可能由于位于细胞壁内部的半纤维素组分在预处理过程中结构还未遭到完全破坏。但稀酸预处理后，半纤维素样品（H_2）谱图中 99.7 ppm、 99.0 ppm、 77.9 ppm、 71.5 ppm、 68.8 ppm、 68.1 ppm、67.5 ppm 和 60.5 ppm 处吸收峰消失。这些主要是来自半乳糖的吸收峰，样品中半乳糖含量的降低使其信号强度降低，与半纤维素样品成分分析结果（表 4-10）相符。由于半纤维素分子结构中通常连接羟基肉桂酸基团， 175.5 ppm 处吸收峰则难以仅通过^{13}C 谱确定其来源。

由于主要结构相似，样品 H_0 和 H_2 的^{1}H 谱具有相似性。在结构中 α-连接结构单元的中 H 原子吸收峰主要位于 5.6~4.9 ppm； β-连接结构单元中的 H 原子吸收峰主要位于 4.9~4.3 ppm；而与吡喃环碳原子相连的氢原子吸收峰主要位于 4.3~3.0 ppm。稀酸处理碱抽提处理后，半纤维素样品中木糖单元 C-2 或 C-3 位置的乙酰基脱落，使 3.80~3.95 ppm（H-2）和 4.99 ppm（H-3）吸收峰强度降低。经稀酸预处理后，半纤维素样品结构差异在 HSQC 谱图中更为明显。半纤维素大分子结构中 β-1、 4-*D*-木聚糖主链、 4-*O*-*D*-甲基葡萄糖醛、 2-*O*-4-氧甲基-*D*-葡萄糖醛酸-β-1、 4-木聚糖主链、木糖末端基、 α-*L*-半乳糖和乙酰基的特征峰分布于不同 HSQC 区域。

4.4.4 稀酸-稀碱结合处理对木质素结构的影响

木质素在植物细胞壁中含量仅次于纤维素，为植物提供机械强度和抗外界侵蚀性能。通过漆酶和过氧化物酶等生物催化剂的作用，植物将三种先体（对香豆醇、松柏醇和芥子醇）以醚键（β-*O*-4、α-*O*-4 和 4-*O*-5）和碳-碳（β-β、β-5 和 5-5）键连接形成木质素大分子。在细胞壁中，木质素可通过化学键与半纤维素相连，并对纤维素组分形成包裹，降低纤维素可及度从而影响酶水解效率。造纸工业中，木质素常作为低附加值副产物用于燃料产生热量。但木质素为天然高分子，具有环境友好和来源广泛的优良特性，可用于制备生物质基材料、燃料和稳定剂等。木质素结构活性官能团含量较多，可起交联作用。因此，木质素在胶黏剂工业中应用广泛。 2000 年，木质素-环氧树脂胶产量达 35 万升。因此，预处理过程中木质素样品的回收利用可提高生物乙醇生产工艺效率。

经稀酸处理后，木质素样品得率为 4.2% ~6.6%，占物料中克拉森木质素含量的 17% ~ 30%（表 4-11）。酸性条件下，木质素酯键或醚键断裂，在苯丙烷 Cα 位置形成碳正离子，与降解生成的酮形成碳—碳键生成缩合木质素，使木质素结构更为复杂。随着预处理温度升高，木质素结构单元之间的 β-O-4 键断裂。木质素大分子断裂和碎片重聚合两种反应在稀酸预处理过程中同时发生。此外，预处理温度提高，碳水化合物降解，木质素样品中木糖含量也随之降低。 GPC 分析结果表明，木质素样品分子量随处理温度提高而增加，而进一步升高预处理温度使样品分子量降低，如表 4-11 和图 4-26 所示。 90% 二氧六环提取收集的水热处理杨木木质素样品也具有相似的分子量变化趋势，随着处理条件的变化，木质素分子量从 10900 增加至 16800 继而降低至 8000。与原料木质素样品相比，采用稀酸处理后（100 ~ 120 ℃）以稀碱提取收集的木质素样品分子量增加。稀酸处理过程中木质素碎片分子也发生重聚，使分子多分散性增加，但缩合木质素难溶于稀碱溶液中。因此，当处理温度提高至超过 130 ℃时，提取液中木质素主要为未缩合的碎片分子，分子量较低，分子量分布较窄。因此，木质素样品得率未受稀酸处理温度的影响。 Li 等将木材磨木木质素以 3% 乙酸处理后进行结构研究，木质素分子量却呈现相反的趋势。

表 4-11　木质素样品得率、糖含量、分子量

项目		木质素样品									
		L_0	L_{100}	L_{110}	L_{120}	L_{130}	L_{140}	L_{150}	L_{160}	L_{180}	L_{200}
得率/%		5.6	5.4	4.6	4.6	3.7	5.2	4.2	4.5	4.9	6.6
糖含量/（mg/L）	葡萄糖	0.4	0.1	0.1	0.2	0.1	0.1	0.2	0.1	0.1	ND
	木糖	0.3	0.6	0.7	0.5	0.5	0.7	0.3	0.2	0.2	0.1
重均分子量		3140	3125	3404	3574	2332	2075	2061	2001	2064	1553
数均分子量		1927	2238	2109	2143	1623	1417	1440	1227	1284	1023
分散度		1.6	1.4	1.6	1.7	1.4	1.5	1.4	1.6	1.6	1.5

羟基肉桂酸是细胞壁中的主要成分之一，与其他酚基之间常以酯键和/或醚键相连，在植物生长和形态方面起着重要作用。其中，酯键能够在温室下 1 mol/L 氢氧化钠溶液中断裂，而醚键在 4 mol/L 氢氧化钠溶液 170 ℃下断裂，裂解产物如表 4-12 和表 4-13 所示。在原料木质素中，通过酯键相连的结构单元中 H 型单元占主要成分，结果与文献资料相符。但稀酸处理后木质素缩合，室温下 1 mol/L 氢氧化钠溶解物减少，溶解物中 H 型结构单元也随之降低， S 型结构单元略有增加，而 G 型结构单元相对含量稳定。醚键连接的结构单元中， S 型为主要的单元类型，含微量的 H 型结构。经稀酸处理后，虽木质素结构中醚键断裂，溶解物中木质素结构单元总量减少，但 H 和 G 型结构单元相对含量增加。由此可见，稀酸处理能够断裂木质素结构中的酯键和醚键连接。此外，硝基苯氧化降解产物能够更好地体现木质

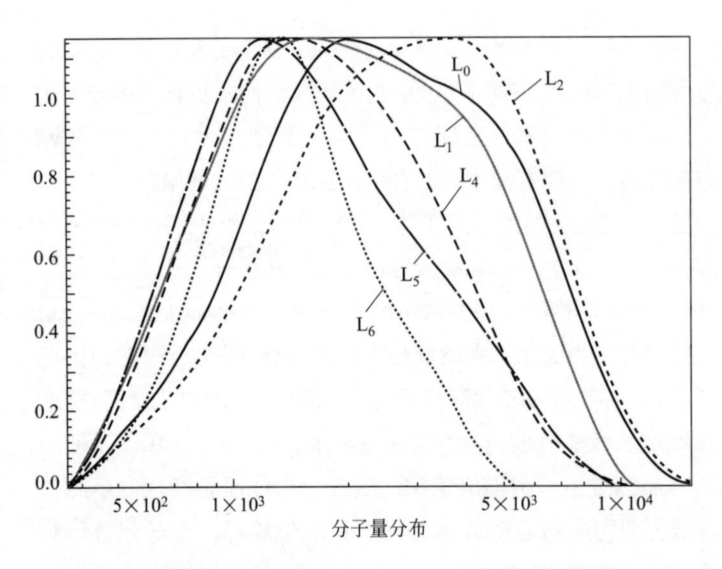

图 4-26 木质素样品分子量分布图

素样品中非缩合的结构单元类型。由表 4-14 可知，毛白杨木质素样品中，紫丁香酮和香草乙醛为主要成分，分别占总降解物的 53.3% 和 22%。木质素在稀酸处理过程中缩合，硝基苯氧化产物减少， S/G 结构单元含量比例也降低。与硝基苯氧化（木质素结构单元之间 β-O-4，β-β 和 β-5 等连接键均可断裂）相比，硫醇解选择性断裂 β-芳基醚键，生成相应的降解产物。虽然硫醇解产物和硝基苯氧化产物中 S/G 有差异，却呈现相同的趋势（S/G 比例均随处理条件的剧烈而降低）。由于 C-5 的空间位阻作用， S 型和 G 型木质素很难发生缩合反应，但处理过程中的脱甲氧基反应导致了 S/G 比例的变化。经 180 ℃稀酸处理后，木质素中 H 型结构单元相对含量增加并为主要成分，约 56.4%。预处理过程中木质素含量与结构的变化对纤维素酶水解效率也有重要影响。 Ximenes 等发现 H 型木质素（对羟基苯甲酸）对纤维素酶体系的抑制作用比紫丁香醛和香草醛小，因此增加 H 型相对含量有利于提高碳水化合物可及度，提高纤维素生物转化效率[38]。 FT-IR（图 4-27）和 NMR 分析结果也印证了酸处理过程中木质素的结构变化。

表 4-12 室温下 1 mol/L NaOH 溶出物成分及含量　　单位：mg/L

成分	木质素样品溶出物									
	L_0	L_{100}	L_{110}	L_{120}	L_{130}	L_{140}	L_{150}	L_{160}	L_{180}	L_{200}
对羟基苯甲酸	11.26	8.75	7.31	7.70	5.14	6.75	4.65	3.53	2.44	2.46
对羟基苯甲醛	0.15	ND	ND	ND	ND	ND	ND	ND	ND	ND
香草乙酸	1.01	0.75	0.65	0.64	0.82	0.88	1.01	0.75	0.52	0.95

续表

成分	木质素样品溶出物									
	L_0	L_{100}	L_{110}	L_{120}	L_{130}	L_{140}	L_{150}	L_{160}	L_{180}	L_{200}
紫丁香酸	0.41	0.41	0.39	0.46	0.81	0.86	1.10	0.72	0.70	1.02
香草乙醛	1.21	1.36	1.33	1.24	1.19	1.40	1.27	0.92	0.69	0.57
紫丁香醛	1.58	2.06	2.25	2.63	3.23	3.78	3.56	2.83	1.80	0.82
对香豆酸	0.64	ND	ND	ND	ND	ND	ND	ND	ND	ND
总含量	16.26	13.33	11.93	12.67	11.19	13.67	11.59	8.75	6.14	5.82

⊡表 4-13　170 ℃下 4 mol/L NaOH 溶出物成分及含量　　单位：mg/L

成分	木质素样品溶出物									
	L_0	L_{100}	L_{110}	L_{120}	L_{130}	L_{140}	L_{150}	L_{160}	L_{180}	L_{200}
对羟基苯甲酸	ND	19.94	18.97	19.98	25.98	17.08	16.38	3.53	2.02	0.83
对羟基苯甲醛	0.13	1.15	0.92	0.77	0.94	0.67	0.92	0.60	0.52	0.30
香草乙酸	2.79	4.66	4.45	4.16	6.24	3.84	4.76	5.54	5.97	2.76
紫丁香酸	1.76	5.78	4.62	4.05	4.19	2.16	4.12	3.97	2.27	1.56
香草乙醛	16.73	39.22	29.67	26.86	23.68	16.51	16.53	15.68	13.02	3.61
乙酰丁香酮	43.09	102.52	81.15	76.55	60.33	41.70	38.82	36.88	26.02	5.14
总含量	64.50	173.28	139.79	132.37	121.36	81.96	81.53	66.20	49.82	14.18

⊡表 4-14　木质素样品中酚酸和酚醛成分及含量　　单位：mg/L

成分	木质素样品									
	L_0	L_{100}	L_{110}	L_{120}	L_{130}	L_{140}	L_{150}	L_{160}	L_{180}	L_{200}
对羟基苯甲酸	35.12	29.52	63.88	52.93	48.89	49.63	42.22	36.67	43.47	18.34
对羟基苯甲醛	1.61	0.99	2.12	1.91	2.03	0.83	1.08	1.27	1.56	0.75
香草乙酸	5.37	4.61	4.54	5.55	6.20	4.53	5.47	5.37	6.77	2.49
紫丁香酸	11.34	11.04	4.84	10.57	10.21	6.83	8.30	7.30	7.84	2.46
香草乙醛	53.75	61.95	56.25	44.98	33.56	26.15	24.85	23.46	21.89	4.74
紫丁香酮	130.44	171.15	138.93	130.44	93.49	71.19	58.95	58.57	44.46	6.72
乙酰丁香酮	ND	15.80	11.59	10.08	ND	ND	ND	ND	ND	ND
香草乙酮	1.45	1.96	0.77	0.69	ND	0.76	0.59	0.72	ND	ND
对香豆酸	5.51	5.72	6.46	9.91	11.31	2.24	2.12	6.50	5.97	2.18
总含量	244.57	302.74	289.36	267.06	205.69	162.17	143.58	139.85	131.95	37.68
S/V	2.42	2.24	2.00	2.34	2.61	2.57	2.24	2.31	1.83	1.27
S/G	2.11	1.33	1.43	1.59	1.46	1.44	1.17	1.21	1.03	0.89

注：S—紫丁香酸、紫丁香酮、乙酰丁香酮含量之和；V—香草乙酸、香草乙醛、香草乙酮含量之和。

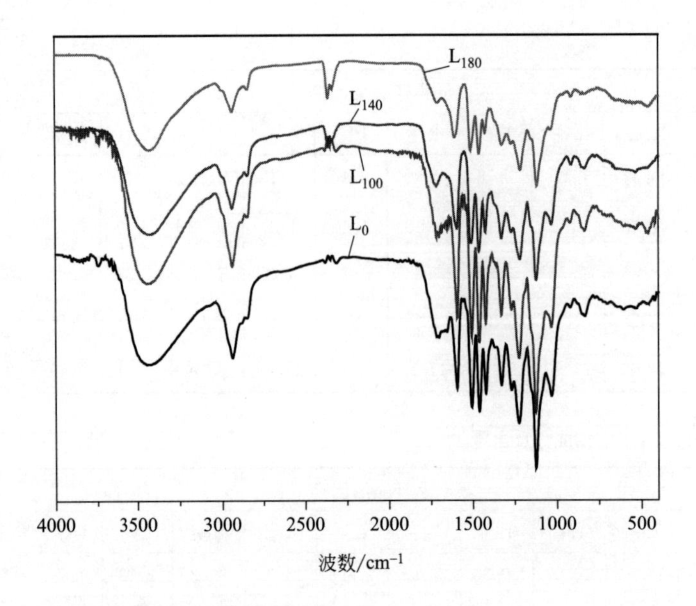

图 4-27 木质素样品红外光谱图

木质素样品的[1]H 谱图如图 4-28 所示， 3.7 ppm、 3.3 ppm 和 2.5 ppm 处的共振峰分别来源于羟甲基、氘代水和氘代二甲亚砜。木质素结构单元中[1]H 的化学位移主要分布于四个区域：①酚基氢原子主要分布于＞8.0 ppm 处；②芳环氢原子主要分布于 8.0～6.0 ppm，其中 G 型结构单元化学位移位于 7.2～6.9 ppm， S 型

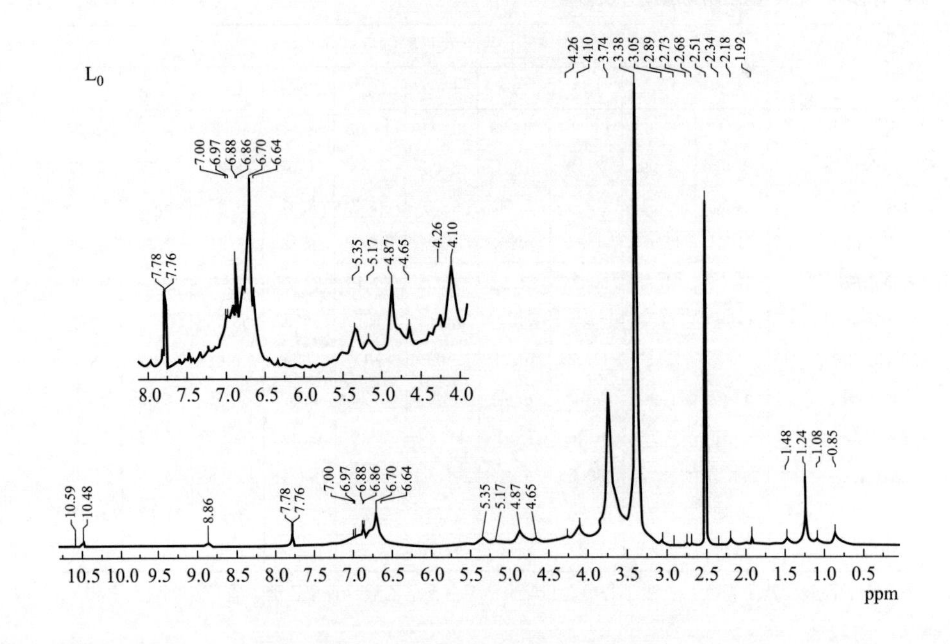

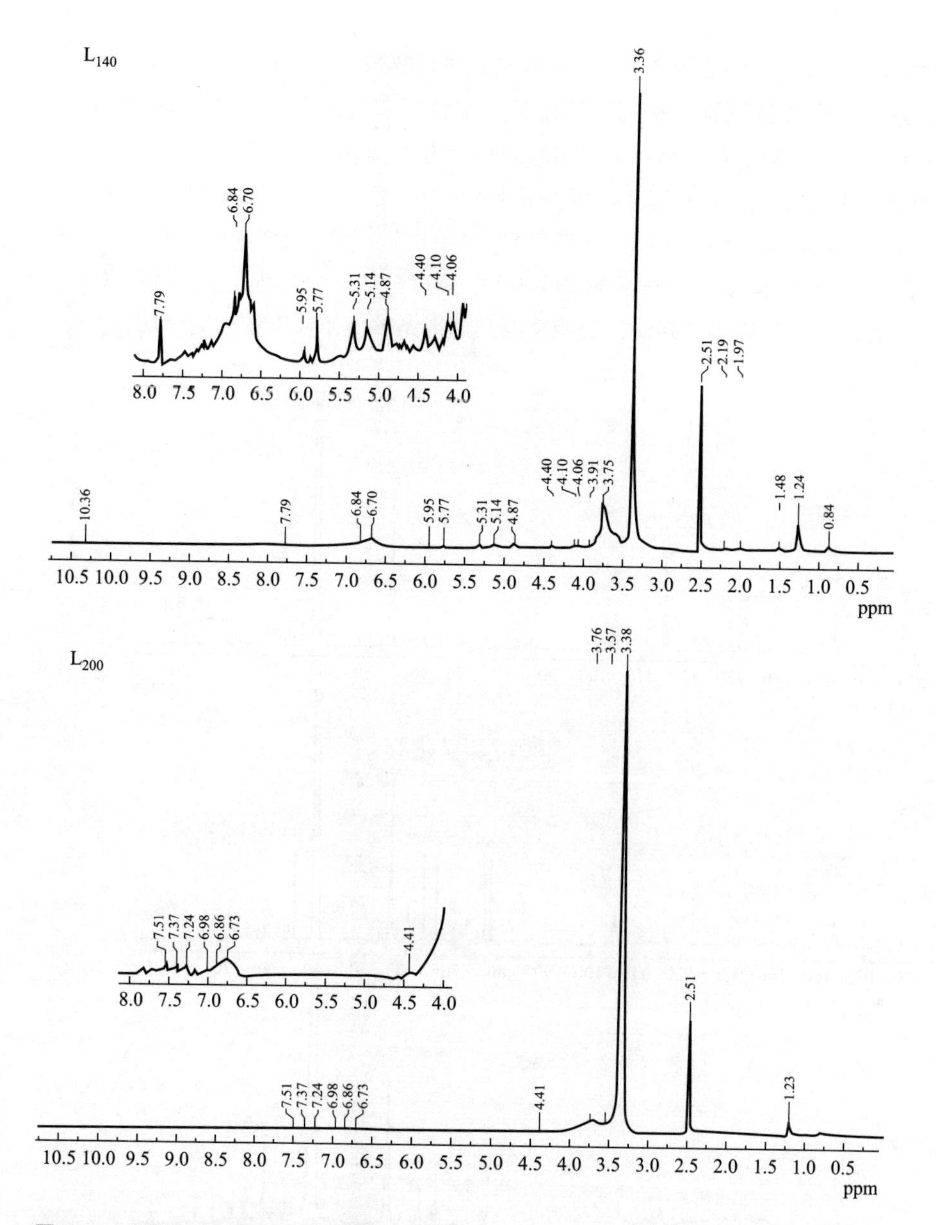

图 4-28 木质素样品核磁共振^{1}H 谱图

结构单元化学位移位于 6.7～6.6 ppm；③木质素单元侧链氢原子化学位移则分布于 6.0～4.0 ppm；④木质素结构可能存在的脂肪酸氢原子化学位移位于 3.0～0.8 ppm。对比木质素样品 L_0、L_5 和 L_9 的^{1}H 谱图发现，升高酸处理温度使木质素大分子结构单元之间连接键断裂，氢原子信号强度降低。当处理温度升高至 200 ℃时，L_9 样品^{1}H 谱图中芳基氢原子化学位移信号降低，而侧键氢原子化学位移信号几乎消失。在^{13}C 谱图中（图 4-29），随着酸处理温度的提高样品信号强度降低。木质素大分子结构芳基碳原子和侧键碳原子化学位移主要分布于 160 ~ 104 ppm 和 90 ~ 60 ppm。经 140 ℃酸处理后，木质素碳原子 77. 9 ppm、 76. 6 ppm、 66. 1 ppm 和 63. 3 ppm 处化学位移信号强度的增加可能由于木质素分子量经酸处理后降低。此外，酸处理过程中部分木质素缩合并伴随着假木质素的形成，这些成分可能和木质素样品一起经碱液提取收集，使样品信号峰重叠，强度增加。当处理温度提高至 200 ℃时，木质素样品信号峰强度降低，表明高温酸处理条件下木质素结构的降解。

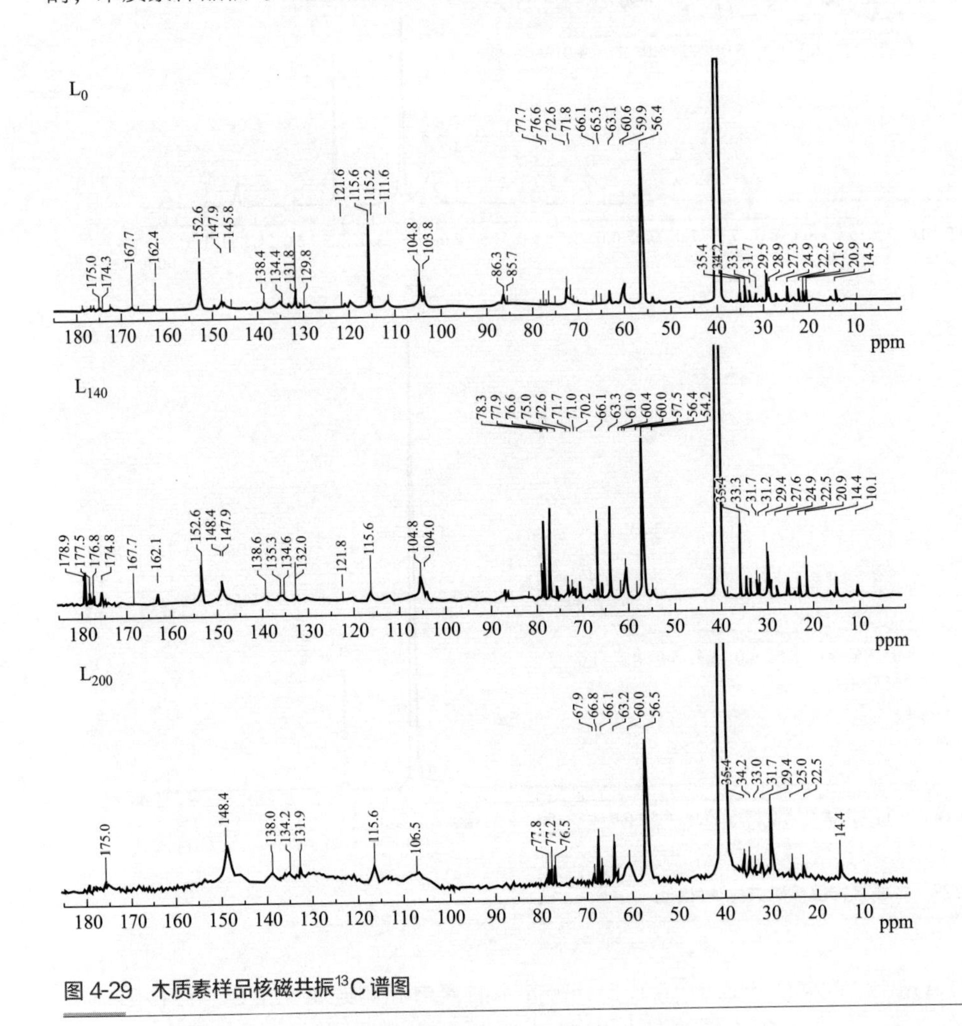

图 4-29　木质素样品核磁共振^{13}C 谱图

为区别氢谱和碳谱中相互重叠的化学位移信号，采用碳氢相关^{1}H-^{13}C 二维核磁共振谱波谱对木质素样品进行分析，木质素样品碳-氢相关（HSQC）核磁共振波谱图见图 4-30。

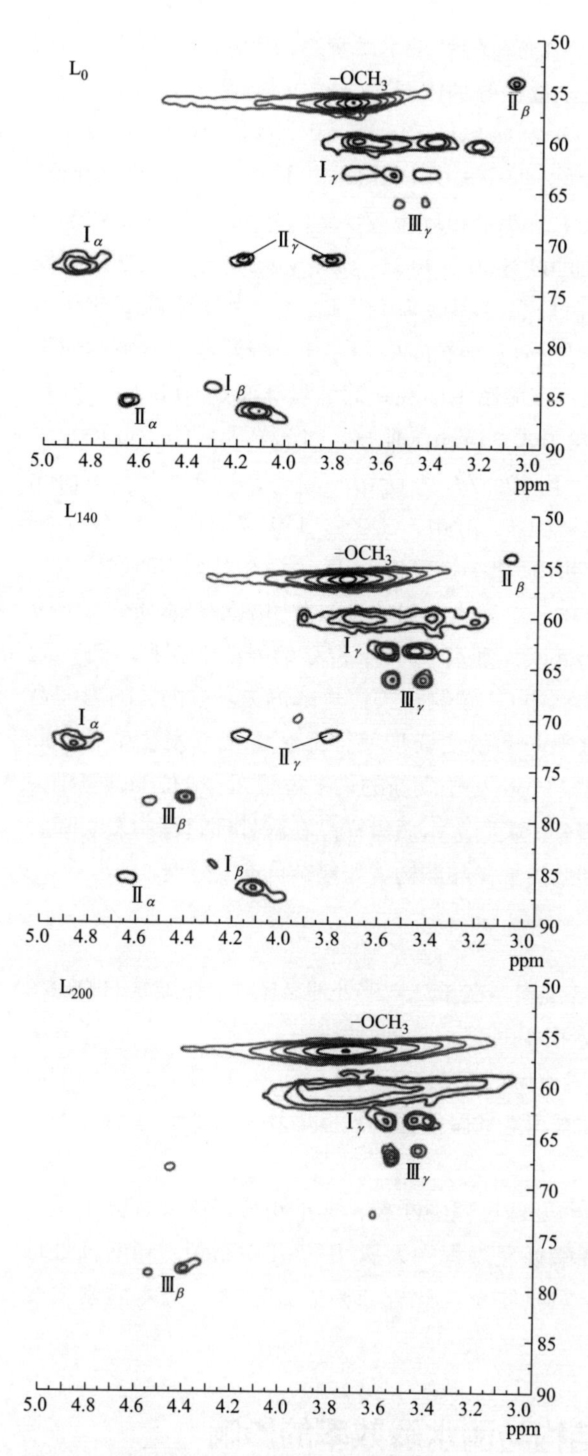

图 4-30 木质素样品 HSQC 核磁共振波谱图

毛白杨碱木质素样品（L_0）中，β-O-4芳基醚键是木质素结构单元之间的主要结构连接类型，其中碳-氢相关信号峰化学位移分别位于72.5/4.9 ppm（I_a），84.1/4.3 ppm和（86.0~87.4）/（4.0~4.2）ppm（I_b），和（59.5~60.5）/（3.2~3.6）ppm和（62.8~63.5）/（3.4~3.6）ppm（I_c）。85.4/4.7 ppm（II_a），54.2/3.1 ppm（II_b），71.6/3.8 ppm和71.6/4.2 ppm（II_c）处化学位移信号则归属于木质素结构单元之间的β-β、α-O-γ和γ-O-α连接。酸处理使β-O-4连接键断裂，化学位移峰信号强度明显降低（L_{140}），当处理温度升高至200 ℃时，木质素样品β-O-4化学位移信号峰消失（L_{200}）。酸处理也导致木质素的缩合反应生成新的可能结构单元，在谱图中出现新的信号峰如66.0/3.4和66.6/3.6 ppm（III_c），和77.3/4.4和78.0/4.6 ppm（III_b）。L_0样品中H、G和S型木质素结构单元特征峰分别位于104.7/6.7 ppm（$S_{2,6}$）、111.7/7.0 ppm（G_2）、（115.0~115.6）/（6.6~7.0）ppm（G_5）、119.5/6.8 ppm（G_6）和131.9/7.8 ppm（$H_{2,6}$）。酸处理使木质素结构变化，H、G和S型木质素相应化学位移的信号峰强度均有所减弱。由于S型木质素C-5位置甲氧基对木质素C-6位置具有空间位阻作用难以缩合，因此酸处理后S_6化学位移信号依然存在。而G型木质素则可在C-6发生缩合，使样品中G_6碳氢相关信号峰消失。同时，随着缩合反应的发生，G型木质素芳基上电子云密度增加使样品化学位移发生变化。此外，（107.5~107.7）/（7.1~7.2）ppm处出现新的紫丁香酸2，6位的碳氢相关化学位移信号。样品核磁共振波谱分析表明，木质素样品在酸处理过程中发生降解并伴随着碎片分子的缩合反应，使木质素样品结构更为复杂且难以分离。

4.4.5 小结

① 稀酸处理降解了大量的半纤维素，在130 ℃下处理2 h对半纤维素的脱除率达79.9%，回收半纤维素和木质素得率降低。

② 综合考虑物料损失及纤维素水解效率两个因素，0.5% H_2SO_4预处理的温度在120 ℃时最佳，反应2 h后物料再经稀碱抽提物料回收率和纤维素水解效率分别为60.3%和69.8%。

③ 木聚糖大分子糖苷键在稀酸处理过程中断裂，形成小分子碎片，分子量从89600下降至19630。木质素在稀酸处理过程中大量β-O-4键断裂，随着预处理温度的提高，部分木质素组分甲氧基脱落。此外，稀酸处理使部分木质素发生缩合。

4.5 生物处理对物料结构与酶水解效率的影响

研究发现，采用白腐菌对木质纤维素原料进行处理能够有效地打破木质素与半纤维素之间的连接。由于生物预处理具有能量投入低及环境友好的特点，它在木质纤维素原料预处理的应用中受到关注。近年来，许多学者将白腐菌用于农业废弃物的预处理中，如棉秆、玉米秸秆、玉米芯、小麦秸秆，处理后物料的生物转化效率得到了显著提高。然而，生物预处理需要提高效率、降低物料损失并缩短处理时间来增加其经济效益。在白腐菌处理过程中，木质素被氧化，酚基氧化酶起着关键作用。在木质素降解酶和木聚糖酶的协同下，木质素-半纤维素之间的连接断裂，有利于打破细胞壁致密结构。此外，碱能够与木质纤维素原料的官能团发生许多化学反应，如切断木质素分子之间的醚酯键连接，使碳水化合物发生剥皮反应，因此，碱处理常用于提高生物预处理的效率。 Yu 等结合中等强度的碱处理与白腐菌 *Irpex lacteus* CD2 处理将玉米秸秆的酶水解效率提高到 93.86% [39]。经白腐菌 *Irpex lacteus* 处理 21 天后结合 0.1% NaOH 处理，小麦秸秆的酶水解效率能达到 66% [40]。

白腐菌 *Trametes velutina* （*T. velutina*） D10149 被认为是一种高效的生物预处理菌种。研究发现，以该菌种处理毛杨 *Populous tomentosa* 能够将纤维素的酶水解效率和乙醇产率分别提高 1.3 倍和 4 倍。本章结合白腐菌 *T. velutina* D10149 与碱性乙醇溶液对三倍体毛白杨进行处理，打破其复杂的细胞壁结构。并通过成分分析、物料损失分析、 X 射线衍射、固体核磁共振波谱和比表面积测定对比分析了白腐菌预处理对木质素、半纤维素和木质纤维底物的结构影响，处理的效率则通过酶水解与同步糖化发酵表征。

4.5.1 样品制备

白腐菌 *Trametes velutina*（*T. velutina*） D10149 采自吉林省，在 4 ℃下保存于 2% 麦芽琼脂上。使用前，将具有生长活力的菌丝于 100 mL 培养基 28 ℃培养 5 天。培养基成分为：葡萄糖 20 g/L、酵母浸膏 5 g/L、磷酸二氢钾 1 g/L、硫酸镁 0.5 g/L 和维生素 B_1 0.01 g/L。培养结束后，加入 100 mL 超纯水搅拌均匀用于预处理。

称取 5 g 脱脂木粉样品于 250 mL 三角瓶中，加入 12.5 mL 去离子水后放入高压灭菌锅 121 ℃下灭菌 20 min。待物料冷却至室温后，接种 5 mL 制备好的菌种，28 ℃下分别培养 4 周、 8 周、 12 周、 16 周，每个培养周期进行了三组平行实验。在每个培养周期结束后，将物料充分洗涤以除去附着于表面的菌丝后置于 60 ℃烘箱干燥 16 h，并根据白腐菌处理的时间将样品分别命名为 C_4、 C_8、 C_{12} 和 C_{16}。脱脂后的原料作为对比样品，命名为 C_0。

称取 10 g 白腐菌处理后的样品于 500 mL 的磨口圆底烧瓶中，加入 200 mL 含有 1% NaOH 的乙醇水溶液（体积分数为 70%）沸腾回流 3 h。反应结束后过滤回收富含纤维素的残渣，并用去离子水将残渣充分洗涤至中性后置于 60 ℃烘箱干燥 16 h，样品分别命名为CA_0、 CA_4、 CA_8、 CA_{12}和CA_{16}，样品制备流程如图 4-31 所示。提取液以 HCl 调节 pH 至中性，浓缩后加入三倍乙醇沉淀离心分离半纤维素组分H_0、 H_4、 H_8、 H_{12}和H_{16}。上清液蒸馏去除乙醇后调节 pH 至 1~2，沉淀分离木质素组分L_0、 L_4、 L_8、 L_{12}和L_{16}。

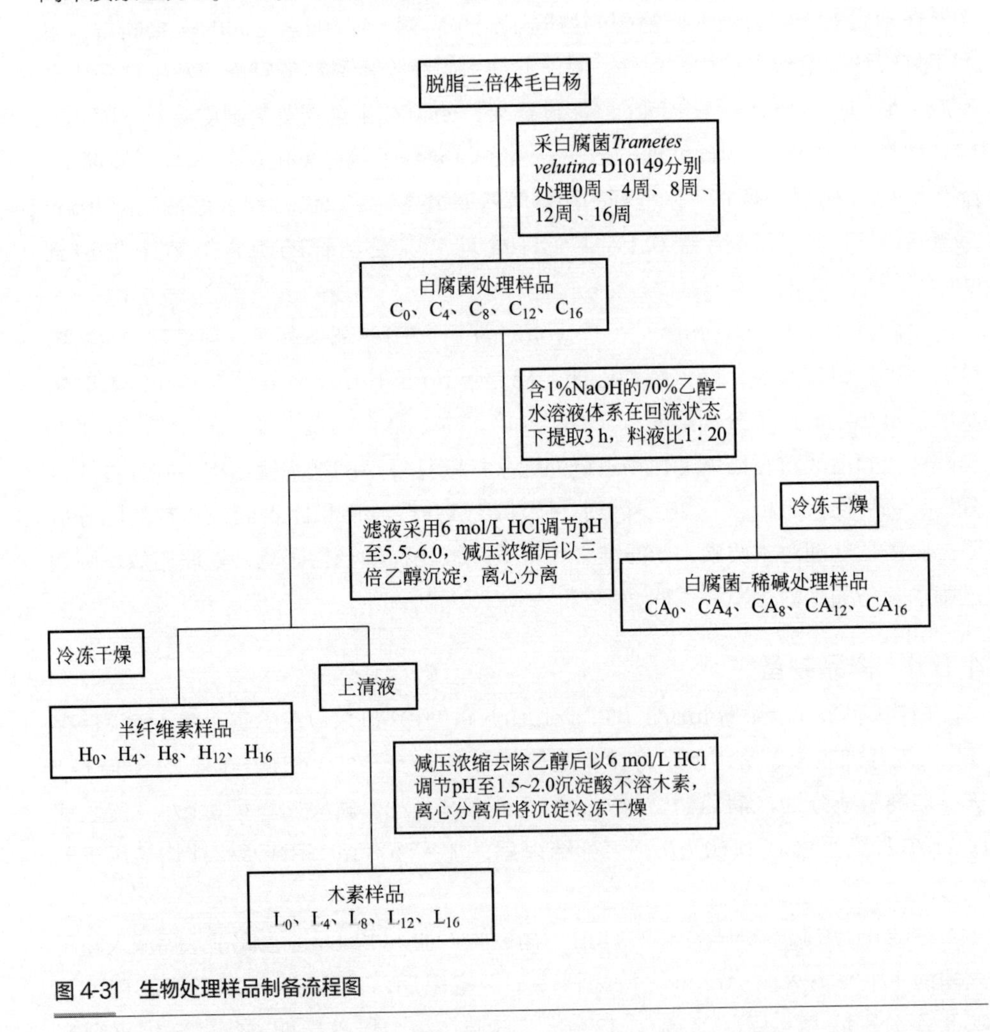

图 4-31　生物处理样品制备流程图

酶水解常用于衡量预处理对木质纤维素原料的处理效率。取 0.2 g 处理后的木质纤维素底物加入到 50 mL 的三角瓶中，加入 10 mL 50 mmol/L 乙酸钠缓冲液（pH=4.8）。反应所用纤维素酶（Cellulast 1.5 L）和葡萄糖苷酶（Novozyme 188）由诺维信（中国）有限公司提供，用量分别为 20 FPU/g 纤维素和 30 Cbu/g 纤维素。将整个反应体系置于 50 ℃恒温水浴摇床中以 150 r/min 振荡反应 144 h。

取 0.5 g 样品于 50 mL 三角瓶中，加入 9 mL 含有营养物的乙酸钠缓冲溶液（pH= 4.8），营养物浓度为：酵母浸膏 10 g/L，蛋白胨 20 g/L。整个发酵体系置于高压灭菌锅 121 ℃下灭菌 20 min 后，将三角瓶置于超净工作台中冷却至室温等待接种发酵菌种。发酵菌种为商业化酿酒酵母，称取 0.3 g 干酵母，加入 10 mL 2% 葡萄糖溶液中于 30～35 ℃活化 1.5～2 h。活化结束后，在超净工作台中取 1 mL 酵母液接种至每个三角瓶中，使发酵体系中酵母菌浓度为 3 g/L。此外，向三角瓶中加入 30 FPU/g 底物的纤维素酶和 60 IU/g 底物的葡萄糖苷酶，以水解纤维素释放葡萄糖供酵母菌发酵生产乙醇。以带有单向阀的橡胶塞将三角瓶密封后置于 40 ℃空气摇床中发酵 24 h，定时取样，并采用高效液相色谱及示差检测器在多孔性阴离子交换色谱柱 HPX-87H 上对发酵液中乙醇及葡萄糖浓度进行分析。

4.5.2 白腐菌处理对细胞壁微观结构的影响

拉曼光谱能够呈现完整的植物细胞壁组分分布图像。半纤维素和木质素在合适的拉曼光谱波长条件下能同时呈现。在拉曼光谱图中，2789～3000 cm^{-1} 波数范围的光谱峰来源于纤维素、半纤维素和木质素结构中 C—H 和 $C—H_2$ 的伸缩振动。三

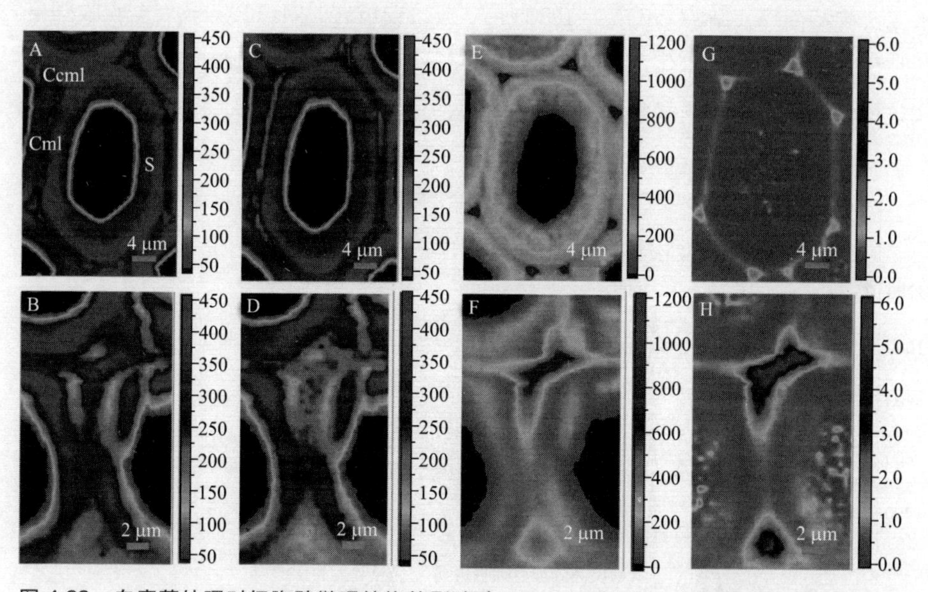

图 4-32　白腐菌处理对细胞壁微观结构的影响（A 和 B：对照样和白腐菌处理样品波长 2789～3000 cm^{-1} 范围全波长扫描图；C 和 D：对照样和白腐菌处理样品波长 2789～2938 cm^{-1} 范围扫描图，主要为碳水化合物特征区域；E 和 F：对照样和白腐菌处理样品波长 1540～1720 cm^{-1} 范围扫描图，主要为木质素特征区域；G 和 H：对照样品和白腐菌处理样品中木质素/碳水化合物比值；Ccml：细胞角隅；Cml：复合胞间层；S：次生壁）

倍体毛白杨细胞壁在拉曼光谱下的微观结构如图 4-32A 所示。经白腐菌处理 16 周后，次生壁收缩破裂，见图 4-32B。在对照样中，碳水化合物在次生壁中含量较高（图 4-32C），而木质素（图 4-32E）在复合胞间层和细胞角隅中含量最高。但白腐菌处理 16 周后碳水化合物降解严重（图 4-32D），表明白腐菌能够有效利用植物细胞壁中的碳水化合物组分。经白腐菌处理后，次生壁中木质素减少，但复合胞间层中木质素含量未受到明显降解（图 4-32F）。此外，拉曼光谱中木质素与碳水化合物吸收峰强度之比能从分子水平表征细胞壁中碳水化合物与木质素浓度的关系。图 4-32G 和图 4-32H 显示了白腐菌处理前后物料中木质素/碳水化合物的比例。随着碳水化合物的降解，复合胞间层和细胞角隅处的木质素/碳水化合物比例增加。但在次生壁中，白腐菌处理前后木质素/碳水化合物比例保持不变，表明白腐菌处理过程中碳水化合物和木质素同时降解。

样品细胞壁（复合胞间层、细胞角隅、次生壁）平均拉曼光谱如图 4-33 所示，谱图中特征峰的归属如表 4-15 所示。物料在白腐菌处理前后植物细胞壁不同位置提取得到的拉曼光谱图呈现较大差异。复合胞间层、细胞角隅位置处拉曼谱图中木质素特征峰（1660 cm^{-1}、1605 cm^{-1}、1333 cm^{-1} 和 1273 cm^{-1}）吸收强度增加，而碳水化合物特征峰（2897 cm^{-1}、1380 cm^{-1}、1121 cm^{-1} 和 1099 cm^{-1}）吸收强度降低。在次生壁中，碳水化合物和木质素信号峰均降低，表明白腐菌处理导致了碳水化合物和木质素的同步降解。

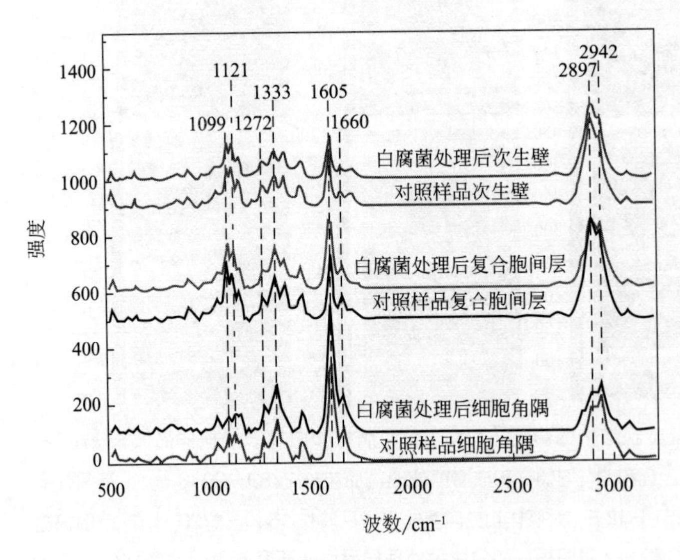

图 4-33 白腐菌预处理前后的复合胞间层、细胞角隅和次生壁平均拉曼光谱图

⊡表 4-15 次生壁拉曼光谱图中吸收峰归属

波数/cm^{-1}	化合物名称	吸收峰类型
2942	纤维素和木质素	芳环上甲氧基中C—H伸缩振动；纤维素中C—H和$C—H_2$伸缩振动
2897	纤维素和木聚糖	C—H和$C—H_2$伸缩振动
1704	木质素	羰基伸缩振动
1650	木质素	芳环共轭C=C伸缩振动；C=O伸缩振动
1605	木质素	芳环对称伸缩振动
1504	木质素	芳环非对称伸缩振动
1460	木质素和纤维素	H—C—H和H—O—C弯曲振动
1438	木质素	$O—CH_3$变形振动；CH_2剪切振动；
1378	纤维素和木聚糖	HCC、HCO和HOC弯曲振动
1333	木质素	脂羟基OH弯曲振动
1272	木质素	酚羟基及芳环上甲氧基伸缩振动$O—CH_3$；G型木质素C=O特征峰
1152	纤维素	重原子C—C和C—O伸缩振动及H—C—C和H—C—O弯曲振动
1121	纤维素和木聚糖	重原子C—C和C—O伸缩振动
1099	纤维素和木聚糖	重原子C—C和C—O伸缩振动
1042	木聚糖	重原子C—C和C—O伸缩振动
998	纤维素	重原子C—C和C—O伸缩振动
902	纤维素	重原子C—C和C—O伸缩振动
521	纤维素	其他重原子伸缩振动

4.5.3 白腐菌及碱处理对物料结构的影响

白腐菌处理能够一定程度上提高纤维素的酶水解效率，但白腐菌的生长需要消耗部分物料造成质量损失，随着处理时间的延长，物料的质量损失逐渐增加（图4-34）。白腐菌 *T velutina* D10149 处理 4 周消耗了 15.5% 的物料；处理时间延长至 16 周时，物料的质量损失超过了 50%。Yu 等采用 *Echinodontium taxodii* 2538 处理 120 d 后，阔叶材柳树的质量损失为 32.5%，针叶材杉木的质量损失为 24.1% [41]。造成物料质量损失差异的主要因素包括菌种、底物尺寸、底物种类以及培养条件的差异。Shi 等发现，浸没式培养比固体培养造成的物料损失低，因为浸没式培养液体中有限的溶氧量限制了微生物的生长从而减少了物料的损失 [42, 43]。此外，白腐菌选择性降解木质素的能力也受到菌种、培养条件和培养时间的影响。白腐菌处理 16 周后，木质纤维素原料中纤维素、半纤维素和木质素的含量分别从 44.4%、23.0% 和 24.3% 下降到 17.3%、7.6% 和 10.6%，如图 4-34 所示。白腐菌处理过程造成的纤维素、半纤维素和木质素三种主要成分的质量损失曲线如图 4-35 所示，三种主要成分含量同时降低表明白腐菌 *T velutina* D10149 对木质素的选择性降解能力较低。通过改变培养条件，如无机盐含量和培养基 C/N 比，能够进一步提高白腐菌的处理效率及对木质素选择性降解的能力，后续的研究将对白腐菌的处理条件做进一步的优化。在植物细胞壁中半纤维素同木质素紧密相连，半纤维素的降解是木质素降解的先决条件。随着半纤维素和木质素含量的降解，样品核磁共振波谱图（图 4-36）中木质素甲氧基（56.1 ppm）和芳环（153.7 ppm），半纤维素乙酰基（21.3 ppm）和羧基（173.0 ppm）信号峰强度随着处理时间的延长而降低。此外，图 4-34 表明经白腐菌处理对酸不溶木质素与酸溶木质素造成了不同的质量损失，表明在白腐菌处理的过程中木质素结构发生了改变，如木质素的解聚以及木质素分子间连接键的断裂。因为酸溶木质素与酸不溶木质素具有结构上的差别，一般酸溶木质素分子量比酸不溶木质素低，且具有比酸不溶木质素更强的亲水性；相比紫丁香基木质素而言，酸溶木质素又具有不同的氧甲基含量。

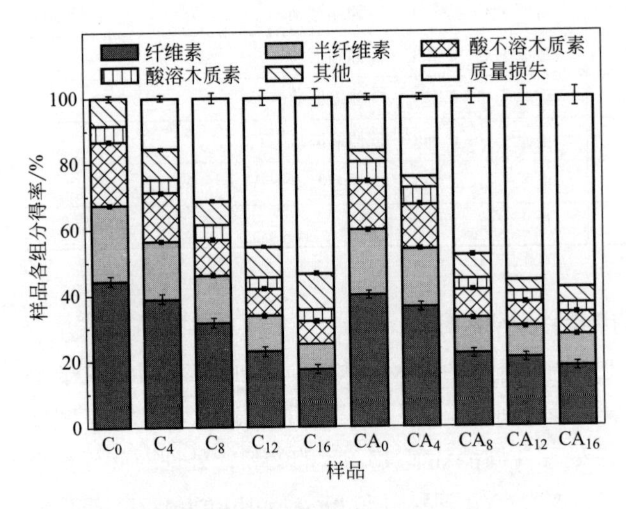

图 4-34　白腐菌处理样品得率及成分

后续稀碱处理能够加强白腐菌的处理效果并有效地脱除木质素和半纤维素，因此白腐菌-稀碱结合处理造成的质量损失比白腐菌处理更大（如图 4-35 和图 4-37）。对于半纤维素而言，在碱性环境下以发生剥皮反应、水解反应和皂化反应，因而半

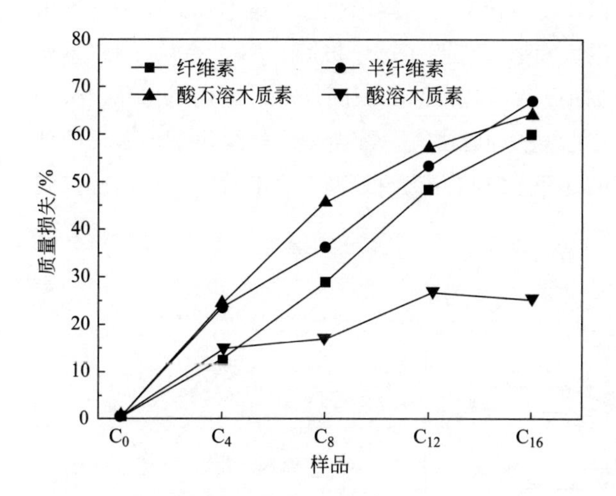

图 4-35　白腐菌处理过程中样品中纤维素、半纤维素及木质素的质量损失曲线

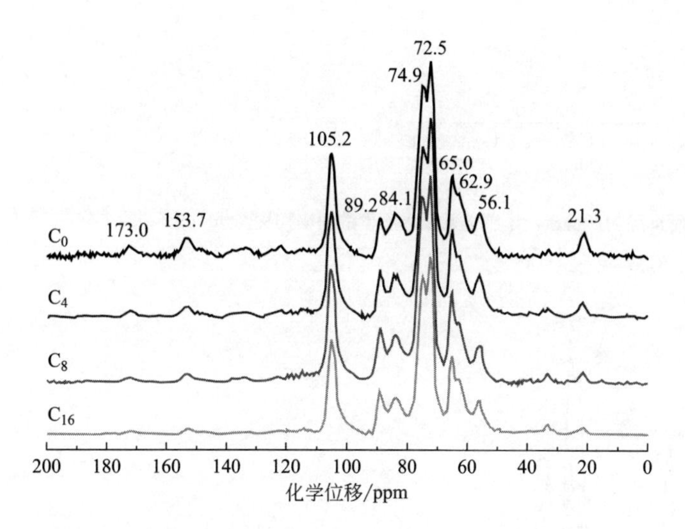

图 4-36　白腐菌处理样品核磁共振波谱图

纤维素乙酰基在核磁谱图中 21.3 ppm 处的信号峰消失（图 4-38）。碱处理增强脱木质素效果则主要归因于碱性条件下木质素大分子的解聚以及结构变化。然而，白腐菌-稀碱结合处理时，白腐菌处理时间超过 8 周后延长处理时间对物料回收率的影响并不明显（图 4-37）。这可能因为处理前期白腐菌的生长需要迫使菌丝向木质纤维素原料细胞内生长以便利用木质纤维素原料作为碳源，在此过程中木质纤维素原料的细胞壁结构受到破坏，纤维素暴露出来。然而随着处理时间的延长，可接触的

纤维素能满足菌体生长需求时，菌体便直接利用暴露出来的纤维素作为碳源，不再作用于复杂的细胞壁结构。物料的表面形态证明了这一推断（图 4-39），白腐菌分别处理 8 周和 16 周的物料经稀碱抽提后具有相似的表面形态，这也是样品 CA_8、CA_{12} 和 CA_{16} 具有相似的质量损失曲线的原因之一。综合以上结果表明，白腐菌处理时间为 8 周较合适。此外，稀碱处理还能将白腐菌处理产生的片段物料溶出，使物料表面呈现光滑的形态（图 4-39）。

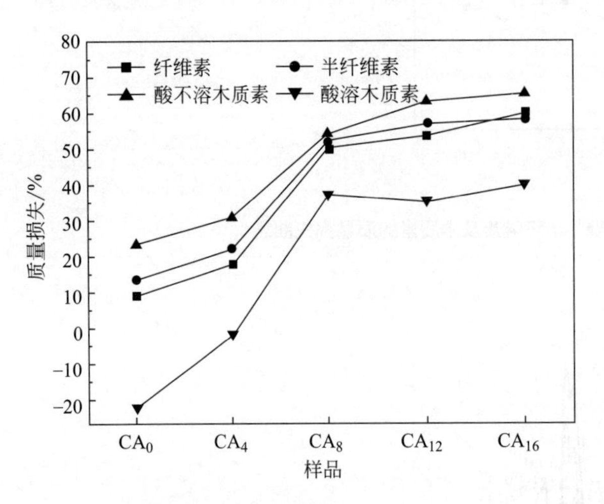

图 4-37　白腐菌-稀碱结合处理后样品中纤维素、半纤维素及木质素的质量损失曲线

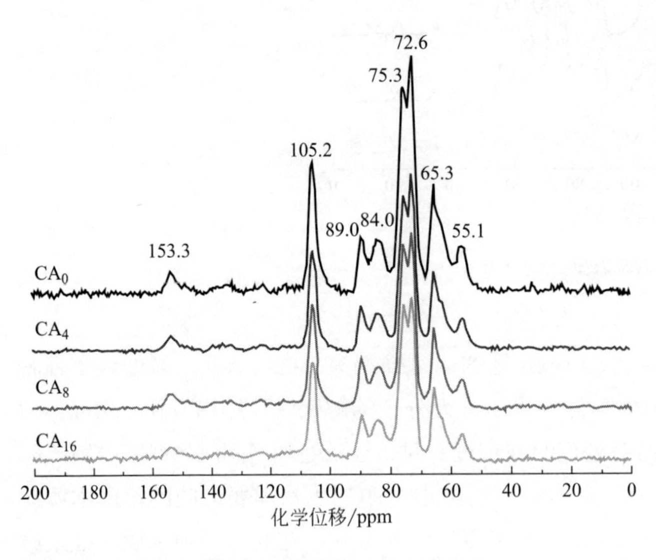

图 4-38　白腐菌-稀碱结合处理样品核磁共振波谱图

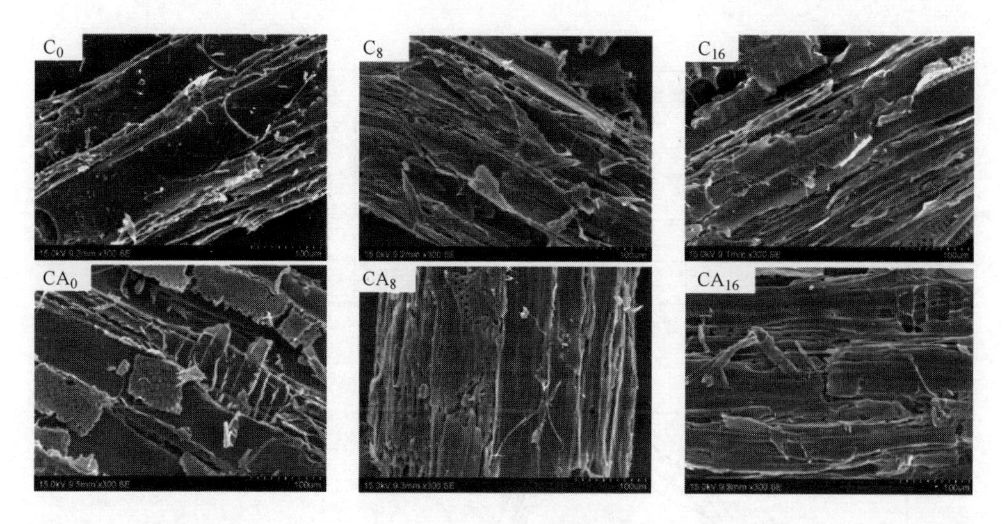

图 4-39 白腐菌处理样品（C_0、C_8、C_{16}）与白腐菌-稀碱结合处理样品（CA_0、CA_8、CA_{16}）表面形态

纤维素聚合度以及结晶度是影响纤维素酶水解效率的重要因素。白腐菌处理 4 周后，纤维素分子量和结晶度有少量的增加（表 4-16），表明处理过程中白腐菌首先降解分子量较小的碳水化合物，如半纤维素和无定形纤维素。随着处理时间的延长，纤维素大分子开始降解使纤维素分子量降低，分子量分布的曲线图（图 4-40）也表明白腐菌处理后样品分子量分布向低分子量区域偏移，且低分子量区域的肩峰吸收强度随着处理时间的延长而增加。核磁共振波谱图也证实了生物预处理过程中纤维素的降解，图 4-36 和图 4-38 中来自于纤维素 C-1（105.2 ppm）、非结晶纤维素 C-4（89.2 ppm）、结晶纤维素 C-4（84.1 ppm）以及纤维素 C-6（65.0 ppm）的信号峰强度随着处理时间的延长而降低。文献报道指出白腐菌降解碳水化合物时主要攻击纤维素 C-1 和 C-4 位的糖苷键连接以及 C-6 位—CH_2OH 基团以打破纤维素的结晶结构使其转变成为无定形的纤维素。随着 C-6 位—CH_2OH 基团的脱落，纤维素被降解，结晶纤维素的亲水性也随之增加，使纤维素与酶的亲和性增加。但碳水化合物分子量和纤维素结晶度变化不明显，可能由于白腐菌处理时样品中纤维素、半纤维素与木质素同时降解（表 4-16、图 4-41）。

表 4-16 纤维素样品的重均分子量、数均分子量、分散度及结晶度

项目	单独白腐菌预处理样品					白腐菌结合碱处理样品				
	C_0	C_4	C_8	C_{12}	C_{16}	CA_0	CA_4	CA_8	CA_{12}	CA_{16}
重均分子量	33.8	42.2	34.6	32.1	32.8	46.5	39.0	39.0	41.2	43.2

续表

项目	单独白腐菌预处理样品					白腐菌结合碱处理样品				
	C_0	C_4	C_8	C_{12}	C_{16}	CA_0	CA_4	CA_8	CA_{12}	CA_{16}
数均分子量	2.4	2.8	2.5	2.5	2.6	4.3	3.4	3.6	4.0	3.3
分散度	13.9	15.2	13.9	12.7	12.6	10.9	11.3	10.7	10.3	13.0
结晶度	40.7	41.7	41.3	40.4	40.6	43.9	45.6	46.2	46.0	45.9

注：三次平行实验平均值，误差小于5%。

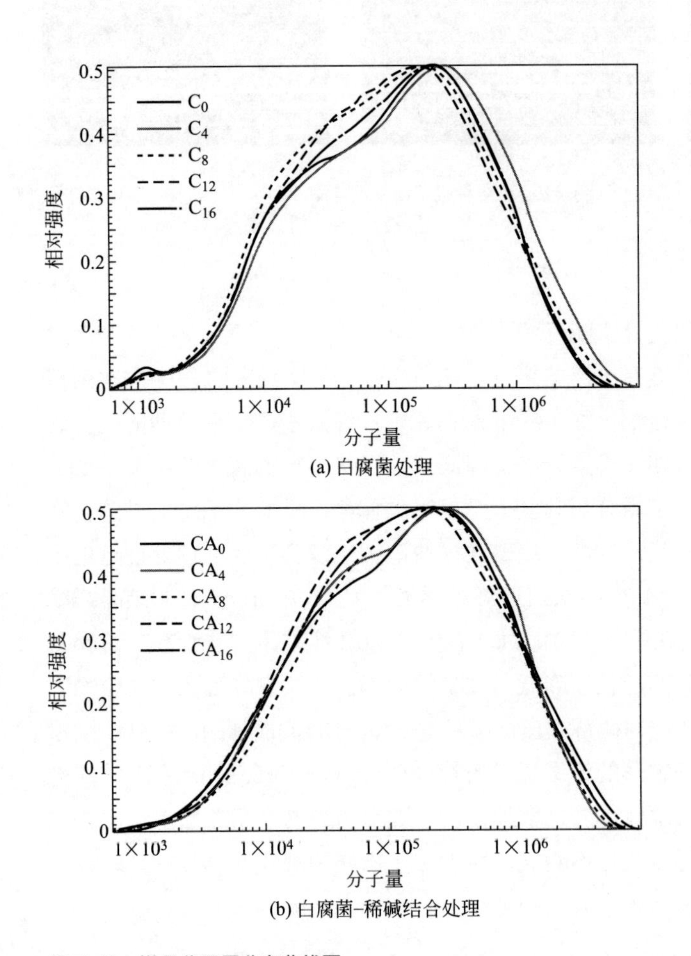

图 4-40　样品分子量分布曲线图

与白腐菌处理相比，稀碱抽提以后样品分子量整体提高（图 4-40 和表 4-16），低分子量区域的肩峰也由分子量 20000 右移至 70000。这主要因为白腐菌将的一些大分子物质降解，稀碱溶液抽提时将这些物质溶出，随着降解物的移除样品分散系数降低并具有较窄的分子量分布曲线。此外，小分子聚合物的脱除也使物料表面更为光滑，如图 4-39 所示。然而，结合白腐菌处理 4 周、8 周和碱抽提后，样品分子量下降。根据 Xu 等提出的推测，原料中半结晶纤维素在白腐菌处理 8 周的时间内并没有被完全降解，这些残留的半结晶纤维素虽然分子量比结晶纤维素小但也不能溶于碱液中[44]。当处理时间延长至 12 周和 16 周时，无定形纤维素和半结晶纤维素完全降解，仅残余分子量较大的结晶纤维素。

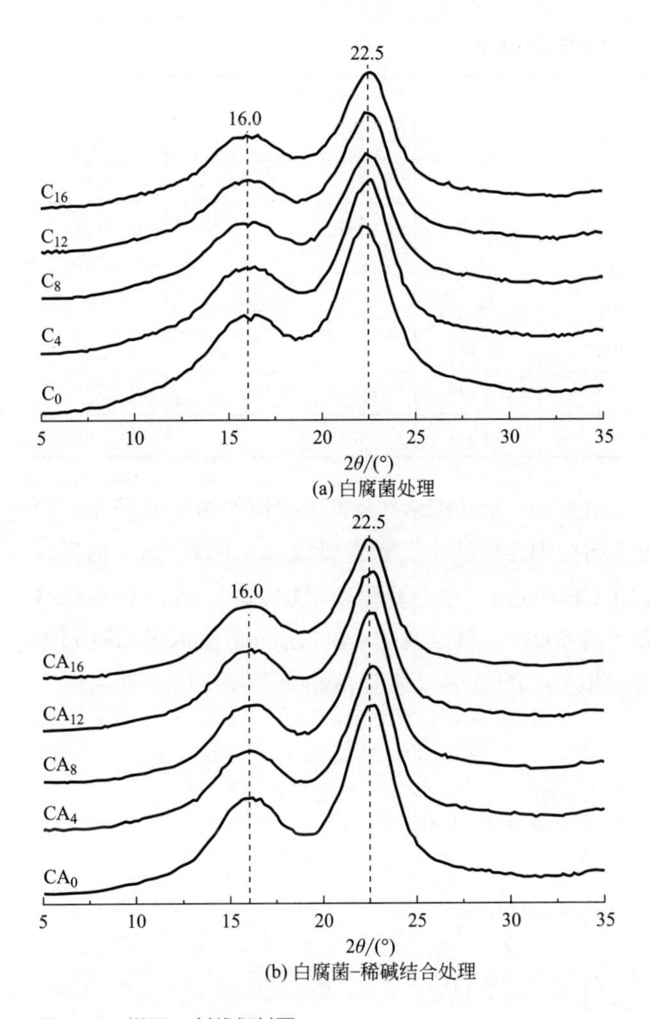

图 4-41　样品 X 射线衍射图

4.5.4　白腐菌及碱处理对半纤维素结构的影响

为研究白腐菌处理对半纤维素结构的影响，采用稀碱提取收集残留于底物中的半纤维素组分。由于提取条件较温和（1% NaOH，75 ℃），半纤维素结构变化较小，但得率较低。半纤维素样品的单糖成分分析显示（表 4-17），随着白腐菌处理时间的延长，样品中木糖相对含量下降，而葡萄糖相对含量增加。此结果表明，当白腐菌处理降解了纤维素，生成了小分子纤维素碎片而溶于稀碱中随半纤维素提取。该结果也证实白腐菌 *Trametes velutina* D10149 并不能选择性降解木质素，对纤维素也具有降解作用。

表 4-17　半纤维素样品得率、成分、分子量及分散度

项目		半纤维素样品				
		H_0	H_4	H_8	H_{12}	H_{16}
得率/%		3.2	2.2	1.6	1.3	6.4
成分/（mg/L）	半乳糖	12.9	7.6	5.3	4.7	5.7
	葡萄糖	6.7	25.6	42.7	43.7	49.0
	木糖	76.4	66.9	52.0	51.6	45.4
重均分子量/$\times10^4$		19.6	4.82	4.94	4.43	2.15
数均分子量/$\times10^4$		2.64	2.64	2.63	2.58	1.33
分散度		9.1	1.8	1.9	1.7	1.6

红外光谱能提供化合物官能团信息，半纤维素样品红外光谱如图 4-42 所示。经白腐菌处理后，半纤维素大分子结构中连接的木质素含量减少（1500 cm^{-1} 信号峰强度降低），但纤维素含量增加（1170 cm^{-1} 信号峰强度增加）。样品的^1H 核磁共振波谱图也显示了相似的结果（图 4-43）。其中 3.1～4.3 ppm 范围内的特征峰主要来源于半纤维素样品的木聚糖组分中的质子，4.4 ppm 处的特征峰主要来源于

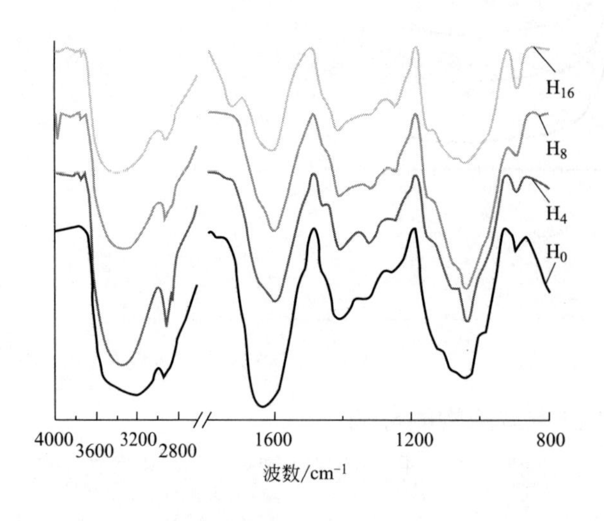

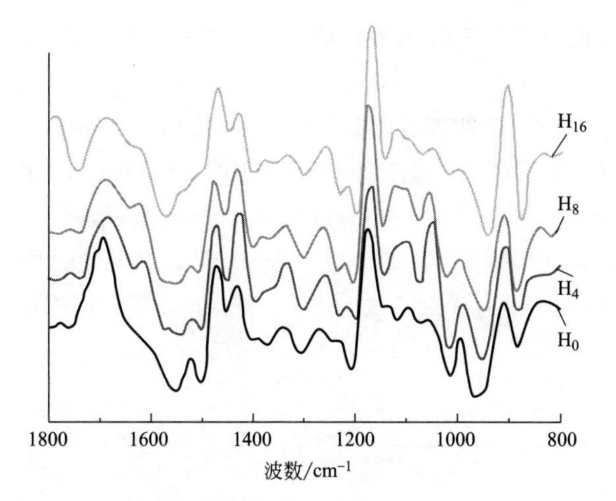

图 4-42　半纤维素样品的红外光谱图

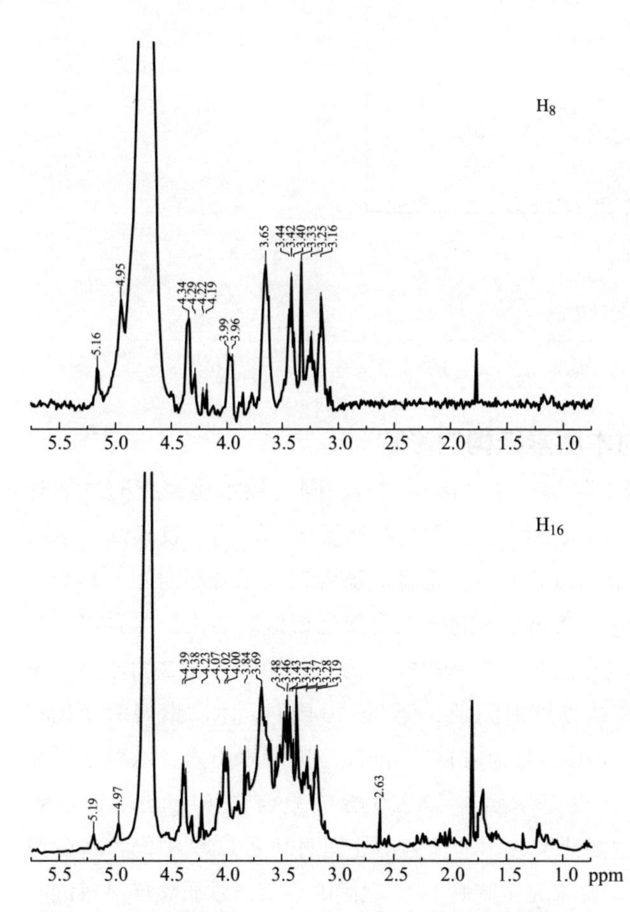

图 4-43　半纤维素样品（H_8、H_{16}）的 ^1H 核磁共振波谱图

C-3位置取代的木糖单元结构上的质子，5.2 ppm处特征峰则主要来源于 α 型糖单元中的质子。

半纤维素样品的分子量及分子量分布曲线如表4-17和图4-44所示。未经白腐菌处理的半纤维素对照样品具有两个明显的分子量分布峰（5×10^5 和 5×10^4），且具有较大的分散性。经白腐菌处理后，样品分子量分布曲线向低分子量区域偏移，多分散性降低，表明白腐菌处理使半纤维素组分降解生成小分子碎片。当处理时间延长至16周时，样品分子分布曲线在更低分子量区域出现了肩峰（5×10^3），表明了半纤维素样品的进一步降解。

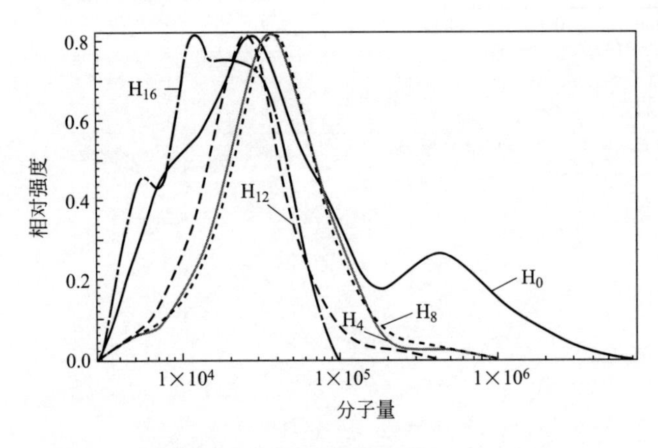

图4-44 白腐菌处理对半纤维素分子量的影响

4.5.5 白腐菌及碱处理对木质素结构的影响

木质素是阻碍植物细胞壁抗降解的主要因素之一，阻碍碳水化合物的生物降解。因此，分离木质素组分能够提高碳水化合物生物水解效率，高效收集回收木质素也是提高木质纤维原料生物炼制效率的重要途径。随着白腐菌处理时间的延长，回收木质素得率降低（表4-18）。Dinis等的研究也得到相似的结论，木质素降解酶体系中的木质素氧化酶、漆酶和过氧化物酶等多种酶之间通常4周之后才会产生协同作用共同降解木质素[45]。当处理时间延长至8~16周时，木质素得率变化不明显，表明白腐菌 *Trametes velutina* D10149并不能完全降解木质素。木质素样品中碳水化合物成分分析表明，木糖是木质素-碳水化合物复合物（lignin-carbohydrate complex，LCC）中的主要糖组成。延长生物处理时间后LCC中仍含有少量木糖表明生物预处理及稀碱抽提并未完全降解LCC之间的连接。木质素样品官能团的红外光谱信息如图4-45所示，生物处理后木质素样品特征峰无明显变化，但碳水化合物吸收峰（1030 cm^{-1}）强度下降。白腐菌处理后木质素大分子的降解，样品分子量下降，分子量分布曲线也向低分子量区域偏移（图 4-46）。随着白腐菌处理时间的延长，样品中碳水化合物含量降低，样品分子量进一步下降至 1362，多分散性降低至 1.7。白腐菌处理对木质素样品结构单元的影响如表 4-19 所示。以酯键连接的木质素结构单元中 H 型木质素为主要成分，占酯键型木质素总量的 80.5% ~ 81.5% 。随着生物处理时间的延长，木质素样品中以醚键和酯键连接的非缩合木质素量降低。白腐菌处理后，醚键型连接的非缩合木质素 S 型和 G 型结构单元比例降低，而 H 型结构单元比例相对稳定。硝基苯氧化产物也呈现类似的结果，表明白腐菌 *Trametes velutina* D10149 首先降解木质素中的 S 型结构单元（图 4-47）。

表 4-18　木质素样品得率、成分、分子量及分散度

项目		木质素样品				
		L_0	L_4	L_8	L_{12}	L_{16}
得率/%		7.1	5.5	3.4	3.4	3.2
成分/（mg/L）	半乳糖	ND	ND	ND	ND	ND
	葡萄糖	0.4	ND	ND	ND	ND
	木糖	0.6	0.5	0.3	0.3	0.2
重均分子量		3687	2737	2833	2493	1362
数均分子量		1390	1340	1407	1394	794
分散度		2.7	2.0	2.0	1.8	1.7

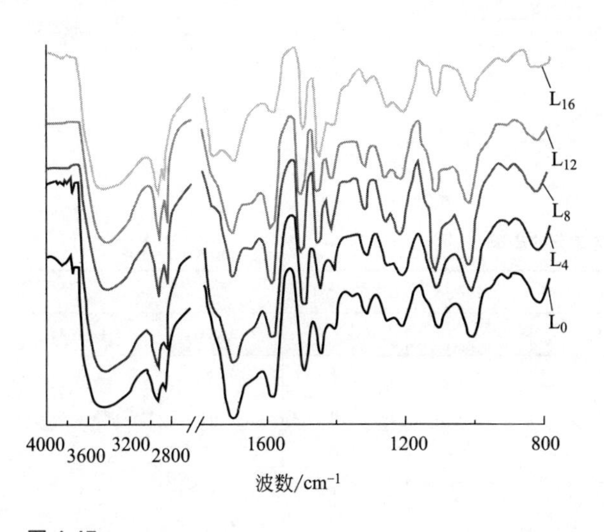

图 4-45

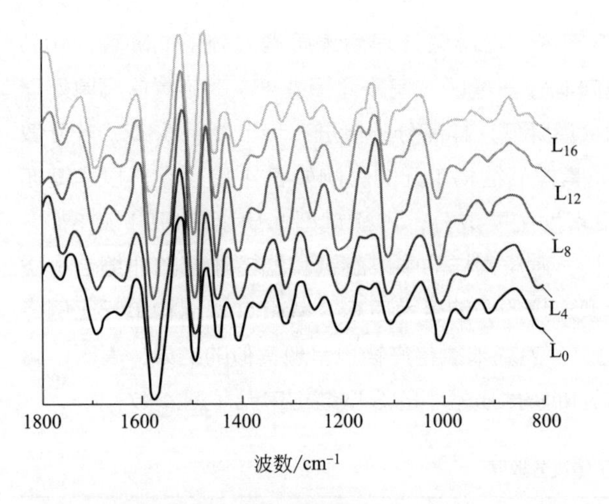

图 4-45　木质素样品的红外光谱图

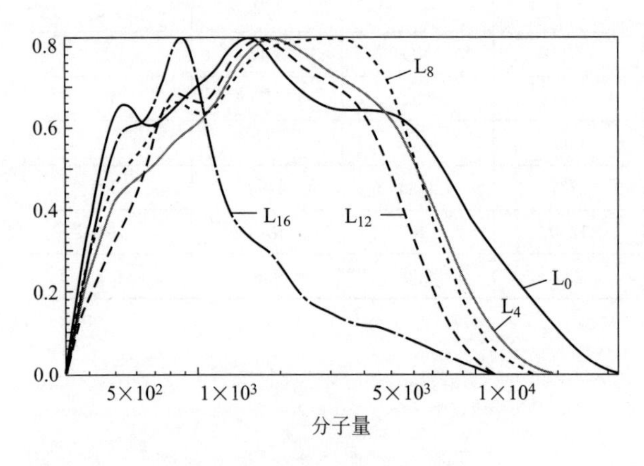

图 4-46　白腐菌处理对木质素分子量的影响

表 4-19　白腐菌处理对木质素样品结构单元的影响　　单位：mg/L

处理后结构单元组成		木质素样品				
		L_0	L_4	L_8	L_{12}	L_{16}
硝基苯氧化产物	对羟基苯甲酸	8.3	8.9	8.1	7.1	5.0
	对羟基苯甲醛	0.8	0.6	0.6	0.4	0.7
	香草酸	3.0	2.4	1.8	3.9	2.2
	紫丁香酸	5.1	4.5	4.1	4.2	3.1
	香草醛	32.3	30.1	29.9	31.1	33.6
	紫丁香醛	49.6	43.2	38.7	39.6	36.8

续表

处理后结构单元组成		木质素样品				
		L_0	L_4	L_8	L_{12}	L_{16}
硝基苯氧化产物	香草乙酮	1.2	ND	ND	0.4	ND
	乙酰丁香酮	1.5	ND	ND	0.5	ND
	总含量	101.8	89.7	83.2	87.2	81.4
	S/V	1.54	1.47	1.35	1.25	1.11
1 mol/L NaOH提取物	对羟基苯甲酸	2.04	1.94	1.86	1.76	1.65
	对羟基苯甲醛	0.08	0.07	0.09	ND	ND
	香草酸	0.10	0.06	0.09	0.08	0.06
	紫丁香酸	0.07	0.09	ND	0.07	0.05
	香草醛	0.12	0.11	0.19	0.11	0.13
	紫丁香醛	0.19	0.21	0.17	0.13	0.16
	总含量	2.60	2.48	2.29	2.15	2.05
4 mol/L NaOH提取物	对羟基苯甲酸	5.62	5.12	5.93	5.11	4.93
	对羟基苯甲醛	0.69	0.83	0.66	0.75	0.65
	香草酸	2.63	2.03	3.19	2.38	2.58
	紫丁香酸	2.22	1.97	2.12	1.63	1.11
	香草醛	20.15	18.64	19.71	20.03	16.92
	紫丁香醛	35.08	32.9	34.62	31.99	27.83
	香草乙酮	1.36	2.18	2.69	2.62	2.07
	乙酰丁香酮	1.55	1.13	1.01	0.98	0.82
	总含量	69.30	64.8	69.93	65.49	56.91

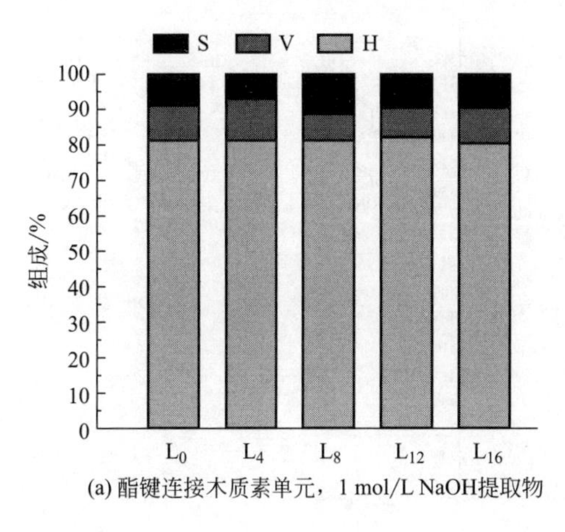

(a) 酯键连接木质素单元，1 mol/L NaOH提取物

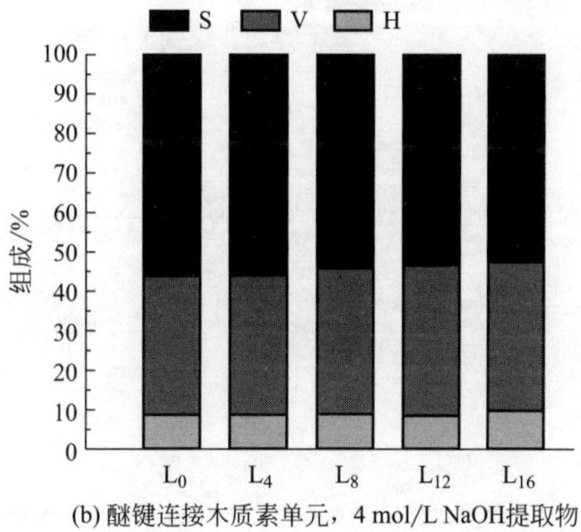

(b) 醚键连接木质素单元，4 mol/L NaOH提取物

图 4-47

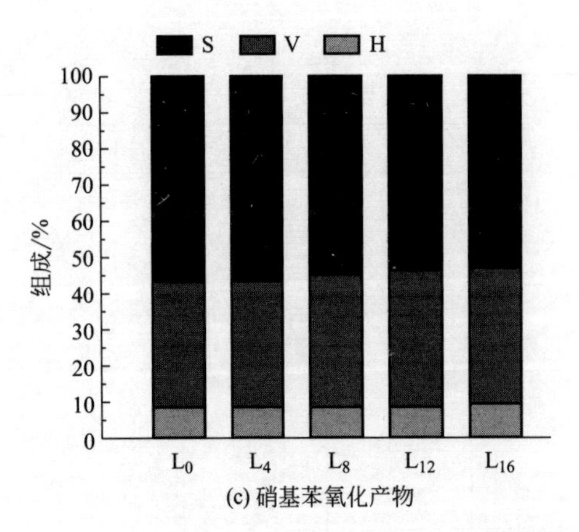

图 4-47　木质素样品的结构单元比例（S：紫丁香醛、紫丁香酸和乙酰丁香酮含量之和；　V：香草醛、香草酸和香草乙酮含量之和；　H：对羟基苯甲酸和对羟基苯甲醛含量之和）

木质素样品的磁核共振波谱图如图 4-48 所示。脂肪族信号区域，白腐菌处理后的样品结构单元之间仍含有 β-O-4 和 β-β 连接键；芳香族信号区域中显示木

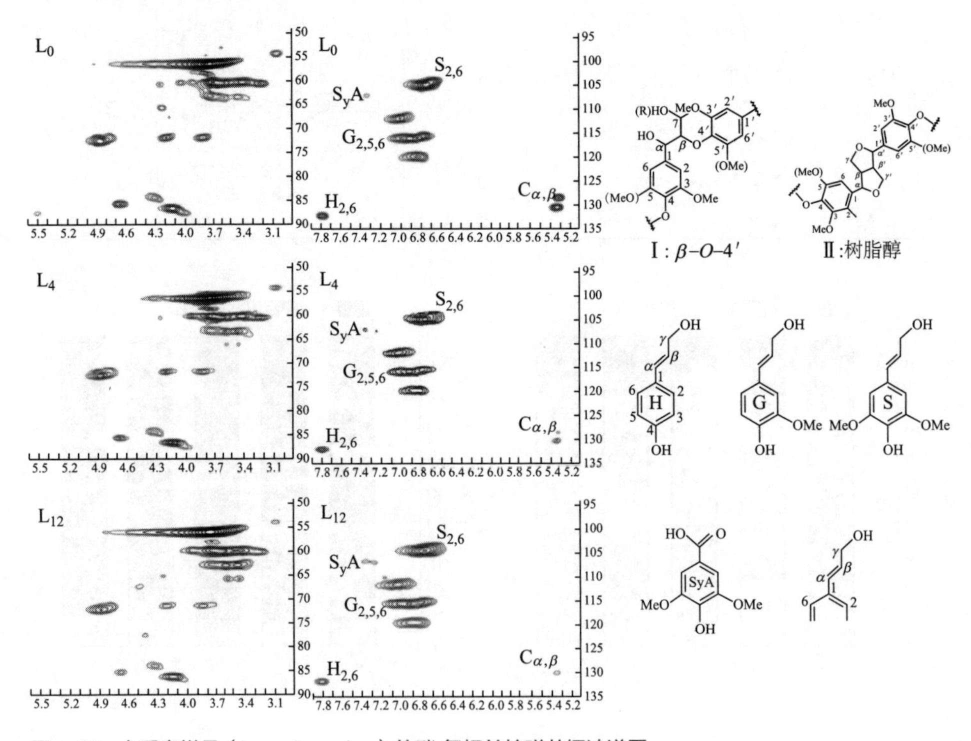

图 4-48　木质素样品（L_0、　L_4、　L_{12}）的碳-氢相关核磁共振波谱图

质素中含有 H 型、 G 型和 S 型结构单元。核磁共振波谱峰积分结果表明，木质素样品中 S/G 型结构单元比例随处理时间延长而降低，与硝基苯氧化结果一致。此外，木质素样品中 C ═C 双键含量降低表明白腐菌处理过程中木质素发生氧化。

4.5.6 白腐菌及碱处理对物料酶水解效率的影响

白腐菌处理使纤维素的初始的水解速度和最终转化率逐渐提高，当处理时间由 4 周增加至 16 周时，纤维素水解效率增加到 1.1 倍至 5.5 倍，见图 4-49（a）。Wang 等采用白腐菌 *L. betulina* C5617 和 *T. ochracea* C6888 处理毛白杨 4 周也得到了相似的纤维素水解效率[46]。这主要是因为处理过程中白腐菌降解了半纤维素和木质素，增加了纤维素的可接触面积，利于酶的吸附。木质素含量的降低减少了木质素对纤维素酶的吸附，同时促进了水解后纤维素酶的释放。综合考虑物料损失以及纤维素酶水解效率时发现，白腐菌处理 8 周能使葡萄糖回收率由 4.6% 增加至

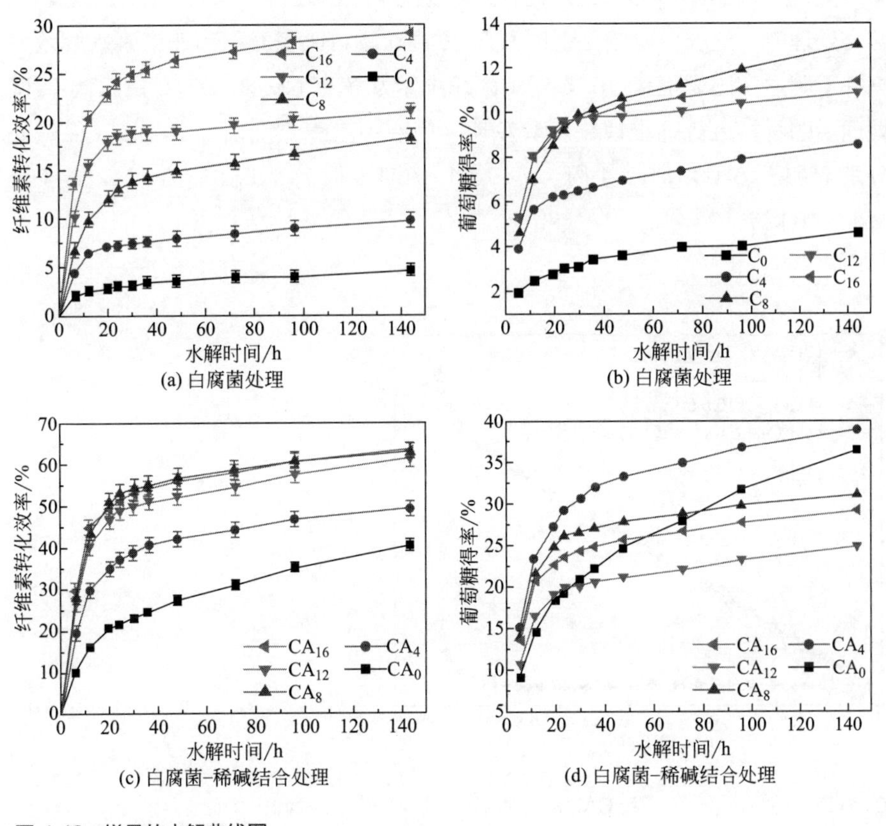

图 4-49 样品的水解曲线图

13.0%，为最大值，见图 4-49（b）。对白腐菌处理后的物料进行同步糖化发酵发现，糟液中乙醇浓度由 2.95 g/L（原料）分别增加至 3.15 g/L（4 周）、3.80 g/L（8 周）、4.08 g/L（12 周）及 5.16 g/L（16 周处理）。

白腐菌-稀碱结合处理进一步打破了木质纤维素原料的致密结构，使纤维素的酶水解效率有了更大的提高，见图 4-49（c）、图 4-49（d）。碱处理能够脱除半纤维素和木质素，减少酶的物理阻碍作用及木质素对纤维素酶的无效吸附。在水解的过程中，纤维素酶在底物表面的吸附是纤维素有效水解的第一步也是最重要的一步，而影响纤维素酶吸附最重要的因素则是纤维素的可接触面积。碱提取将物料比表面积由 1.7 m^2/g 提高至 4.8 m^2/g，白腐菌-稀碱结合处理后物料比表面积提高至 10.7 m^2/g（图 4-50）。采用白腐菌 *I. lacteus* 以及白腐菌-碱性过氧化氢处理玉米秸秆时也得到了相似的结论[44]。由于可接触面积的增加以及纤维素分子量的降低，白腐菌处理 8 周后再采用 1% NaOH-70% 乙醇溶液对物料进行处理能使纤维素的酶水解效率达到最高（63.0%）。文献表明毛白杨经白腐菌 *L. betulina* C5617 处理 4 周后结合热水处理能使纤维素水解效率达到 60.3%[46]。白腐菌-稀碱结合处理时，延长白腐菌处理时间至 16 周对物料比表面积和纤维素水解效率的提高并不明显（比表面积 10.7 m^2/g，纤维素水解率 63.4%）。对白腐菌-稀碱结合处理后的物料进行同步糖化发酵发现，糟液中乙醇浓度由 3.76 g/L（稀碱处理）分别增加至 5.03 g/L（4 周）、5.04 g/L（8 周）、5.18 g/L（12 周）及 6.52 g/L（16 周）。

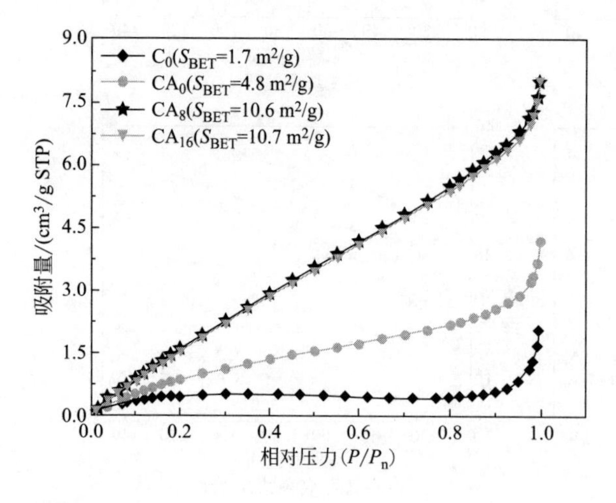

图 4-50　样品 C_0、CA_0、CA_8 和 CA_{16} 的等温吸附曲线及 BET 比表面积

4.5.7 小结

① 白腐菌 *T. velutina* D10149 对木质纤维素原料的降解首先作用于无定形结构的物质，如半纤维素、木质素及非结晶的纤维素。随着半纤维素、木质素等无定形物质的降解，残余底物的结晶度略有上升。经白腐菌处理 4 周后的样品结晶度最高，且分子量较大。然而，延长处理时间也会造成结晶纤维素的降解，使纤维素大分子的结晶度和分子量降低。

② 通过对白腐菌处理后物料中非缩合型木质素的成分分析发现，白腐菌对 S 型结构单元的木质素降解更为明显。

③ 经白腐菌 *T. velutina* D10149 处理 16 周能将三倍体毛白杨纤维素酶水解效率由 4.6% 提高至 29.2%，但 16 周的处理时间使物料损失高于 50%。结合 1% NaOH 抽提能使生物预处理时间缩短至 8 周，纤维素酶水解效率提高至 63.0%。

④ 以处理后物料为底物同步糖化发酵发酵生产乙醇时，白腐菌处理物料的发酵液中乙醇浓度由 2.95 g/L（原料）提高至 5.16 g/L（16 周）。白腐菌-稀碱结合处理时，发酵液中乙醇浓度最大为 6.52 g/L。

4.6 离子液体预处理对物料结构与酶水解效率的影响

与淀粉类原料相比，木质纤维原料结构致密，纤维束之间通过分子内-分子间氢键和范得华力紧密结合在一起形成排列规整的结晶结构。此外，木质纤维原料中含有木质素，填充于纤维束之间，阻碍纤维素酶的降解。因此，预处理是提高原料生物转化效率的重要技术。近年来，不少学者采用离子液体用于预处理提高纤维素生物转化效率。离子液体可在纤维素大分子与溶剂之间形成氢键从而破坏纤维素的分子内与分子间的氢键网络。经溶解再生后纤维素结晶结构破坏或晶型改变，纤维素密度降低，溶解半纤维素和部分木质素。离子液体包含着阴阳离子对，具有低蒸气压、不可燃、高热稳定性和高化学稳定性的特点，因此具有“绿色溶剂”的美称。由于离子液体由阴阳离子对组成，众多的组合方式可设计制备不同的物理性质、处理效率和选择性的离子液体。能够高效溶解纤维素的离子液体具有的阳离子通常为连接着丙烯基、乙基或丁基的甲基咪唑和甲基吡啶。这主要因为这些阳离子核中具有富含电子的芳环大 π 键，能与纤维素的氧原子 π 电子结合，从而阻止纤维素大分子之间的交联。阴离子则通常与碳水化合物羟基上的氢原子形成氢键结合，在纤维素溶解过程中也起着至关重要的作用，高效的阴离子通常为氯离子、乙酸根以及甲酸根。

4.6.1 离子液体预处理

离子液体具有溶解纤维素、半纤维素和木质素的能力，因此，离子液体全溶采用球磨后的三倍体毛白杨为原料。三倍体毛白杨经甲苯-乙醇溶液（2∶1，体积比）脱脂 8 h 后选用溶解能力较强的离子液体 1-丙烯基-3-甲基咪唑-氯（［AMIM］Cl）、1-丁基-3-甲基咪唑-氯（［BMIM］Cl）和 1-乙基-3-甲基咪唑-乙酸（［EMIM］Ac）溶解物料。具体操作如下：称取 10 g 离子液体加入 100 mL 圆底烧瓶中 130 ℃下将离子液体溶解后搅拌状态下加入 1 g 球磨木粉，于 130 ℃下保温溶解 2 h。反应结束后，加入 50 mL 5% NaOH 溶液将碳水化合物再生并将整个溶液体系在 75 ℃下搅拌 1 h 后，过滤收集沉淀，并根据所采用的离子液体将所得沉淀样品命名为 C_A、C_B 和 C_E。将球磨木粉不经离子液体处理直接采用 5% NaOH 溶液处理后的样品作为对照样品，命名为 C_0。

4.6.2 离子液体预处理对物料结构的影响

Wang 等采用 DMSO/水溶液为反溶剂从［AMIM］Cl-松木体系中沉淀出 85% 的纤维素。Nakamura 等发现，纤维素-［C_2MIM］Cl 溶液体系中超过 80% 的纤维素能够再生回收；然而木聚糖的回收率却取决于不同反溶剂对木聚糖的溶解能力。本节所述研究也得到相似的结论，预处理所采用的离子液体种类对纤维素回收率的影响很小（表 4-20），纤维素的回收率在 70.8% ~ 76.3% 之间变化。该较低的纤维素回收率可能是由于碱性溶液对纤维素的降解。然而，木聚糖回收率远低于纤维素并受到处理过程离子液体种类的影响。这可能是由于半纤维素为无定形结构，被暴露于碱性环境中时更容易发生剥皮反应而降低回收率。而纤维素在再生过程中随着纤维素和离子液体的分离，纤维素分子链之间通过自组装行为形成了具有一定规则的层状结构而对碱的作用有一定的抵抗能力。此外，碳水化合物在反溶剂中的再生顺序取决于分子量，分子量大的化合物先沉淀。通常来讲纤维素分子量大于木聚糖，因此纤维素在碱溶液中首先沉淀出来，受碱的作用较少而回收率比木聚糖高。此外，离子液体处理将细胞壁复杂的结构阵列解离使更多的木聚糖暴露于碱溶液中，因此离子液体处理样品的木聚糖回收率低于对照样品。虽然不经离子液体溶解再生的样品回收率较高（77.6%）（表 4-20），但样品中纤维素的含量仅占 48.7%。以三种离子液体处理得到的样品相比，［EMIM］Ac 处理后的样品得率（72.2%）比［AMIM］Cl（得率为 62.1%）和［BMIM］Cl（得率为 64.5%）处理时更高。这种现象可能是因为离子液体［EMIM］Cl 与纤维素之间通过氢键结合形成八元环，阻碍了碱对纤维素分子的作用，但有利于碱离子侵入纤维束之间将木聚糖溶出，使样品中木聚糖含量较低（6.0%）。

⊡表 4-20　木粉、纤维素和木聚糖回收率及样品成分

样品	回收率/%①			成分/mg/L							
	木粉	纤维素	木聚糖	鼠李糖	阿拉伯糖	半乳糖	葡萄糖	木糖	甘露糖	酸不溶木质素	酸溶木质素
$C_0$②	77.6	76.3	54.4	0.1	0.5	0.4	48.7	15.7	0.7	21.5	4.3
C_A	54.6	70.8	23.2	0.2	0.4	0.5	62.1	9.5	0.6	20.0	1.5
C_B	56.4	71.1	19.9	0.1	0.4	0.3	64.5	7.9	0.4	18.9	3.1
C_E	50.3	73.4	13.5	ND	0.3	0.2	72.2	6.0	0.3	12.4	1.5

注：三次平行实验平均值，误差小于5%。

① 代表回收的样品中各组分与原料中各组分的质量之比。

② C_0 代表仅在5% NaOH溶液中在75 ℃下反应1 h的样品；C_A、C_B 和 C_E 分别代表经离子液体[AMIM] Cl、[BMIM] Cl和[EMIM] Ac溶解后以5% NaOH再生并在75 ℃下反应1 h的样品。

当木质纤维素组分再生过滤分离后，以盐酸将溶液调节至中性并减压蒸馏去除水分以回收离子液体。但处理过程中部分木质纤维素组成溶于离子液体而未完全再生，且再生过程溶液呈碱性，使回收的离子液体结构有所变化。如图4-51所示，回收的三种离子液体的氢谱均有化学位移的偏移，以及新的化学位移峰产生。

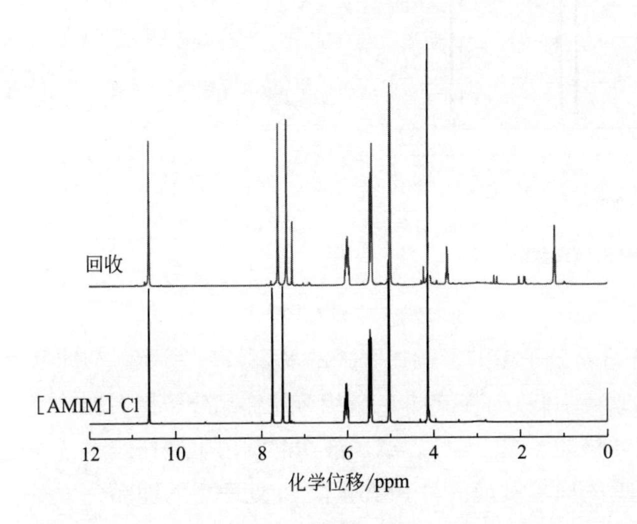

图 4-51

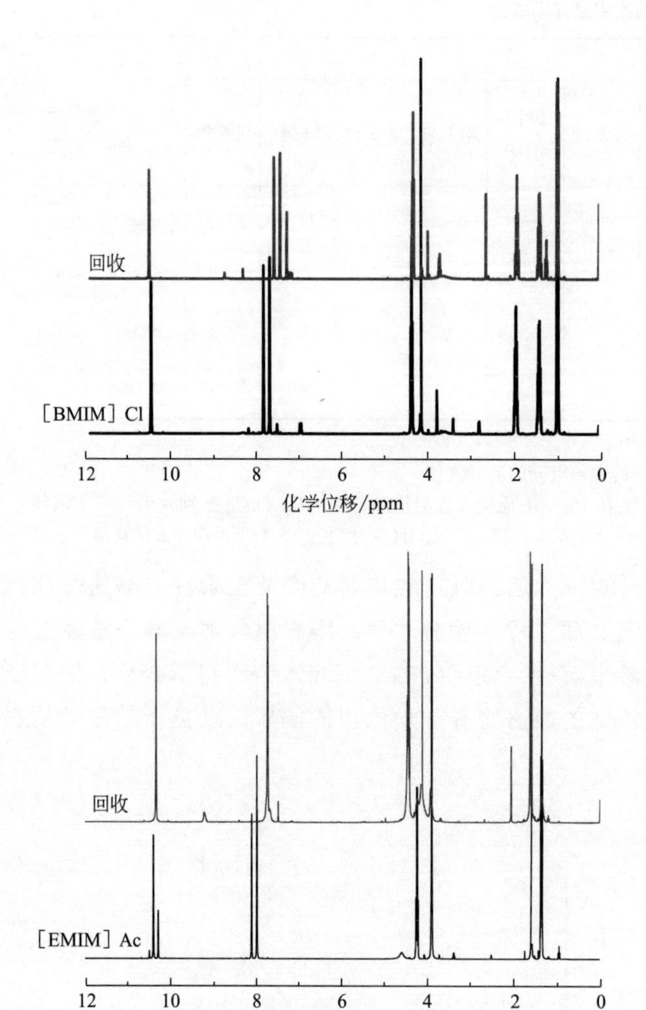

图 4-51 新鲜离子液体及回收离子液体的核磁氢谱

离子液体-碱结合处理对纤维素分子量的影响如表 4-21 和图 4-52 所示。与球磨样品相比，碱抽提处理脱除了原料中低分子量的非结晶组分使样品分子量增加并使分子量分布曲线向高分子量区域移动（图 4-52）。离子液体溶解再生使纤维素分子量降低，对比三种离子液体处理的样品发现，[BMIM] Cl 处理后的样品分子量较高。这可能由于 [BMIM] Cl 处理后的样品结晶度略高，这种规则的结构有利于阻止碱对纤维素的剥皮反应。此外，离子液体-稀碱处理使纤维素的结构更疏松因而分散性增加。

⊡表 4-21 样品分子量及分散度

项目	球磨样品	纤维素样品			
		C_0	C_A	C_B	C_E
重均分子量	317000	381000	214000	258000	229000
数均分子量	60600	80700	42700	43700	53800
分散度	5.2	4.7	5.1	5.9	4.3

注：两次平行实验平均值，误差小于5%。

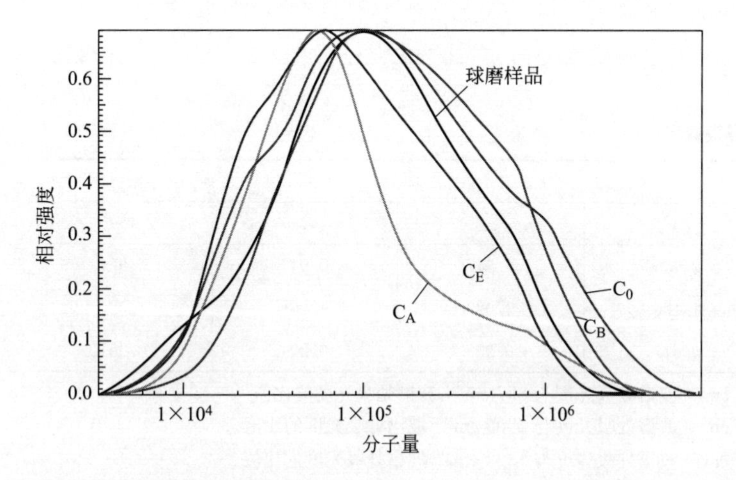

图 4-52 样品分子量分布曲线

纤维素的红外光谱图能够提供大量纤维素分子内及分子间氢键的信息，这些纤维素的氢键结构与纤维素的性质息息相关。样品之间具有相似的红外光谱图（图 4-53）和结晶指数（表 4-22）。 3200 ~ 3600 cm^{-1} 处的吸收主要来自于纤维素分子内氢键，其中结晶区分子内氢键的红外吸收峰与非结晶纤维素分子内氢键相比位于较低的波数；与自由氢键的红外吸收峰相比，氢键网络中氢键的红外吸收峰位于更高波数的位置。 2900 cm^{-1} 和 1370 cm^{-1} 处的吸收峰则来源于纤维素的 C—H 伸缩振动； C—O 伸缩振动吸收峰则分布于 950 ~ 1200 cm^{-1}；伯醇和仲醇的红外吸收峰则分别位于 1033 cm^{-1} 和 1058 cm^{-1}； 897 cm^{-1} 处则是 β-糖苷键的特征吸收峰。样品中残留木质素的红外吸收峰位于 1593 cm^{-1}、 1504 cm^{-1} 以及 1458 cm^{-1}。

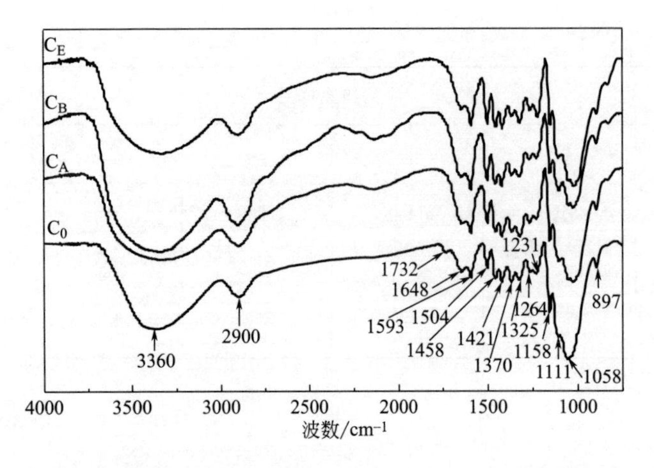

图 4-53 样品红外光谱图

⊡ 表 4-22 样品的红外结晶指数

项目	样品			
	C_0	C_A	C_B	C_E
侧面结晶指数①	0.909	0.947	0.947	0.984
总结晶指数②	1.106	1.029	1.068	1.024
氢键指数③	0.672	0.953	0.904	0.961

① 红外光谱图中 1426 cm^{-1} 波谱处吸光度与 897 cm^{-1} 波谱处吸光度的比值。

② 红外光谱图中 1372 cm^{-1} 波谱处吸光度与 2900 cm^{-1} 波谱处吸光度的比值。

③ 红外光谱图中 3420 cm^{-1} 波谱处吸光度与 1328 cm^{-1} 波谱处吸光度的比值。

离子液体-稀碱处理后的样品与未处理的原料样品结晶度相似，但在 X 射线下呈现不同的衍射图（图 4-54）。经 [EMIM] Ac 处理后的样品 X 射线衍射图中有明显的纤维素Ⅱ的衍射峰。纤维素经离子液体溶解后，随着再生过程中离子液体的洗出，纤维素分子之间通过自组装行为重新排列形成具有一定规则的结构。当离子液体从纤维素分子间完全洗出时可直接形成纤维素Ⅱ；而在形成纤维素Ⅰ的过程，离子液体阳离子嵌入纤维素分子之间形成一种中间体，在离子液体完全分离后，纤维素分子重新排列形成纤维素Ⅰ。Remsing 等采用一系列氯基离子液体处理纤维素时也得到了相似的结论，表明改变离子液体阳离子能够改变再生纤维素的结构[47]。同时，纤维素-水-乙酸基之间形成的八元环结构使纤维素分子排列规则度降低并阻止了这种中间体的形成，促进 [EMIM] Cl 处理后的纤维素形成纤维素Ⅱ。此外，样品中的残余木质素也是影响再生纤维素结构的一个因素。Samayam 等人发现，具有较高玻璃化转变温度的木质素能使再生纤维素中具有更多的纤维素Ⅰ结构。这主要因为木质素的刚性结构为再生纤维素的自组装排列提供了导向，木质素也能够为纤维素的迁移和晶型结构的转变提供电荷[48]。因此，样品 C_E 中较少的木质素含量也促进了其纤维素Ⅱ结构的形成。

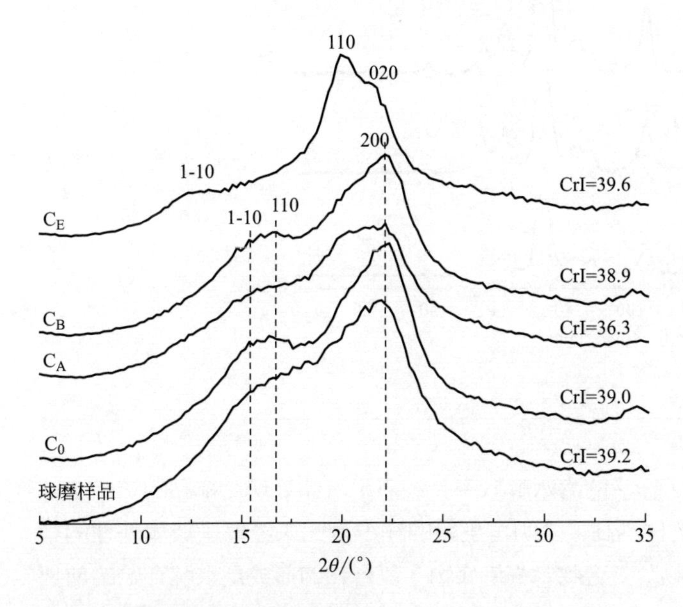

图 4-54 样品结晶度及 XRD 衍射图

固体核磁共振波谱图中， 60 ~ 110 ppm 化学位移区域的信号峰归属于碳水化合物，而 152 ppm 和 56 ppm 附近的信号峰则分别归属于木质素的芳香环结构和甲氧基结构（图 4-55）。羟基响应信号以及糖苷键的碳信号对纤维素结晶结构的表征至关重要，结晶纤维素和无定形纤维素分别分布在不同的响应信号区域。在 C-4 和 C-6 的信号峰中，结晶纤维素信号位于低场区而无定形纤维素则分布于高场区。离子液体处理后的样品核磁图中无定形纤维素峰强度增加，表明离子液体能够打破纤维素内的氢键网络。离子液体对纤维素溶解机理表明，在溶解过程中离子液体与纤维素 C-3 和 C-6 位的羟基形成氢键而将纤维素分子链解离开。与 XRD 衍射检测结果相似，样品 C_E 不同的纤维素结晶结构呈现着不同的核磁波谱图，分裂的 C-1 信号峰表明了该样品中纤维素Ⅱ结构的存在。此外，样品 C_E 中残余木质素含量较低，因此核磁波谱图中 152 ppm 处信号峰强度较低。以上结果表明，［EMIM］ Ac 比［BMIM］ Cl 和 ［AMIM］ Cl 更有利于木质素的脱除。

4.6.3 离子液体对物料酶水解效率的影响

纤维素经离子液体溶解再生后结构疏散，能够为纤维素酶提供更多的作用位点

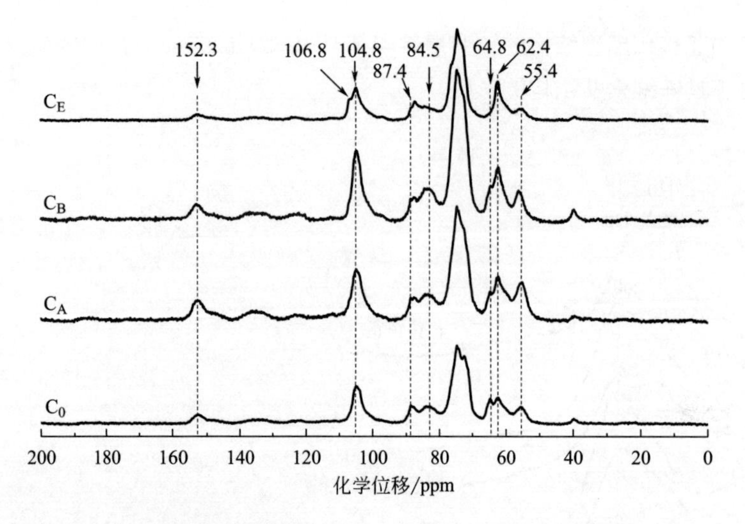

图 4-55　样品核磁共振波谱图

和吸附表面。图 4-56 表征了样品的酶水解效率，经离子液体处理后样品的初始水解速率比未经离子液体处理的样品高，表明再生后的纤维素比未经离子液体处理的样品更容易与酶形成“酶-底物”复合物。“酶-底物”复合物的形成是水解开始的前提也是水解过程中的关键因素。水解结束后，离子液体处理后的样品中约 87% 的纤维素被转化成为葡萄糖，其水解效率比单独碱处理的样品水解效率（67. 2%）提高了 30%。除了样品中纤维素规则度的差异外，离子液体处理后的样品水解形成可溶性

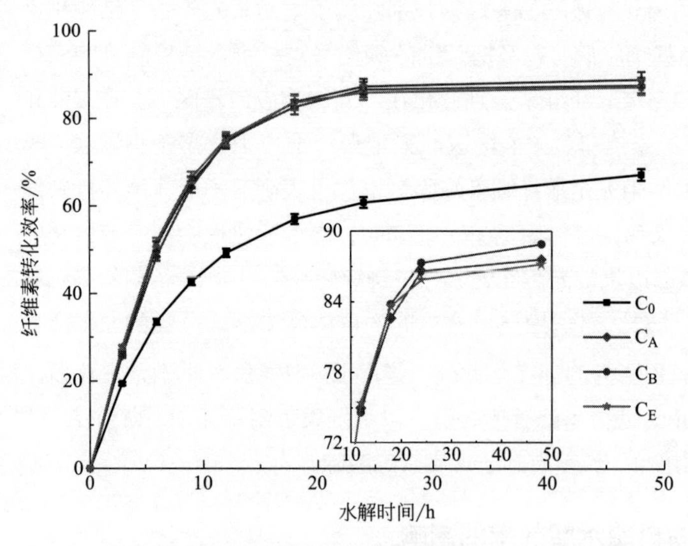

图 4-56　离子液体预处理对样品酶水解效率的影响

低聚糖后更容易与酶分离，有利于酶与底物的再吸附。在木质纤维素原料中，木质素不仅是酶吸附到纤维素的物理障碍也能对酶产生吸附。虽然，纤维素结晶结构影响纤维素的酶水解效率，但木质素-碳水化合物复合物（LCC）也是影响纤维素水解效率的一个重要因素。由于碱处理打破了 LCC 的连接，使纤维素水解效率提高。三种离子液体处理后的样品具有不同的木质素含量而纤维素的水解效率相近，该现象表明并不需要完全脱除木质素来提高纤维素的水解效率。

4.6.4 小结

离子液体全溶体系破坏了木质纤维素原料的致密结构，将纤维素、半纤维素和木质素暴露出来，使更多的半纤维素和木质素组分溶解于碱溶液中。根据对回收物料的化学成分以及结构分析发现，离子液体与碱的作用使纤维素降解，分子量由 317000 分别下降至 214000（［AMIM］Cl），258000（［BMIM］Cl）和 229000（［EMIM］Ac）。此外，［AMIM］Cl 和［BMIM］Cl 处理使纤维素发生了润胀，而［EMIM］Ac 处理使纤维素由纤维素Ⅰ转变成为纤维素Ⅱ。纤维素这些结构的变化使其水解效率提高到约 87%。

4.7 有机溶剂预处理对物料结构与生物转化效率的影响

有机溶剂法制浆最先由加拿大制浆造纸工业发明并应用于硬木制浆。随着技术的发展，有机溶剂也常用于木质纤维组分的清洁分离，制备高纯度的半纤维素和木质素用于高附加值产品制备。经分离纯化后有机溶液可回收利用，残余物料纤维素含量较高，可用于燃料乙醇生产。虽然有机溶剂处理能够提高纤维素酶水解效率，但半纤维素和木质素在处理过程中发生了降解和缩合，生成一些对纤维素酶和微生物有抑制作用的降解产物，如糠醛、羟甲基糠醛、乙酰丙酸、甲酸、木质素降解的酚类物质。本节采用有机溶剂结合不同化学催化剂处理三倍体毛白杨提高其生物转化效率。

4.7.1 有机溶剂预处理

三倍体毛白杨粉碎后取 0.25～0.45 mm 粉末，甲苯-乙醇索氏抽提脱除蜡质后用于成分分析和预处理。原料组成如表 4-23 所示。预处理温度为 80 ℃，有机溶液-水体系体积比为 70∶30，处理时间 5 h，溶液体系组成如表 4-24 所示，选用不同的催化剂（甲酸、三乙胺和氢氧化钠）和有机溶剂（甲醇、乙醇、丙醇和丁醇）处理三倍体毛白杨，通过残余物料成分和结构分析研究有机溶剂和催化剂种类对三倍体毛白杨结构的影响。并根据同步糖化发酵乙醇和糖产率研究有机溶剂和催化剂种类对物料生物转化效率的影响。

⊡表 4-23　三倍体毛白杨原料组成　　单位：mg/L

成分	葡萄糖	木糖	甘露糖	半乳糖	阿拉伯糖	鼠李糖	糖醛酸	克拉森木质素	酸溶木质素	灰分	提取物
含量	44.5	19.8	1.8	0.9	0.2	0.2	1.2	19.5	4.6	5.1	4.9

⊡表 4-24　溶液体系组成

样品	有机溶剂（70%）	催化剂（1%，质量分数）
C_E	乙醇	ND
C_{E+Acid}	乙醇	甲酸
C_{E+TEA}	乙醇	三乙胺
C_{E+NaOH}	乙醇	氢氧化钠
C_{M+NaOH}	甲醇	氢氧化钠
C_{P+NaOH}	丙醇	氢氧化钠
C_{B+NaOH}	丁醇	氢氧化钠

4.7.2　有机溶剂预处理对物料结构的影响

有机溶剂结合化学催化剂处理后，半纤维素和木质素溶出，残余物料纤维素含量增加，处理后物料得率、碳水化合物成分和分子量如表 4-26 所示。乙醇结合 1% 甲酸和 1% 三乙胺处理后半纤维素和木质素溶出效率较低，处理后物料得率分别为 93.6% 和 92.6%。乙醇溶液中加入 1% NaOH 对半纤维素和木质素提取效率较高，可能是由于 NaOH 催化断裂了木质素碳水化合物复合物之间的酯键连接，促进半纤维素和木质素的溶出。随着醇类溶剂碳键的增长，物料得率降低，可能由于不同有机醇类疏水性不同，对物料中组分相容能力不同。半纤维素和木质素的溶出提高了残余物料中纤维素含量，打破了植物细胞壁的致密结构，有利于提高纤维素可及度。

残余纤维素物料分子量由黏度法测定。结合不同催化剂处理后，纤维素聚合度在 230~410。相同催化剂浓度下，酸性条件更有利于纤维素糖苷键断裂，使处理后纤维素聚合度和分子量下降。而碱性环境下糖苷键的断裂主要取决于碱的类型和浓度。 Johannsson 和 Samuelson 发现，即使碱性条件下物料回收率下降，但纤维素含量仍能保持不变或少量增加[49]。这可能由于热碱处理将短链纤维素分子溶出残余大分子纤维素于回收物料中。有机溶剂类型对纤维素分子量不明显，随着有机溶剂碳键增长，处理后纤维素分子逐渐下降至 350。纤维素聚合度下降，分子间与分子内氢键含量下降、分子端点增加，有利于提高纤维素可及度和纤维素酶水解效率。

在植物细胞壁中，半纤维素通过氢键和共价键与纤维素和木质素相连，使其难以完全分离。处理后物料碳水化合物组成如表 4-25 所示，木糖为主要的半纤维素单糖组成，其含量随处理过程中催化剂的加入和有机溶剂碳键的增长而降低。此外， NaOH 作用下，物料中酯键断裂，使红外光谱中 1730 cm^{-1} 处吸收峰消失。

表 4-25 处理后样品得率、分子量和碳水化合物组成

样品	得率/%	黏均分子量	组成/（mg/L）							
			鼠李糖	阿拉伯糖	半乳糖	葡萄糖	木糖	甘露糖	葡萄糖醛酸	半乳糖醛酸
C_E	96.6	44300	0.4	0.3	1.1	64.3	29.4	1.9	1.9	0.8
C_{E+Acid}	93.6	37200	0.3	0.3	0.9	66.4	28.5	1.7	1.5	0.4
C_{E+TEA}	92.6	61300	0.3	0.3	0.9	66.8	28.0	1.7	1.6	0.5
C_{E+NaOH}	79.5	66000	0.1	0.2	0.5	69.6	28.1	1.1	0.4	痕量
C_{M+NaOH}	80.3	63200	0.2	0.3	0.9	68.7	27.9	1.4	0.5	0.1
C_{P+NaOH}	74.5	61800	0.1	0.2	0.6	74.3	22.5	1.8	0.2	0.2
C_{B+NaOH}	68.5	56500	0.2	0.3	0.7	76.8	20.0	1.5	0.4	0.1

物料中残余木质素含量采用乙酰溴法测定，其中非缩合木质素结构单元采用硝基苯氧化法测定，结果如表 4-26 所示。加入催化剂后，物料中残余乙酰溴木质素比例增加，可能由于这些处理条件选择性溶出半纤维素组分。硝基苯氧化产物分析也得到相似的结论。非缩合木质素总量由 5.9% 增加到 6.3% ~ 7.6%。在降解产物中，香草醛和紫丁香醛为主要成分。植物细胞壁中对香豆酸常与木质素苯丙烷侧链以酯键相连，但在降解产物中对香豆酸含量较少可能由于降解过程中被硝基苯氧化生成了对羟基苯甲醛。此外，有机溶剂结合催化剂处理对非缩合木质素 G、 S 型结构单元比例影响不大。

表 4-26 处理后样品硝基苯氧化产物组成 单位：mg/L

样品	组成									
	香草酸	香草醛	香草乙酮	紫丁香酸	紫丁香醛	乙酰丁香酮	对羟基苯甲醛	对香豆酸	G/S①	ABSL②
C_E	0.5	3.3	0.1	0.1	1.3	0.1	0.5	ND	2.6	22.6
C_{E+Acid}	0.6	4.0	0.1	0.1	1.7	0.1	0.5	0.1	2.6	26.3
C_{E+TEA}	0.7	4.0	0.1	0.2	1.7	0.1	0.6	0.1	2.5	26.9
C_{E+NaOH}	0.6	3.8	0.1	0.1	1.5	痕量	0.4	0.1	2.6	28.6

续表

样品	组成									
	香草酸	香草醛	香草乙酮	紫丁香酸	紫丁香醛	乙酰丁香酮	对羟基苯甲醛	对香豆酸	G/S①	ABSL②
C_{M+NaOH}	0.6	3.6	0.1	0.1	1.5	痕量	0.4	ND	2.6	27.1
C_{P+NaOH}	0.6	4.1	0.1	0.2	1.7	0.1	0.5	0.1	2.5	30.0
C_{B+NaOH}	0.7	4.2	0.1	0.1	1.7	0.1	0.7	ND	2.6	27.5

① G：香草醛、香草酸、香草乙酮；S：紫丁香醛、紫丁香酸、和乙酰丁香酮。

② ABSL：乙酰溴木质素。

红外光谱、 X射线衍射和固体核磁共振波谱常用于研究纤维素大分子结构。对比样品红外光谱图（图4-57）中1640 cm^{-1}、 1440 cm^{-1}、 1120 cm^{-1}和910 cm^{-1}处吸收峰和X射线衍射图中（图4-58）衍射角2θ为14.9°、 16.3°和22.5°处信号峰可分析纤维素大分子结晶结构，相应的红外结晶指数如表4-27所示。固体核磁共振波谱图（图4-59）中， 105 ppm处信号主要为葡萄糖C-1， 65~80 ppm处信号主要来源于葡萄糖C-2、 C-3和C-5， 80~92 ppm和50~68 ppm处信号分别来源于C-4和C-6。其中，结晶区C-4和C-6信号分别位于86~92 ppm和58~68 ppm，无定形区C-4和C-6信号分别位于80~86 ppm和50~58 ppm。对比样品C_E、 C_{E+NaOH}和C_{B+NaOH}固体核磁共振波谱图表明， NaOH处理后结晶区信号强度增加，与结晶度测定结果一致。

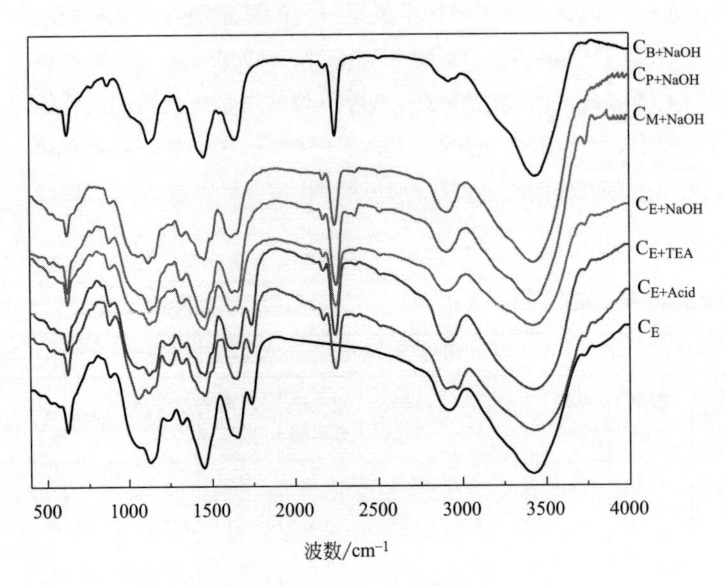

图4-57 样品红外光谱图

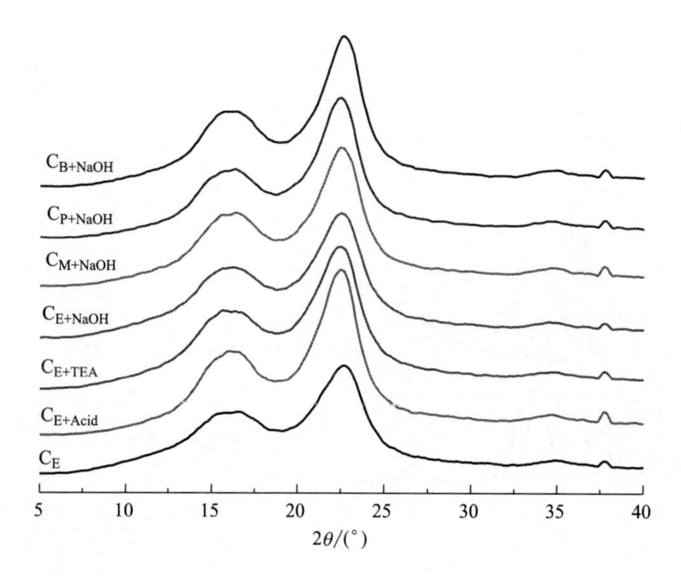

图 4-58　样品 X 射线衍射图

表 4-27　预处理后样品结晶度与红外结晶指数

样品	结晶度（XRD）	红外结晶指数	
		侧面结晶指数（$\alpha_{1437}\ cm^{-1}/\alpha_{899}\ cm^{-1}$）	总结晶指数（$\alpha_{1378}\ cm^{-1}/\alpha_{2900}\ cm^{-1}$）
C_E	27.0	0.50	0.85
C_{E+Acid}	28.2	0.54	1.23
C_{E+TEA}	31.3	0.66	0.85
C_{E+NaOH}	26.6	0.40	0.81
C_{M+NaOH}	30.6	0.47	0.75
C_{P+NaOH}	31.4	0.57	0.77
C_{B+NaOH}	32.0	0.73	0.86

物料热稳定性与物料结构及聚焦状态密切相关，三倍体毛白杨预处理后样品 C_{E+NaOH} 和 C_{B+NaOH} 稳定性如图 4-58 所示。在 300 ~ 500 ℃热作用下，纤维素热降解并伴随着葡萄糖构象转变生成左旋葡萄糖使物料质量大量损失。当温度升高至 600 ℃时仍有部分物料残留，且样品 C_{E+NaOH} 残留量大于样品 C_{B+NaOH} 残留量，可能由于样品 C_{E+NaOH} 聚合度略高，热稳性较好。此外，物料的差热分析曲线（DTA）表征了物料在降解过程中的能耗特性，在 200 ~ 500 ℃温度范围内，纤维素热解过程为吸热反应，而半纤维素和木质素热解过程为放热反应。 330 ℃处，样品 C_{E+NaOH} 差热曲线出现肩峰，可能由于该样品中半纤维素含量较高（图 4-60）。

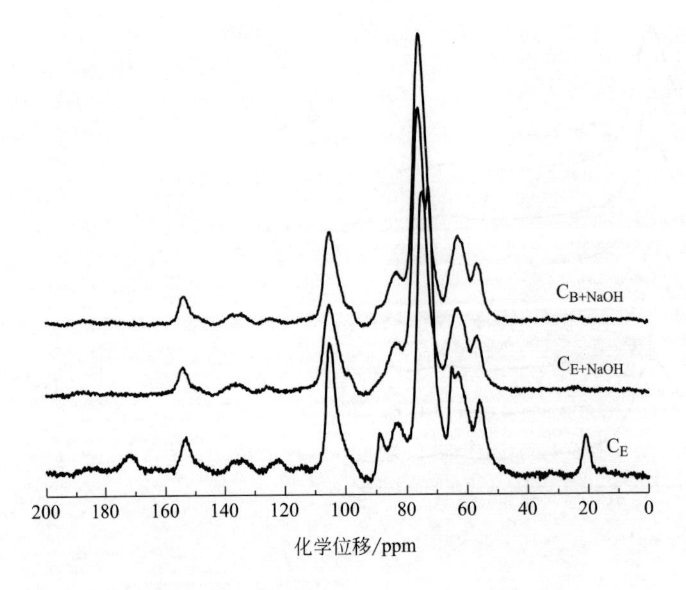

图 4-59 样品固体核磁共振波谱图

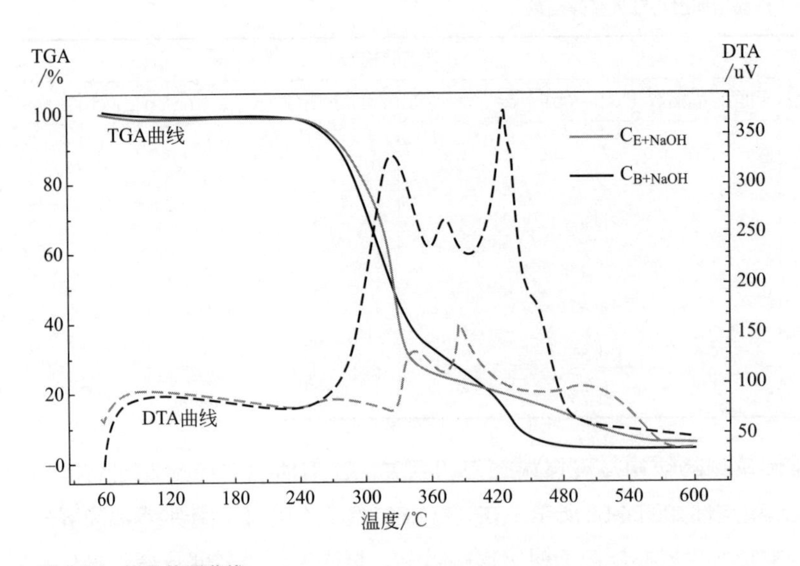

图 4-60 样品热重曲线

4.7.3 有机溶剂预处理对生物转化效率的影响

有机溶剂结合催化剂处理后物料生物转化采用同步糖化发酵进行测定，结果如图 4-61 所示。乙醇处理后物料同步糖化发酵乙醇浓度最低（1.83 g/L），表明乙醇未能有效打破植物细胞壁致密结构，残余物料难以转化。添加三乙胺后处理效率未明显提高，残余物料生物转化产生乙醇 1.66 g/L。主要由于三乙胺-乙醇-水体系中，三乙胺主要分布于混合液表面，减少了与底物的有效接触。甲酸结合乙醇处理后，物料生物转化效率亦未明显改善，可能由于酸性条件下部分组分降解生成对纤维素酶和微生物具有抑制作用的产物。此外，催化剂甲酸对生物转化过程也具有抑制作用。 NaOH 催化预处理后物料生物转化效率较高，生产乙醇浓度为 3.86 g/L。调整有机溶剂类型可将处理后物料同步糖化发酵乙醇浓度提高至 5.09 g/L。物料生物转化效率的提高主要由于预处理过程中半纤维素组分和木质素组分的溶出。

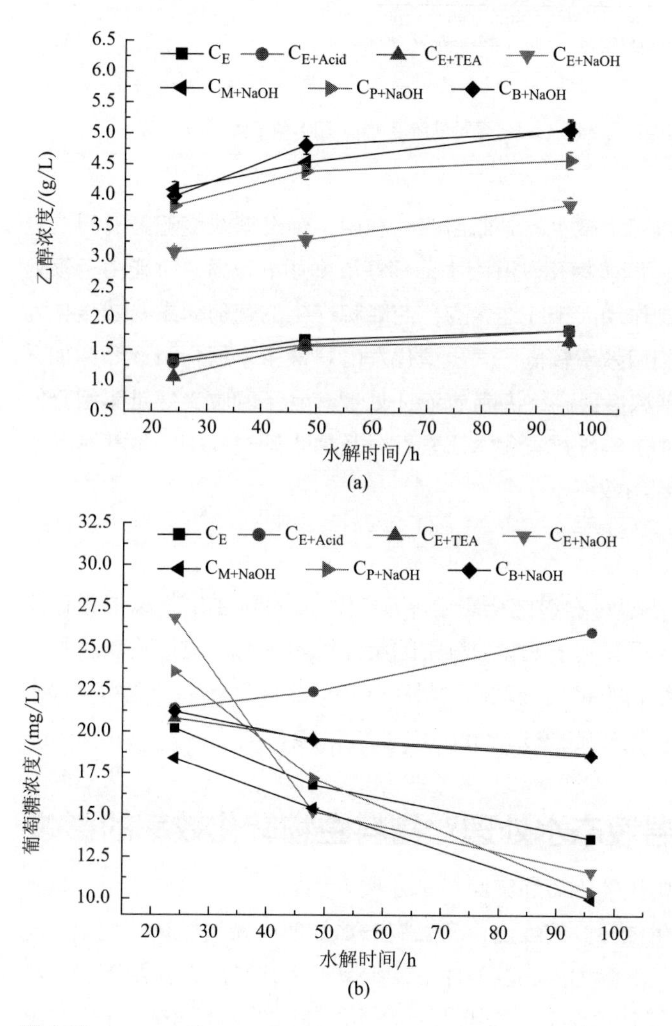

图 4-61

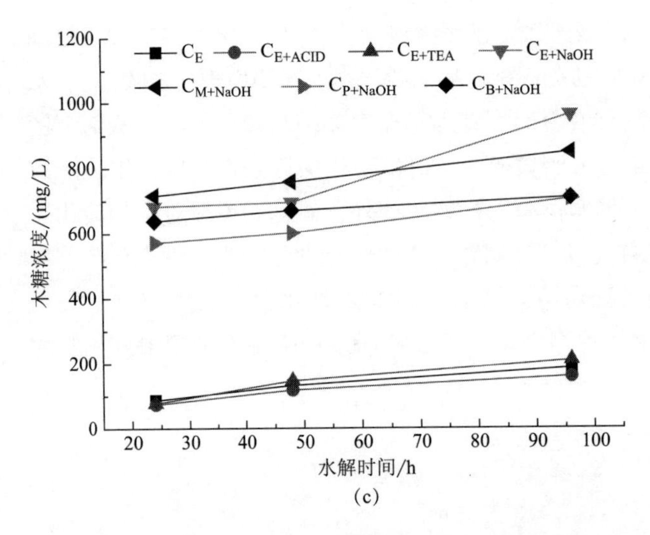

图 4-61 样品同步糖化发酵过程中乙醇浓度（a）、葡萄糖浓度（b）和木糖浓度（c）

此外，随着同步糖化过程中微生物对葡萄糖的利用，葡萄糖浓度随着时间的延长而逐渐降低。样品 C_{E+Acid} 同步糖化发酵液中葡萄糖浓度逐渐升高，可能由于预处理降解产物对微生物的抑制作用大于纤维素酶，使降解产生的葡萄糖未有效转化为乙醇。由于酵母菌对木糖利用效率较低，同步糖化发酵料液中木糖含量逐渐增加。NaOH 处理后，溶液中木糖浓度最高，表明 NaOH 处理有利于回收半纤维素组分。回收有机溶剂预处理过程中的半纤维素和木质素组分及酶水解过程中的木糖有利于提高木质纤维原料的综合利用效率。

4.7.4 小结

有机溶剂结合催化剂处理对物料结构影响不明显，在相同催化剂添加量作用下， NaOH 比甲酸和 TEA 更有利于脱除物料中的半纤维素组分。对比物料生物转化效率表明，甲醇和乙醇结合 NaOH 处理后物料经同步糖化转化 96 h 分别得到最高乙醇浓度（5.09 g/L）和木糖浓度（962.8 mg/L）。

4.8 稀碱结合高温液态水处理对物料生物转化效率的影响

高温液态水预处理是常用的木质纤维原料预处理方法之一，它具有廉价、操作简单、处理过程中抑制物生成量少的优点，高温液态水处理可减少后续清洗或中和工艺，具备实现工业化应用的潜力。高温条件下，水离子化并在压力作用下浸入物料中催化降解半纤维素和部分木质素、纤维素。此外， Ma 等发现 150～180 ℃水热条件下竹材纤维素晶型由 I_{α} 转变为 I_{β}。竹材纤维素经水热处理后（200 ℃）酶水解效率提高了3.8倍。但随着温度的升高，水pH值降低，可催化碳水化合物进一步降解生成糠醛或5-羟甲基糠醛等抑制物。高温液态水处理强度越大，处理后物料中木质素组分对酶结合能力越强，对物料酶水解抑制作用增加。

碱处理能有效脱除木质素、润胀纤维素，使物料孔隙度增加，进而提高物料酶水解效率。碱性条件可促进乙酰基的脱落，减少乙酰基对酶水解的影响。对比研究高温液态水处理（170 ℃， 45 min）、碱处理（10% NaOH， 160 ℃， 45 min）和酸处理（0.76% H_2SO_4， 170 ℃， 15 min）对甘蔗渣物料酶水解效率的影响表明，虽然碱处理过程中产生的抑制物含量较少，但对物料酶水解效率的改善作用比高温液态水处理和酸处理低[50]。因此，稀碱结合高温液态水处理有望融合两种预处理方法的优点，减少抑制物的产生、提高物料生物转化效率。

4.8.1 稀碱结合高温液态水处理对慈竹物料结构与生物转化效率的影响

（1）物料预处理

慈竹（*Neosino calamun affinis*， *N. affinis*）风干后切片粉碎，筛取0.25～0.45 mm尺寸竹粉，经甲苯-乙醇索氏抽提6h脱除蜡质后用于成分分析和预处理。预处理采用水、 0.5% NaOH、 1.0% NaOH和2.0% NaOH分别于150 ℃、 170 ℃和190 ℃下对竹粉处理2 h。反应完成后，过滤回收固体残渣，以蒸馏水洗至中性后冷冻干燥后备用，并根据处理碱浓度和温度将残渣分别命名为C_{150}、 $C_{150-0.5}$、C_{150-1}、 C_{150-2}、 C_{170}、 $C_{170-0.5}$、 C_{170-1}、 C_{170-2}、 C_{190}、 $C_{190-0.5}$、 C_{190-1}、 C_{190-2}。液体加入盐酸中和后减压浓缩，加入乙醇沉淀并离心回收半纤维素组分，减压蒸馏去除上清液中乙酸后加入盐酸调节溶液pH至1～2，离心回收沉淀木质素组分，具体流程如图4-62所示。

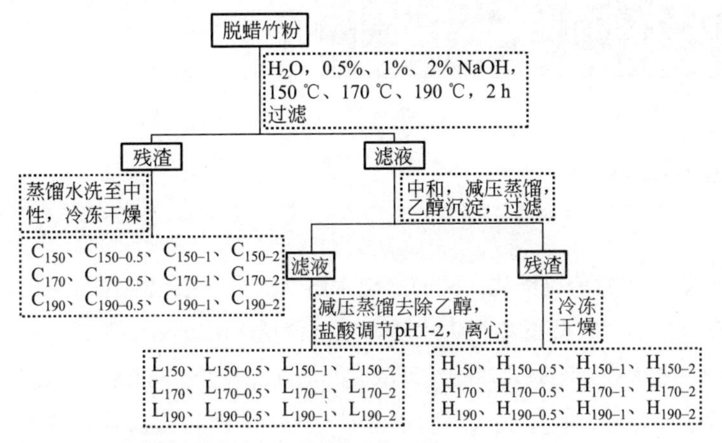

图4-62 稀碱结合高温液态水处理慈竹流程图

（2）稀碱结合高温液态水处理对物料结构的影响

高温液态水处理能够降解部分半纤维素， NaOH 能够溶出部分木质素。经稀碱结合高温液态水处理后物料组成如图 4-63 所示。慈竹原料含葡聚糖 44.9%、木聚糖 18.2%、木质素 28.2% 及少量其他成分。经处理后，物料中木聚糖和木质素含量随处理温度和碱浓度的提高而降低。随着木聚糖和木质素的溶出，物料得率下降至 60%。慈竹物料经处理后成分的变化趋势与文献报道一致，高温液态水主要催化降解半纤维素组分。高温条件下水离子化促使半纤维素乙酰基脱落形成乙酸催化半纤维素组分降解，使其含量随处理温度提高（150 ℃、 170 ℃和 190 ℃）分别下降至 14.6%、 14.7% 和 12.9%。当温度升高至 190 ℃时，物料中仍残留 12.9% 木聚糖组分，而苜蓿草和甘蔗渣中半纤维素组分可在 175 ℃的高温液态水中有效降解残留量小于 5%。此结果表明竹材比其他禾本科物料具有更强的抗降解能力。经预处理后，物料中纤维素含量变化较小，主要由于纤维素含有大量的分子内与分子间氢键具有较好的稳定性，在该处理条件下未发生降解。

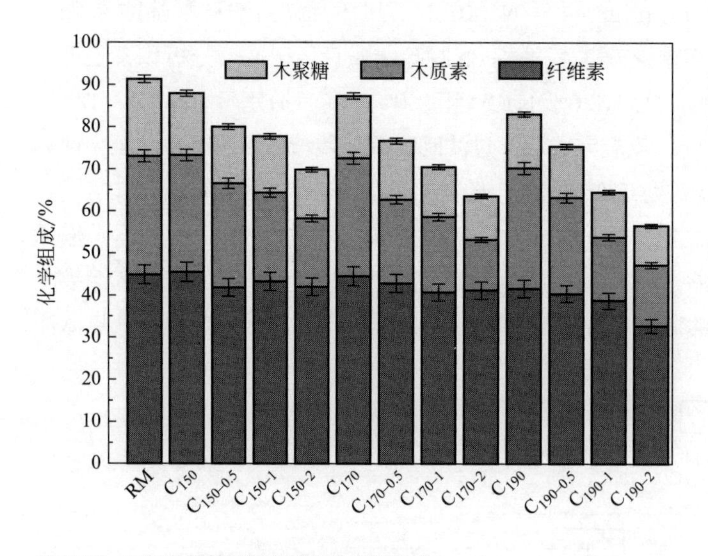

图 4-63 原料及预处理后慈竹物料化学组成

碱能够有效地打破氢键和共价键结构，从而溶出木质素组分。高温液态水和碱的双重作用能够提高预处理效果，降低物料中木质素组分含量。图 4-63 表明，在相同处理温度下，物料中残余木质素组分含量随着碱浓度的增加而降低；在相同碱浓度条件下，提高预处理温度也可使物料中残余木质素含量下降。但样品 C_{190-2} 中残余木质素含量略高于样品 C_{170-2}，这主要是由于半纤维素在高温条件下可降解形成假木质素。Xiao等的研究表明，140 ℃的高温液态水处理柽柳后物料表面具有大量球形颗粒[51]。预处理不仅使物料中残余木质素组分含量变化，也造成残余木质素组分结构变化。将处理后物料残渣经硝基苯氧化后产物含量如表4-28所示，物料中非缩合木质素含量占物料总木质素组分10.7%～23.7%。经处理后，非缩合木质素的量随处理碱浓度的提高而下降，表明预处理过程中碱将非缩合木质素溶出。在物料的非缩合木质素组分中，香草醛（G）为主要结构单元，其次为紫丁香醛（S）及少量紫丁香酸（S）、对羟基苯甲酸（H）和对羟基苯甲醛（H）和微量香草酸（G）、阿魏酸（G）、对香豆酸（H）、乙酰丁香酮（S）。随着处理温度和碱浓度提高，物料中残余非缩合木质素结构中G型和H型结构单元总含量相对比例增加，而S型结构单元总含量相对比例减少（图4-64），可能由于预处理过程中部分木质素甲氧基脱落。

表4-28 原料及处理后慈竹物料硝基苯氧化产物 单位：mg/L

样品	组成								
	香草醛	紫丁香醛	紫丁香酸	对羟基苯甲醛	对羟基苯甲酸	香草酸	阿魏酸	对香豆酸	乙酰丁香酮
RM	9.42	4.54	1.38	1.14	1.19	0.63	0.70	0.61	0.21
C_{150}	9.42	5.67	3.19	1.14	1.14	0.77	0.88	0.96	0.26
$C_{150-0.5}$	7.33	4.74	2.38	0.62	1.26	0.71	0.87	1.10	0.33
C_{150-1}	7.41	4.09	2.36	0.71	1.37	0.67	0.43	0.16	0.17
C_{150-2}	5.51	2.38	1.61	0.24	0.67	0.56	0.30	ND	0.17
C_{170}	9.22	5.49	3.21	1.25	1.64	0.89	0.84	0.89	0.24
$C_{170-0.5}$	7.13	4.43	2.72	0.75	1.41	0.73	0.66	0.64	0.24
C_{170-1}	4.97	3.57	1.20	0.57	0.06	0.77	0.29	0.01	0.12
C_{170-2}	5.82	2.52	0.80	0.27	1.13	0.60	0.24	ND	0.12
C_{190}	9.13	5.90	2.51	1.10	0.04	0.78	0.79	0.72	0.24
$C_{190-0.5}$	6.87	3.79	2.02	0.68	0.69	0.71	0.38	0.18	0.17
C_{190-1}	5.00	2.72	1.61	0.28	0.04	0.56	0.26	0.08	0.13
C_{190-2}	5.58	2.24	1.47	0.24	1.10	0.59	0.24	ND	0.12

提高物料表面积，增加酶可及度是预处理的主要目的之一。通常，物料总表面积为物料内部和外部表面积之和，原料和预处理后样品表面积如图4-65所示。高温液态水处理后，物料比表面积由0.324 m^2/g增加至18.70 m^2/g（C_{150}）、27.97 m^2/g（C_{170}）和23.09 m^2/g（C_{190}）。该结果与物料成分分析结果一致，预处理过程中半纤维素和木质素组分的溶出使物料比表面积增加。但样品C_{190}比表面积比C_{170}小主要由于高温条件下木质素溶出并重新附着于物料表面降低了物料比表面积。但稀碱结合高温液态水处理后，物料比表面积比同温度条件下高温液态水处理物料比表面

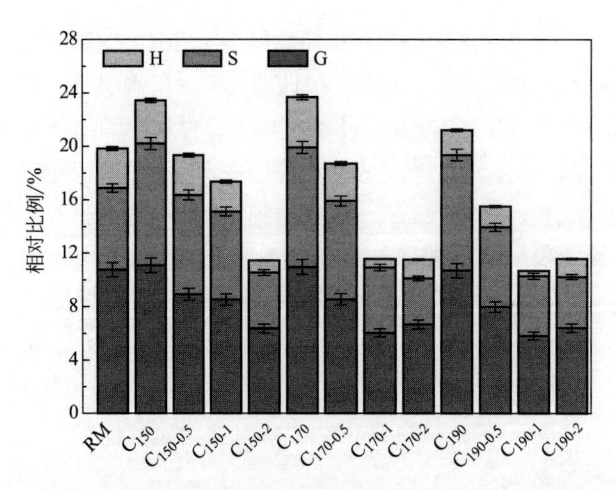

图 4-64 慈竹物料中残余非缩合木质素中 G、 S、 H 型木质素相对比例

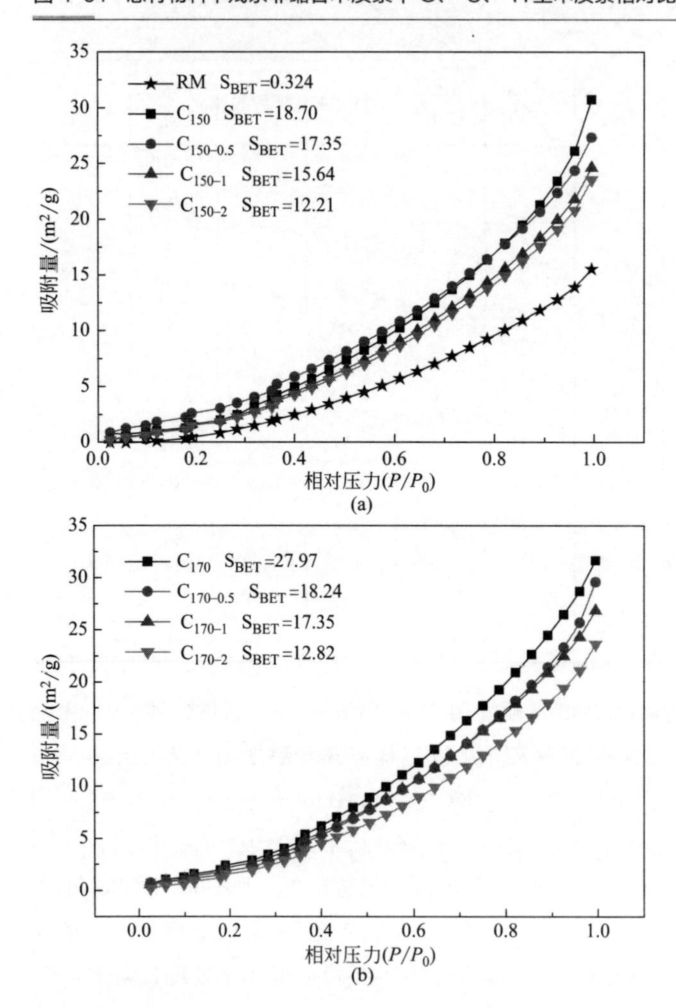

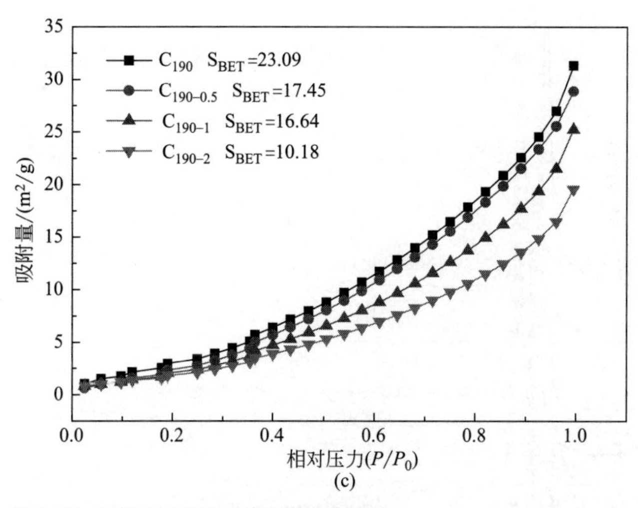

图 4-65　原料及预处理后慈竹物料表面积

积小，主要由于碱的加入进一步溶出半纤维素和木质素组分，使物料孔隙坍塌比表面积降低。Pihlajaniemi 等也有类似的发现，小麦秸秆经高温液态水处理后比表面积增加，再经 NaOH 抽提后物料比表面积减小。而物料比表面积的降低将影响物料酶水解效率。此外，预处理脱除部分半纤维素组分后，物料残余碳水化合物中纤维素相对比例增加，残余碳水化合物分子量增加（图 4-66）。随着处理温度和碱浓度的提高，样品洗脱流线图中出峰位置向短保留时间方向偏移，表明样品中碳水化合物分子尺寸较大，分子量较高。而样品 C_{190-1} 和 C_{190-2} 洗脱流线图中样品出峰位置向长保留时间偏移，表明高温下部分纤维素降解使样品尺寸减小，分子量降低。Ma 等人也观察到纤维素在高温条件下的降解。

（3）稀碱结合高温液态水处理对物料生物转化效率的影响

经预处理后，物料中半纤维素和纤维素可通过酶水解生成还原性糖供微生物发酵生产乙醇。在酶水解过程木质素组分虽不能被酶所转化，但能与酶结合并影响酶水解效率。稀碱结合高温液态水处理对物料纤维素和木聚糖酶水解转化效率的影响如图 4-67 所示。未经处理的脱蜡慈竹原料经酶水解 72 h 后，纤维素和木聚糖酶水解效率仅为 4.4% 和 19.0%。而经高温液态水和稀碱结合高温液态水处理后，物料纤维素和半纤维素酶水解效率显著提高。随着处理温度的提高，物料经高温液态水处理后纤维素和木聚糖酶水解效率分别提高至 32.5%（C_{150}）、38.2%（C_{170}）、38.3%（C_{190}）和 39.8%（C_{150}）、42.0%（C_{170}）、43.3%（C_{190}）。物料酶水解效率的变化与比表面积变化结果一致，比表面积增加有利于物料酶水解。

此外，化学组成对物料酶水解效率也有重要影响。物料经稀碱结合高温液态水

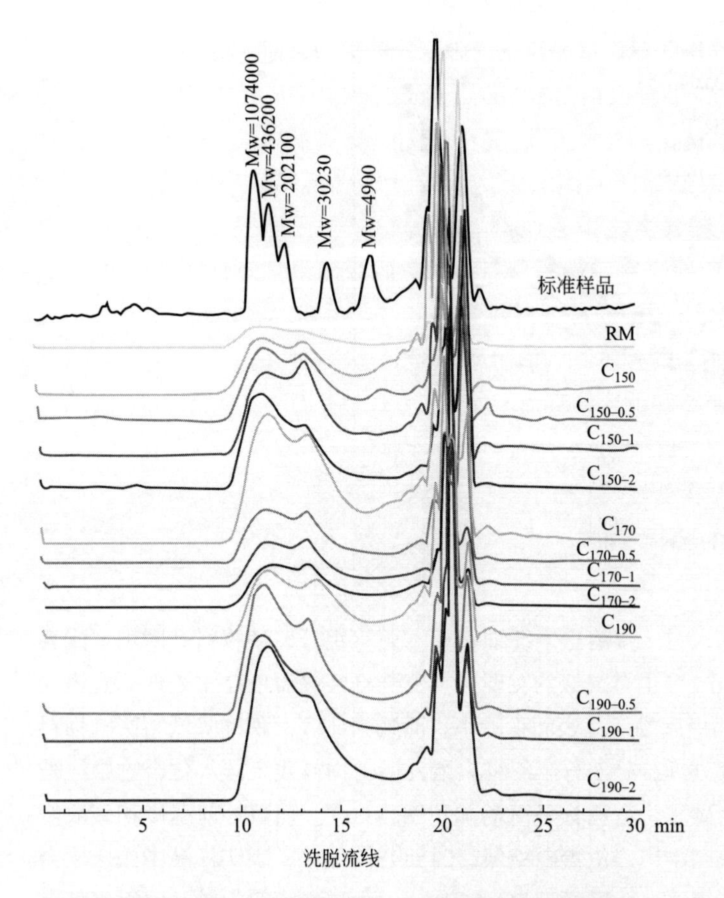

图 4-66 原料及处理后慈竹物料中碳水化合物分子量洗脱流线图

处理后比表面积略有下降，但物料中残余半纤维素和木质含量降低，酶水解效率提高。通常，酶水解过程中木质素能够吸附酶或阻碍酶在底物上的吸附从而影响物料酶水解。因此，降低物料中木质素的含量有利于提高物料酶水解效率。此外，木质素的精细结构对物料酶水解效率也具有重要影响。Sun 等发现，缩合 G 型和 S 型木质素对纤维素酶具有重要的抑制作用，而 G 型和 S 型木质素含量的相对比例变化对物料酶水解效率影响不大[52]。本节所述研究中，物料中残余非缩合木质素中 S 型和 G 型木质素含量与物料酶水解效率的相关性不大。但物料酶水解效率随其中非缩合木质含量的减少而降低，见图 4-67（c）和表 4-29。当处理温度提高至 190 ℃时，处理后物料酶水解效率低于 170 ℃处理后物料。这主要由于高温条件下木质素迁移至表面阻碍物料酶水解效率。Reddy 等以高温液态水处理甘蔗渣后发现，大量木质素颗粒分布于物料表面且颗粒密度随处理温度升高而增加，这些位于物料表面的木质素颗粒将阻碍酶与底物的吸附。纤维素酶水解液中蛋白质含量的变化如图 4-68 所示。

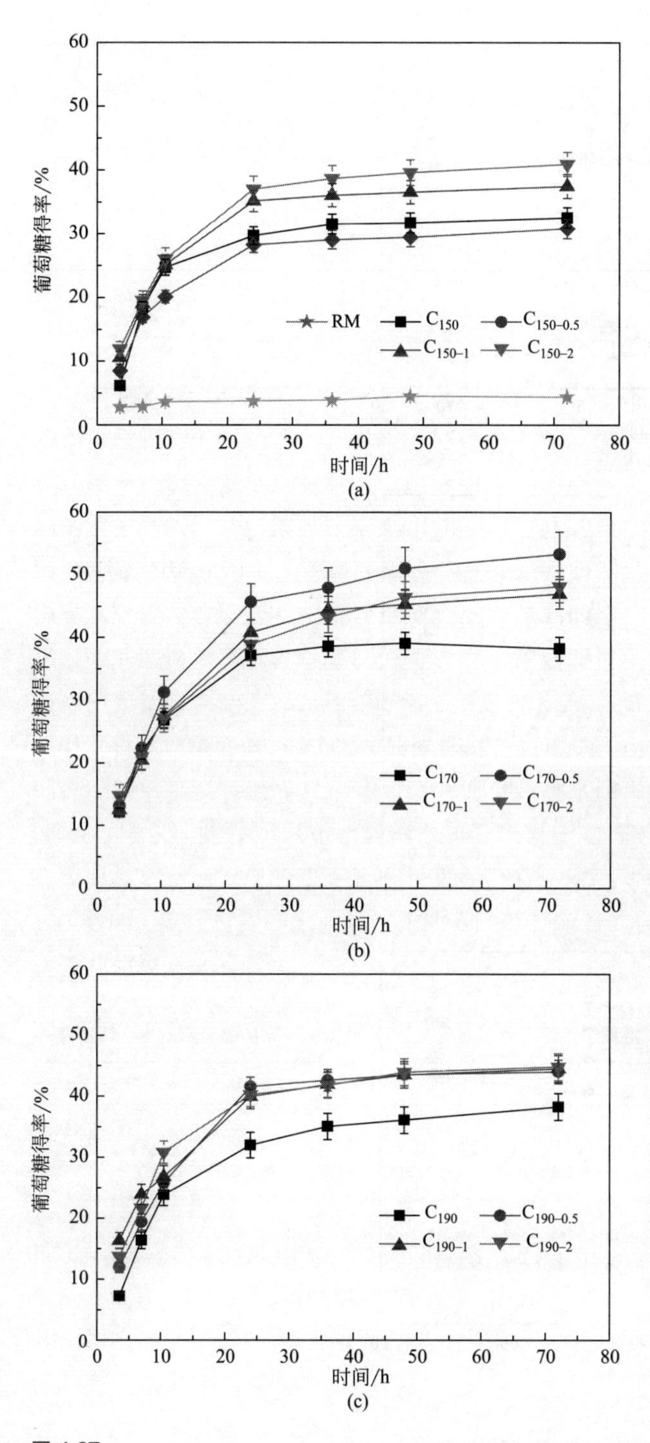
葡萄糖得率/%
时间/h
(a)
RM
C_{150}
$C_{150-0.5}$
C_{150-1}
C_{150-2}
(b)
C_{170}
$C_{170-0.5}$
C_{170-1}
C_{170-2}
(c)
C_{190}
$C_{190-0.5}$
C_{190-1}
C_{190-2}

图 4-67

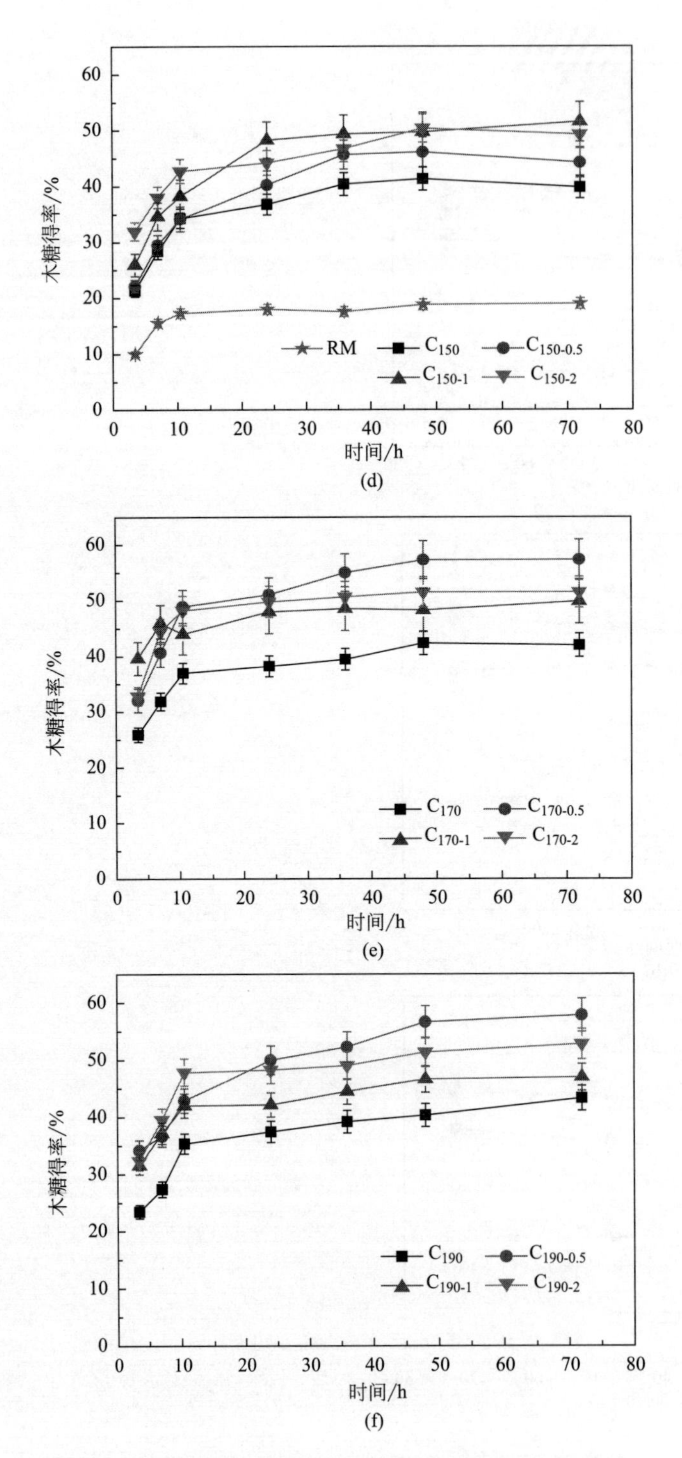

图 4-67 稀碱结合高温液态水处理对慈竹物料酶水解效率的影响

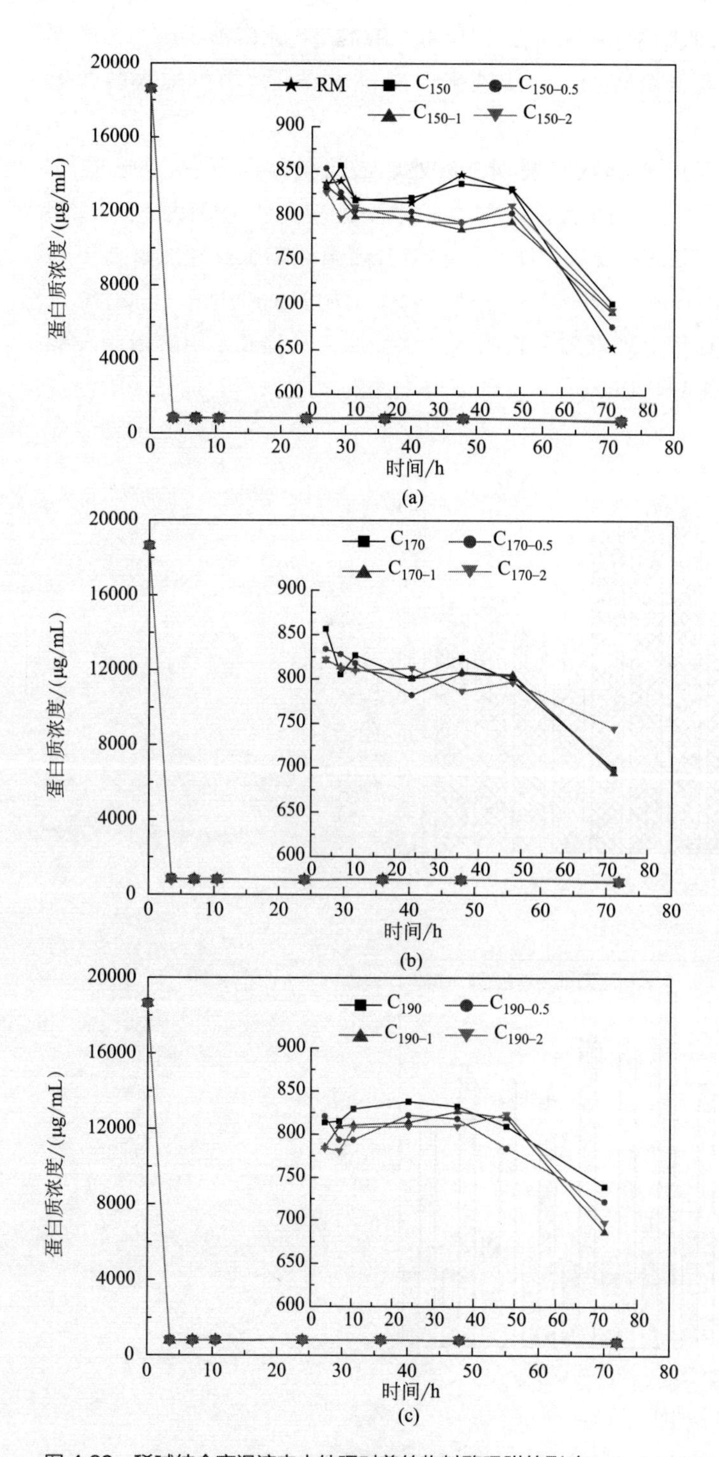

图 4-68 稀碱结合高温液态水处理对慈竹物料酶吸附的影响

纤维素酶于水解开始阶段吸附于物料表面，且随着水解的进行水解液中蛋白质浓度持续下降。底物中木质素含量增加，水解液蛋白质含量降低，物料酶水解效率降低。

综合考虑物料得率和酶水解效率发现，预处理最佳条件为 0.5% NaOH 于 170 ℃处理 2 h，处理后物料经酶水解纤维素和木聚糖转化率分别为 53.3% 和 57.3% 。与其他目前常用预处理技术相比，稀碱结合高温液态水处理竹材效率与 2% SPORL（180 ℃， 10 min， 55% 纤维素转化效率）和 $NaClO/Na_2S$（120 ℃， 40 min， 47.3% 还原糖得率）处理效率相当。经水解后，水解液采用酵母菌发酵生产乙醇，乙醇得率如图 4-69（a）所示。乙醇得率随酶水解效率的提高而提高，

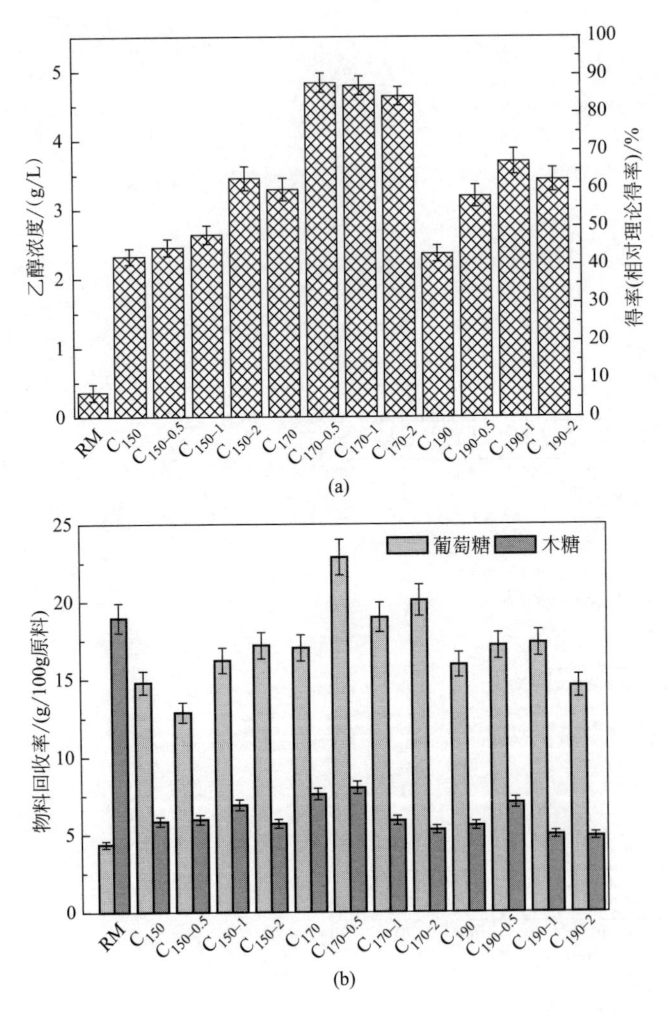

图 4-69 发酵乙醇得率（a）及稀碱结合高温液态水处理过程的还原性糖回收率（b）

主要由于酶水解为酵母菌发酵提供了原料糖液，糖浓度增加，发酵产物中乙醇浓度随之增加，最大乙醇浓度为 4. 84 g/L。

预处理及酶水解效率对物料中还原性糖回收率的影响如图 4-69（b）所示。虽然高温液态水处理具有较高的物料回收率，但物料酶水解效率较低。经 150 ℃、170 ℃和 190 ℃高温液态水处理后再纤维酶水解，分别回收了物料中 20. 6%、24. 6% 和 21. 5% 的还原糖。稀碱结合高温液态水能够有效提高物料酶水解效率，还原糖回收率由 18. 8% 提高至 30. 9%。在最佳预处理条件下，还原性糖回收率为 38%。而 Li 等采用 Tween 80 辅助稀碱预处理（121 ℃）后经酶水解可回收竹材中 42. 3% 还原性糖。文献中较高的还原性糖得率主要由于 Tween 80 促进了预处理过程中木质素的溶出，且提高了物料酶水解效率[53]。但相对于木材和其他农业秸秆而言，竹材细胞结构更为致密，预处理需更苛刻的条件以提高纤维素酶水解效率。

为提高纤维素酶水解效率，酶水解体系中加入表面活性剂，不同种类表面活性剂对纤维素酶水解效率的影响如图 4-70 所示。非离子型表面活性剂 Tween 80（吐温 80）、Span 60（司盘 60）和聚乙二醇 1000 对处理后慈竹物料酶水解效率均有提高作用，其中 Tween 80 对木质纤维原料的生物催化转化具有较好的促进作用。在同步发酵制备乳酸的工艺中，加入 Tween 80 也起到了相似的作用效率，提高乳酸得率的同时降低酶用量。在废物稻草和麸皮的堆肥过程中加入 Tween 80 能够增加纤维素酶和木聚糖酶活性和稳定性。聚乙二醇的酶解增效作用可能由于其在底物表面的自组装行为降低了木质素和纤维素对酶的吸附。此外，聚乙二醇还能与木质素形成氢键结合，进一步降低木质素对纤维素酶的无效吸附。而十二烷基磺酸钠抑制了慈竹木质纤维酶解，主要由于阴离子表面活性剂使纤维素表面离子化从而使酶活性降低。而普通洗涤剂和液体石蜡对纤维素酶水解效率影响并不明显。而溶液中蛋白质含量测定结果如图 4-71 所示，加入表面活性剂能够降低酶蛋白在底物上的吸附，其中 Span 60 对纤维素酶水解后的释放作用影响最大，在此作用下水解完成后液体中蛋白质含量最高。水解完成后，液体中的酶再利用用于水解物料，向水解液中补充首次水解酶用量一半的新鲜酶液后，处理后物料纤维素酶水解效率如图 4-72 所示，最大酶水解效率约 40%。此结果表明表面活性剂的添加有利提高纤维素酶水解效率和纤维素酶回收利用潜力。

4. 8. 2 稀碱结合高温液态水处理对慈竹半纤维素和木质素结构的影响

（1）稀碱结合高温液态水处理水解液成分

在植物细胞壁的致密结构中，半纤维素与木质素起到填充与胶黏的作用将微纤

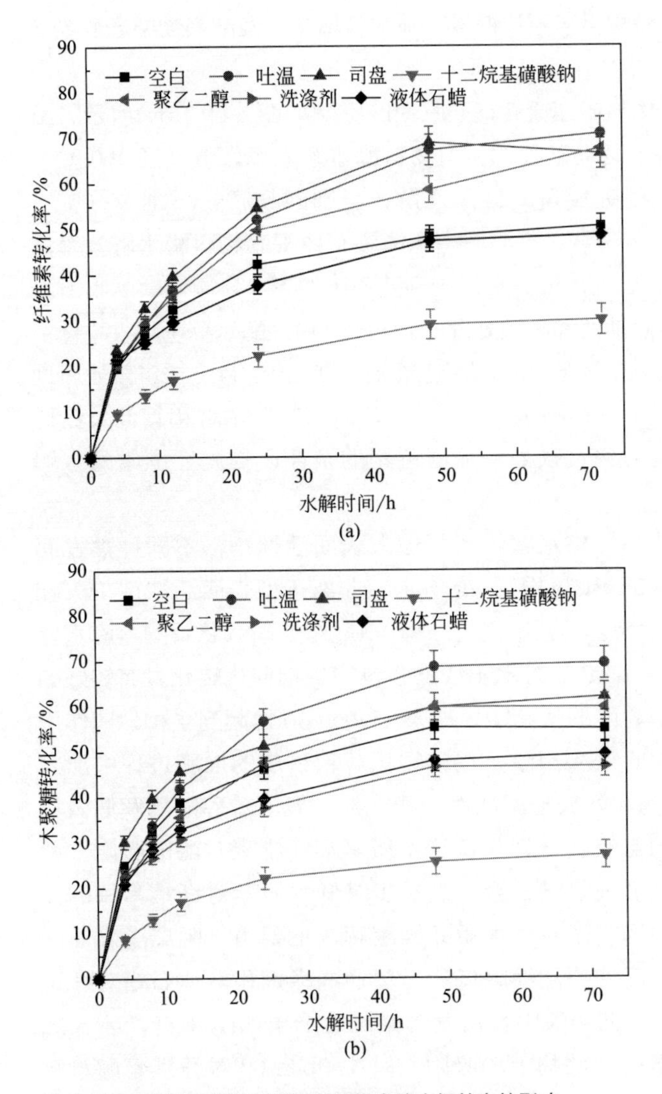

图 4-70　不同表面活性剂类型对纤维素酶水解效率的影响

丝结合在一起为植物生长提供刚性强度。由于半纤维素与木质素组分为无定形结构，且包裹在纤维素外层，更易于与生物或化学催化剂接触反应。稀碱结合高温液态水处理后半纤维素降解产物如表 4-29 所示。随着反应温度的升高，溶液中甲酸、乙酸浓度增加，表明半纤维素在高温条件下降解反应更为剧烈。生成的酸性产物催化细胞壁纤维素的降解，生成葡萄糖和低聚葡萄糖于处理液中（S_{150}、S_{170}、S_{190}）。而在 NaOH 催化的高温液态水体系中，葡萄糖未检出，可能由于高温液态水条件下产生的酸性降解产物与 NaOH 中和后形成中性至碱性环境，减少了纤维素的

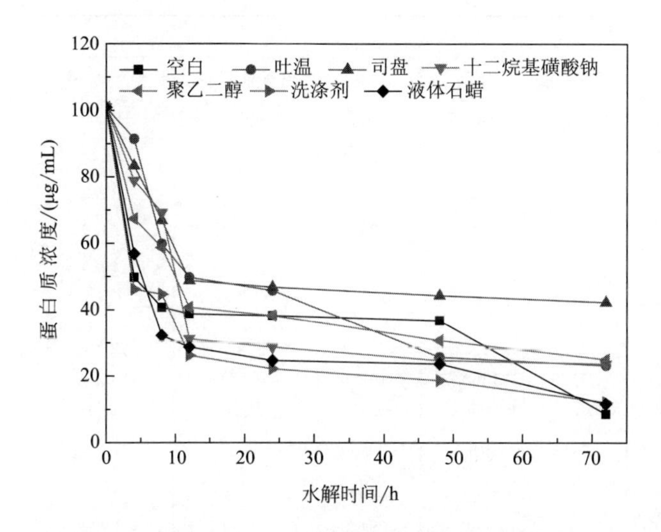

图 4-71　不同表面活性剂类型对水解液中蛋白质浓度的影响

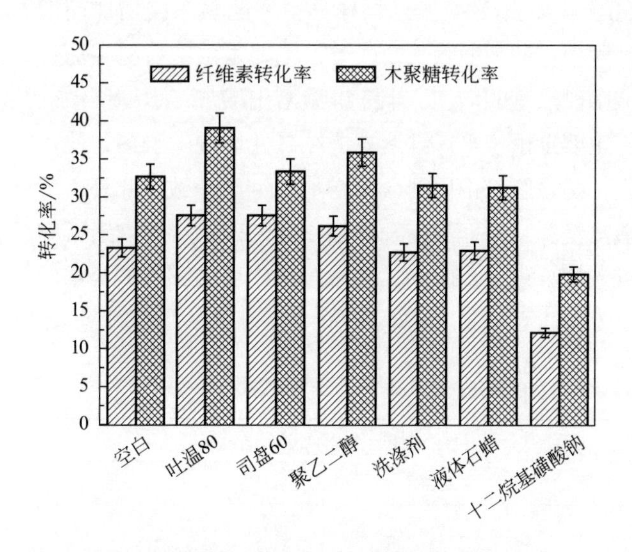

图 4-72　不同表面活性剂类型对纤维素酶水解效率的影响

酸性降解。随着碱浓度的提高，水解液中木糖和低聚木糖含量增加，可能由于碱性条件下，半纤维素溶出量增加，且部分溶出半纤维素在碱性条件下发生了支链的脱落（生成阿拉伯糖）和主链的断裂（生成木糖或低聚木糖）。

□表 4-29　稀碱结合高温液态水处理液中糖类及其降解产物含量　　单位：mg/L

样品	组成						
	葡萄糖	木糖	阿拉伯糖	甲酸	乙酸	低聚葡萄糖	低聚木糖
S_{150}	162.0	736.3	6.8	105.6	771.5	99.5	43.7
$S_{150-0.5}$	ND	782.7	7.0	168.4	2401.4	146.1	33.0
S_{150-1}	ND	666.0	9.9	387.3	2399.2	85.8	131.6
S_{150-2}	ND	595.1	25.9	896.5	2726.5	200.0	154.6
S_{170}	113.7	688.3	96.4	116.4	412.0	299.4	115.0
$S_{170-0.5}$	ND	800.4	121.0	279.0	2610.2	122.9	72.8
S_{170-1}	ND	707.7	142.2	928.2	3253.4	115.3	200.8
S_{170-2}	ND	687.2	162.9	1460.7	3133.6	203.9	392.4
S_{190}	108.5	797.4	215.3	177.4	791.8	291.0	757.3
$S_{190-0.5}$	ND	620.5	211.8	667.6	2394.2	120.7	157.4
S_{190-1}	ND	737.6	276.3	1739.4	4338.0	218.2	270.5
S_{190-2}	ND	680.6	349.2	1999.3	4881.3	241.7	669.2

（2）稀碱结合高温液态水处理对半纤维素组分的影响

半纤维素样品得率及糖单元含量如表 4-30 所示，样品得率随碱浓度增加而增加。在水溶性半纤维素样品中，木糖和葡萄糖为主要成分，主要是由于竹材中淀粉类多糖溶于热水中。随着处理液中碱浓度的增加，半纤维素溶出增加，木糖所占比例增加，葡萄糖相对含量下降。主要是由于半纤维素支链在碱性环境下脱落，使木糖成为样品中主要的组成糖单元，与水解液中单糖含量增加的结果一致。此外，慈竹半纤维素中还含有部分糖醛酸支链。当处理温度升高至 190 ℃时，半纤维素得率下降，可能是由于高温下半纤维素组分进一步降解，使水解液中甲酸和乙酸含量增加（表 4-29）。

□表 4-30　半纤维素样品得率（基于 ω%原料）及糖单元含量（基于 ω%半纤维素）

样品	得率/%	组成/（mg/L）			
		葡萄糖	木糖	阿拉伯糖	总量
H_{150}	0.94	37.00	26.08	7.12	70.20
$H_{150-0.5}$	2.61	8.36	68.18	11.01	87.55
H_{150-1}	3.24	12.08	62.04	15.54	89.66
H_{150-2}	4.50	14.10	62.71	14.16	90.98
H_{170}	1.59	32.23	39.48	6.80	78.51
$H_{170-0.5}$	2.93	11.72	66.24	16.62	94.57
H_{170-1}	3.38	10.74	64.73	15.85	91.32
H_{170-2}	6.11	10.93	66.66	15.58	93.18

续表

样品	得率/%	组成/（mg/L）			
		葡萄糖	木糖	阿拉伯糖	总量
H_{190}	2.09	21.59	56.80	3.59	81.98
$H_{190-0.5}$	2.92	6.24	76.08	13.35	95.67
H_{190-1}	3.31	10.75	71.49	12.43	94.68
H_{190-2}	3.47	9.39	73.83	10.56	93.78

（3）稀碱结合高温液态水处理对木质素结构的影响

碱性硝基苯能够使非缩合木质素大分子之间的连接键发生氧化断裂，而对木质素分子侧链的影响较小。木质素样品得率及非缩合木质素中结构单元含量如表4-31所示。碱浓度增加有利于木质素组分的溶出，主要是由于碱性能够使细胞壁结构发生润胀，并打破半纤维素和木质素之间的连接键。溶出木质素样品以S型和G型结构单元为主，香草醛和紫丁香醛为主要的结构单元。在相同温度下，溶出碱木质素中非缩合木质素含量随碱浓度升高而增加。处理温度升高后，木质素样品中非缩合木质素含量降低，可能由于在处理过程中部分木质素缩合，使非缩合木质素相对含量下降。随着碱溶液浓度的提高， S型木质素含量相对稳定，而G型木质素含量降低， H型木质素相对含量增加，可能由于在碱性环境下木质素结构中甲氧基脱落生成H型木质素。随着G型木质素的降解， S/G比例升高，如图4-73所示。此外， S型木质素空间位阻大于G型，因此反应过程中G型木质素组分参与缩合反应的概率大于S型木质素，使得S/G比例提高。当温度升高至190 ℃后，反应过程中木质素结构改变同时伴随着缩合反应，使大分子结构中S/G比例变化较大。

表4-31 木质素样品得率（基于原料，%）**及非缩合木质素中结构单元含量**

样品	得率/%	组成/（mg/L）								
		对羟基苯甲醛	香草酸	紫丁香酸	香草醛	紫丁香醛	对香豆酸	乙酰丁香酮	阿魏酸	总量
L_{150}	0.36	6.25	8.65	13.35	46.35	24.35	ND	2.77	ND	101.72
$L_{150-0.5}$	0.73	11.18	15.22	26.45	68.18	35.29	1.42	4.30	10.85	172.91
L_{150-1}	4.79	19.25	15.55	28.04	64.91	48.65	3.95	3.97	8.84	193.16
L_{150-2}	6.99	11.02	12.56	33.52	73.59	65.16	5.20	4.83	10.13	216.00
L_{170}	0.18	4.29	12.75	19.00	47.50	31.10	0.83	3.90	7.50	126.87
$L_{170-0.5}$	0.57	9.50	15.44	29.44	65.00	51.06	3.99	5.01	11.81	191.25

续表

样品	得率/%	组成/(mg/L)								
		对羟基苯甲醛	香草酸	紫丁香酸	香草醛	紫丁香醛	对香豆酸	乙酰丁香酮	阿魏酸	总量
L_{170-1}	9.78	6.56	10.88	27.54	38.85	37.53	5.08	6.36	12.20	145.00
L_{170-2}	14.31	8.82	14.16	27.42	55.74	49.14	7.74	5.88	12.78	181.68
L_{190}	0.10	9.80	13.80	25.45	27.35	38.95	3.03	2.69	ND	121.07
$L_{190-0.5}$	4.68	9.36	14.22	25.78	51.18	35.10	4.70	6.72	10.26	157.32
L_{190-1}	7.53	8.73	13.73	27.29	26.02	31.71	5.88	6.22	7.42	126.99
L_{190-2}	7.12	9.05	13.95	29.85	59.50	37.50	6.90	4.22	11.20	172.17

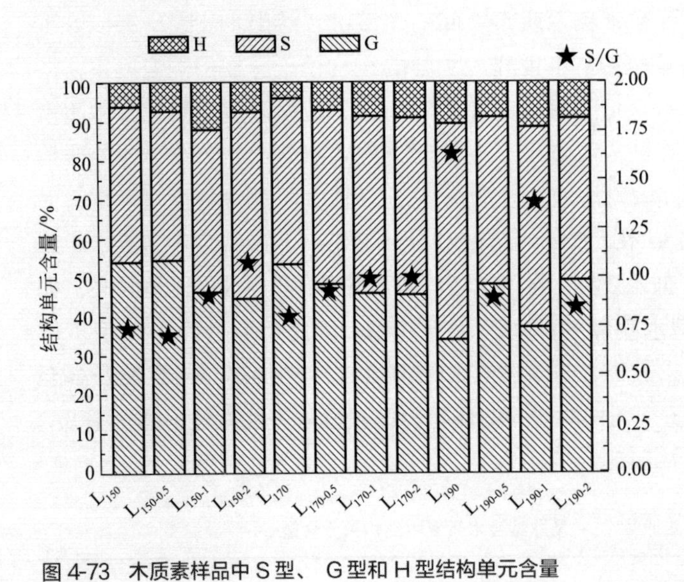

图 4-73 木质素样品中 S 型、G 型和 H 型结构单元含量

4.8.3 稀碱结合高温液态水对小麦秸秆酶水解得率的影响

(1)物料预处理

小麦秸秆粉碎至 0.3~0.45 mm 后,以甲苯-乙醇(1:2,体积比)索氏抽提 8 h 后风干用于物料成分分析和预处理。

预处理采用自生压反应釜进行,取 1 g 脱蜡小麦秸秆物料,料液比 1:20,反应时间 2 h,反应介质分别为水和 0.2% NaOH,反应温度分别为 100 ℃、120 ℃、

140 ℃、 160 ℃和 180 ℃。反应结束后，冷却至室温，将处理后的液体-残渣混合体系转移至三角瓶中并以乙酸将 0.2% NaOH 处理体系调节至 pH 值 5.5 用于酶水解。纤维素酶和半纤维素酶用量分别为 20 FPU/g 纤维素和 30 IU/g 木聚糖，酶水解温度 50 ℃、 150 r/min 振荡反应 60 h。酶水解过程中定时取样以离子色谱测定水解液中糖浓度。酶水解结束后，加入活化后的酵母菌发酵 24 h 后发酵液中乙醇浓度采用高效液相色谱测定。发酵结束后过滤分离残渣，分析残渣物料组成和结晶度，具体实验流程如图 4-74 所示。

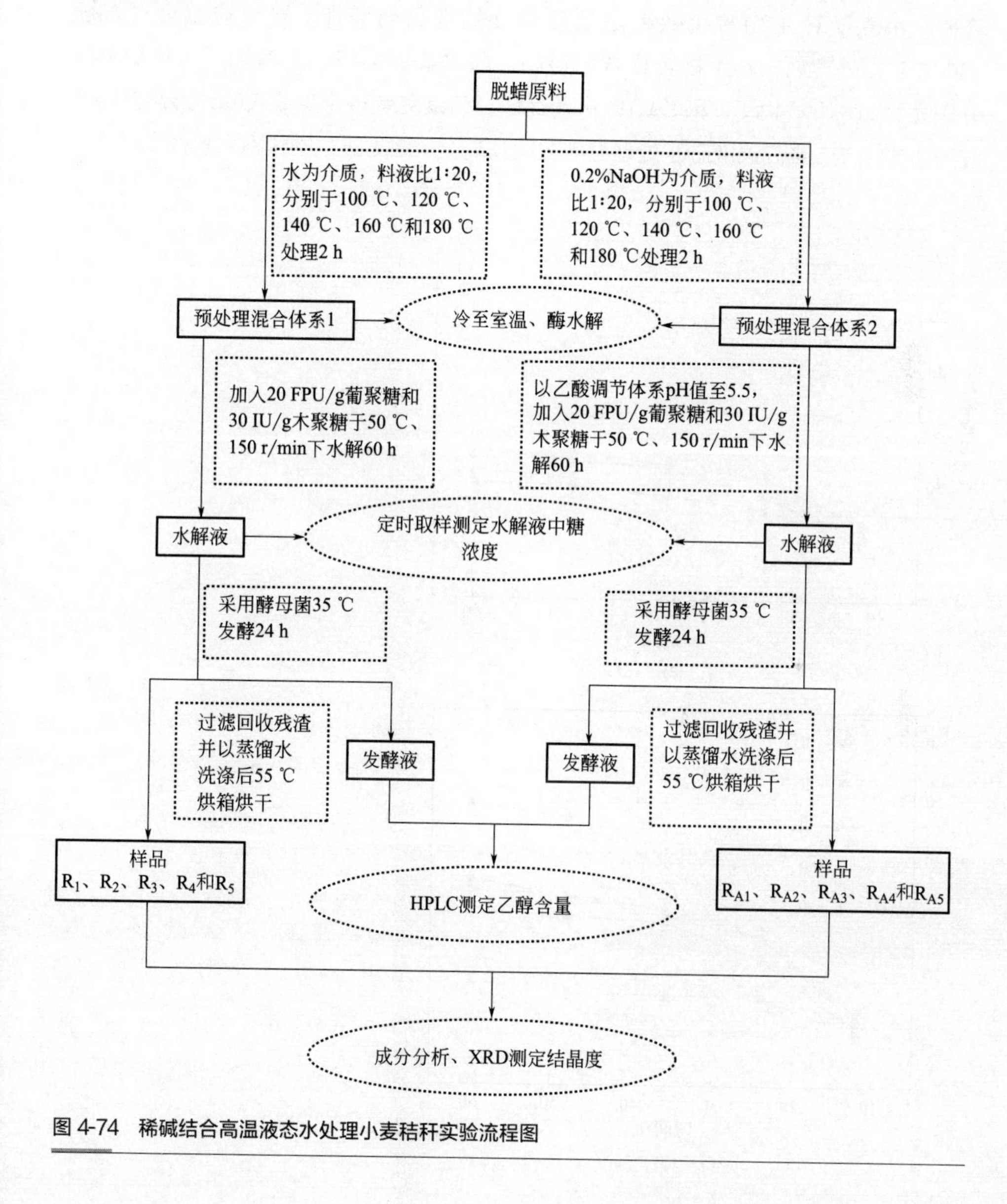

图 4-74 稀碱结合高温液态水处理小麦秸秆实验流程图

（2）稀碱结合高温液态水处理对小麦秸秆生物转化效率的影响

高温液态水处理能够打破木质素-碳水化合物复合物中的连接键，使物料中碳水化合物的可及度增加，有利于酶水解。高温液态水处理对物料生物转化效率的影响以酶水解效率和乙醇产率核定。酶水解体系中加入木聚糖酶可降解木聚糖，减少木聚糖对纤维素的屏蔽，同时降低木糖和低聚木糖对纤维素酶的抑制作用。经高温液态水处理后，小麦秸秆酶水解纤维素和半纤维素转化率如图 4-75 所示。结果表明，小麦秸秆生物转化效率随处理温度的提高而增加。当反应温度升高至 140 ℃时，处理后物料生物转化效率最高，酶水解葡萄糖、木糖和阿拉伯糖得率分别为 28.6%、 48.8% 和 58.1%；葡萄糖经后续发酵转化生成乙醇，最高乙醇浓度为 4.52 g/L。当高温液态水处理温度继续升高至 180 ℃时，物料酶水解效率降低、

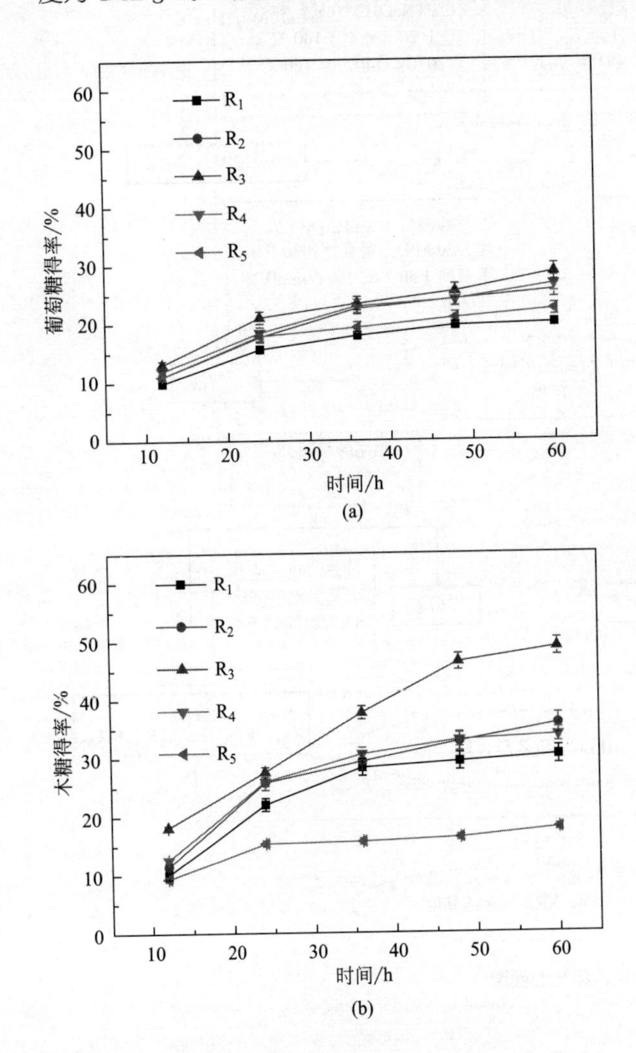

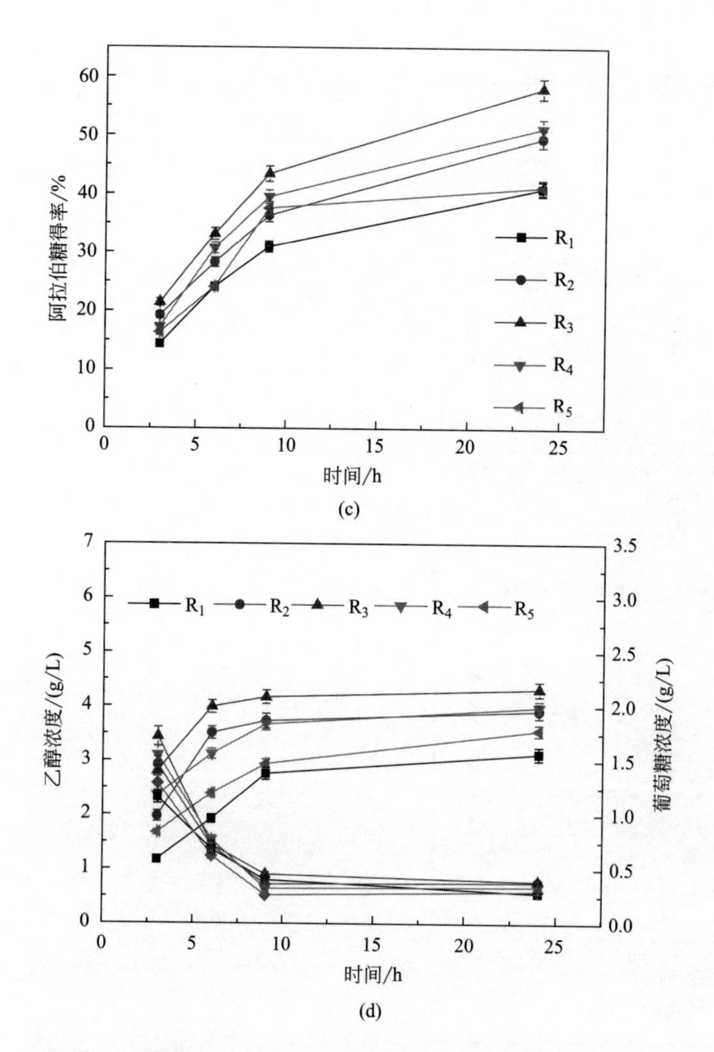

图 4-75　高温液态水预处理对小麦秸秆生物转化效率的影响

乙醇产率降低。这可能由于高温条件下降解产物（如乙酸、糠醛、5-羟甲基糠醛，如表 4-30 所示）含量增加，抑制了酶的活性。Imman 等也发现高温液态水处理过程中处理温度由 140 ℃升高至 160 ℃时，水解液中呋喃类化合物含量明显增加。此外，高温液态水处理过程中半纤维素和木质素降解产物可能聚合形成颗粒重新附着于物料表面，这些木质素和假木质素颗粒阻碍了纤维素酶在底物上的吸附。此外，随着高温液态水对半纤维素的降解，物料中木质素相对含量增加，使物料酶水解效率降低。这可能是由于木质素能够吸附纤维素酶从而降低酶的活性。

相比于高温液态水处理，稀碱催化剂的加入使预处理效果提高。经稀碱结合高温液态水处理后物料酶水解发酵生产木糖、阿拉伯糖和乙醇产率提高（图 4-76 和图 4-77）。

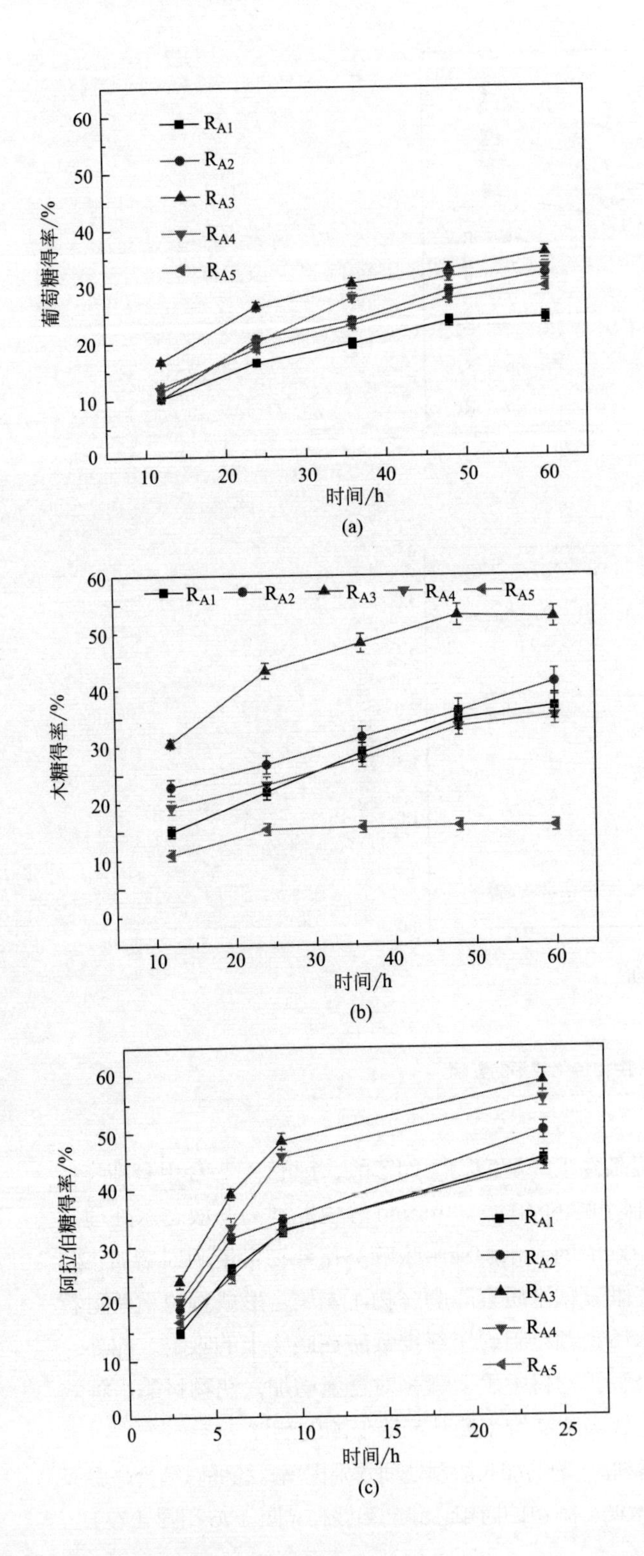
60
50
40
30
20
10
0
葡萄糖得率/%
R_A1
R_A2
R_A3
R_A4
R_A5
10
20
30
40
50
60
时间/h
木糖得率/%
阿拉伯糖得率/%
0
5
15
25

(a)

(b)

(c)

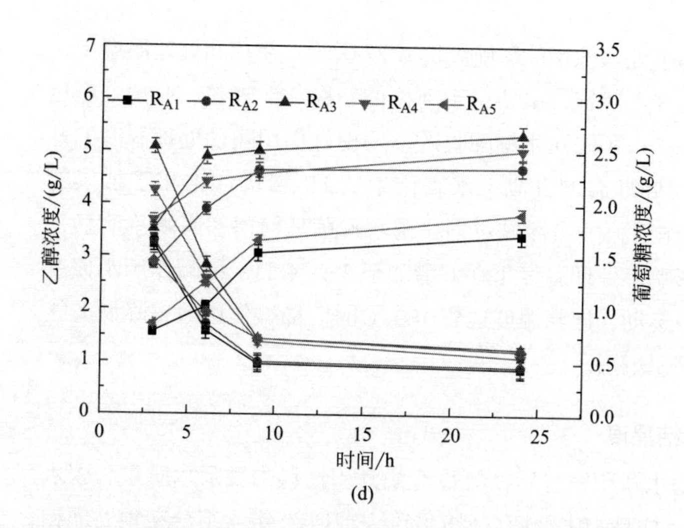

图 4-76　稀碱结合高温液态水预处理对小麦秸秆生物转化效率的影响

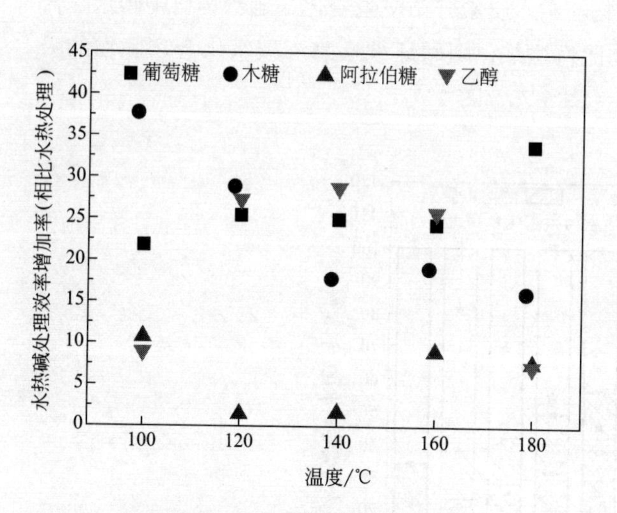

图 4-77　稀碱对高温液态水预处理效率的影响

稀碱加入至高温液态水中处理物料后经酶水解，葡萄糖、木糖和阿拉伯糖得率分别提高至 35. 8%、 57. 5% 和 59. 0%，水解液经发酵后乙醇浓度为 5. 82 g/L，残余葡萄糖溶液 0. 63 g/L。物料生物转化效率的提高增加了木糖和阿拉伯糖的回收率，从而降低了底物中组分残余量，与残余物料成分分析结果一致（图 4-76）。 Imman 等的研究表明，与高温液态水处理相比，加入碱能够进一步提高处理后物料酶水解效率。

稀碱催化剂对高温液态水处理效率的影响如图 4-77 所示。在相同处理温度下，稀碱对阿拉伯糖回收率影响并不明显，主要由于阿拉伯糖稳定性较差，在预处理过程中降解明显，可回收量较少；稀碱对木糖回收效率的提升作用随预处理温度的升高而减弱。这主要是由于预处理温度升高，水离化生成 H^+ 量增加中和了加入的 NaOH，从而削弱了稀碱的作用。虽然稀碱对物料酶水解葡萄糖得率影响不明显，但对乙醇得率具有明显的影响。处理温度 100 ℃增加至 120 ℃时，稀碱作用明显主要由于升高温度加速了离子运动。但当温度达到 180 ℃时，稀碱作用效率降低可能是由于在此温度下抑制物产量增加。

（3）发酵残渣成分及结晶度

小麦秸秆经预处理、酶水解和发酵后物料残渣成分和物料中残余木质素与碳水化合物比例如图 4-78 所示。样品中木聚糖含量的降低表明半纤维素组分在预处理和酶水解过程中的降解。由于预处理过程中木质素组分比碳水化合物更稳定，因此，改变预处理温度后物料中残余木质素含量随处理温度的变化不大。但预处理过程中木质素发生降解和重聚等反应使物料中木质素分布发生变化。随着物料中碳水化合物的降解，木质素与碳水化合物比例增加，阻碍纤维素酶与碳水化合物底物的吸附，从而降低物料生物转化效率（图 4-75、图 4-76）。

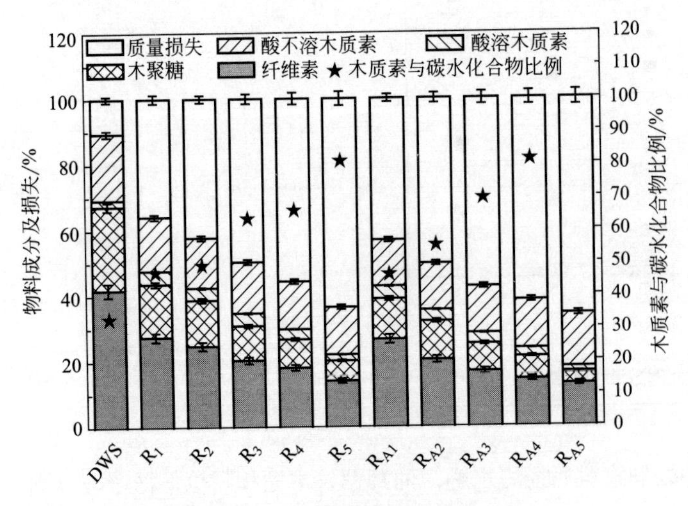

图 4-78 固体残渣成分及残余木质素与碳水化合物比例

通常，木质纤维原料中纤维素具有结晶结构而半纤维素和木质素为无定形结构。小麦秸秆经预处理和生物转化后残渣样品结晶度随处理温度的升高而增加（表 4-32），表明物料中具有无定形结构的半纤维素组分发生降解。但当处理温度升高至 180 ℃时，样品结晶度略有降低表明纤维素部分结晶结构在此温度下被降解。对比物料结晶度发现，稀碱结合高温液态水处理后物料结晶度略高于高温液态水处理物料。主要由于稀碱催化作用下，半纤维素和木质量溶出量较多。 Barman 等采用 1.5% NaOH 处理小麦秸秆也得到了相似的结果，处理后物料结晶度从 53.3% 提高至 60.3%。

⊡ 表 4-32 残渣样品结晶度

项目	DWS	R_1	R_2	R_3	R_4	R_5	R_{A1}	R_{A2}	R_{A3}	R_{A4}	R_{A5}
结晶度/%	59.0	56.7	58.6	60.4	62.3	57.4	56.6	59.3	60.3	63.1	58.8

4.8.4 小结

① 稀碱结合高温液体态水处理使竹材物料酶水解效率增加，最佳处理条件为 0.5% NaOH 170 ℃处理 2 h。

② 处理后物料经酶水解后还原糖回收率为 38%，发酵乙醇得率为 4.84 g/L。

③ 酶水解体系中添加表面活性剂能提高物料酶水解效率并促进纤维素酶的回收利用。

④ 竹材中半纤维素和木质素组分在预处理过程中降解，随处理温度和碱浓度的提高，半纤维素和木质素降解越剧烈。

⑤ 稀碱结合水热处理小麦秸秆最佳处理温度为 140 ℃，处理后物料酶水解回收 57% 木聚糖和 58% 阿拉伯糖，葡萄糖经发酵后得乙醇 5.82 g/L。

4.9 碱性过氧化氢处理对糠醛渣结构及生物转化效率的影响

糠醛是具有优良特性的生物质基化学品，可作为溶剂或合成其他化合物的前体。美国能源部综合评估目前的工业技术与应用后发布了最具开发潜力的生物质基化学品清单，其中糠醛位于前十位。糠醛生产工业常采用富含半纤维素组分的物料（以玉米芯、稻壳等）为原料，酸性条件下水解半纤维素组分生成五碳糖再经分子内脱水制备糠醛。在我国，糠醛年产量达 20 万吨，产生废渣（糠醛渣）约 200 万～300 万吨。目前，糠醛渣常用于燃烧供热，物料中纤维素和木质素附加值较低。因此，糠醛渣的开发技术有利于增加生物质原料综合利用的经济效率，促进农村经济发展。

物料经酸水解生产糠醛后，残渣中富含纤维素和木质素，可用于二代燃料乙醇的生产。二代燃料乙醇制备工艺中，酶水解是生产成本最高的工段。物料中纤维素自身的规则结构阻碍了纤维素酶的作用，半纤维素和木质素对纤维素的包裹也降低了纤维素组分的可及度。糠醛生产工艺中，酸作用下物料中木质素大分子降解、重聚形成更复杂的大分子结构。木质素经酸解后降解产生的碎片，在水溶液中的表面张力较高，阻碍纤维素润胀，降低纤维素可及度；重聚木质素组分常附着于物料表面包裹着纤维素，阻碍纤维素酶与纤维素的吸附；此外，木质素还可与纤维素酶之间通过离子键或氢键等形式不可逆地吸附纤维素酶，降低纤维素酶活性。因此，糠醛渣中的木质素组分对纤维素生物转化效率具有直接的影响。 Kumar 等的发现印证了木质素对纤维素酶水解效率的影响，蒸汽爆破后的软木物料经脱木质素处理后纤维素酶水解效率直线增加。

采用酸性亚氯酸钠处理可氧化降解并脱除木质纤维原料的大量木质素组分，但其费用较高且具有一定毒性。因此， Gould 采用碱性过氧化氢用于脱除禾本科物料中的木质素，该方法也广泛应用于机械浆、热机械浆、化学机械浆和半化学浆的漂白。碱性条件下过氧化氢分解产生超氧阴离子（HOO^-）和羟基自由基（HO·），其中超氧阴离子与木质素结构中的发色基团（主要作用于碳基结构，如奎宁、肉桂醛等）作用；羟基自由基活性较高，可切断木质素结构单元之间的连接键，并将醇羟基氧化形成醛或羰基[54]。因此，碱性过氧化氢溶液体系能目标性降解物料中木质素组分，且该处理操作简单、费用较低，能更好地与纤维素酶水解工艺耦合。因此，本节所述研究采用碱性过氧化氢处理玉米芯糠醛渣，并考察该处理对物料结构与生物转化效率的影响。

4.9.1 碱性过氧化氢处理

糠醛渣由河北春蕾集团提供，含纤维素 35.1%、木糖 0.4%、克拉森木质素 43.0%、酸溶木质素 6.9% 和灰分 12.3%， pH 值为 2~3。糠醛渣以 80 ℃回流 2 h 后过滤回收滤液（L_C）和残渣（R_C），以蒸馏水洗涤至中性， 60 ℃烘干后用于过氧化氢处理。

H_2O_2（浓度 30%）中添加 1% 或 2% NaOH 作为预处理反应液用于过氧化氢处理。取 7 克 R_C 样品和 70 mL 反应液加入至自生压反应釜中，分别在 100 ℃、120 ℃、 140 ℃、 160 ℃和 180 ℃反应 2 h 后过滤分离残渣，以蒸馏水洗涤至中性后冷冻干燥，并按反应时间和 NaOH 浓度将残渣命名为 $R_{T\text{-}C}$，滤液分别命名为 $L_{T\text{-}C}$。

4.9.2 碱性过氧化氢处理对糠醛渣结构的影响

经处理后糠醛渣物料组成和反应液成分如表 4-33 和表 4-34 所示。工业上糠醛生产常用条件为： 3% H_2SO_4、 170~185 ℃，在此条件下半纤维素几乎降解生成糠醛，纤维素降解同时发生但无定形区纤维素降解速率较快，残留纤维素具有较规则结构。因此，热水处理对物料中残余纤维素和半纤维素含量无显著影响，处理后残渣得率为 80.8%，水溶液中葡萄糖、木糖、甲酸、乙酰丙酸和糠醛含量分别为 2.1%、0.6%、1.2%、0.9%和 0.4%。经 1% $NaOH-H_2O_2$ 处理后，随着处理温度的上升残渣物料得率由 69.8% 下降至 60.4%。NaOH 增加至 2% 时，随着处理温度的升高，残渣物料得率由 47.2% 下降至 36.8%。物料得率的降低主要由于木质素组分的降解溶出。1% $NaOH-H_2O_2$ 处理时后物料中酸不溶木质素脱除率随处理温度升高由 23.5% 升高至 35.6%；当 NaOH 提高至 2% 时，木质素效果更为显著，脱除率随温度升高由 62.8% 升高至 73.5%。随着木质素含量的降低，物料中纤维素组分相对含量增加。碱性过氧化氢处理也伴随着纤维素的降解，1% $NaOH-H_2O_2$ 处理后物料中纤维素降解率为 4.5%～9.9%，2% $NaOH-H_2O_2$ 处理时纤维素降解率升高至 24.8%～31.5%。纤维素分子量分布曲线（图 4-79）中位于 1×10^4 处肩峰强度随着处理温度的升高和 NaOH 浓度的增加而降低，表明处理过程中无定形区或小分子纤维素的降解，残余物料纤维素分子量增加，分散度降低（表 4-33）。样品 X 射线衍射图也印证了此结果，随着物料中木质素的降低和无定形区纤维素的降解物料结晶度升高，但碱性过氧化氢处理对纤维素结晶结构无明显影响（图 4-80）。随着碱性过氧化氢处理过程中物料的降解，反应液中降解产物含量增加。木质素样品的 ^1H 核磁共振波谱（图 4-81）证实了水解液中的甲酸（化学位移：8.39 ppm）、乙酰丙酸（2.16 ppm、2.33 ppm 和 2.70 ppm）及单糖（3.2～4.0 ppm）。木质素降解产物质子信号分别位于 6.0～7.0 ppm、4.53 ppm 和 4.49 ppm。

表 4-33　样品得率、成分、结晶度、分子量及分散度

样品	得率/%	主要成分/(mg/L)				结晶度/%	重均分子量/$\times10^5$	数均分子量/$\times10^4$	分散度
		葡萄糖	木糖	酸不溶木质素	酸溶木质素				
R_C	80.8	44.0	0.5	47.5	4.8	36.2	1.61	3.16	5.10
R_{100-1}	69.8	48.6	0.4	47.2	3.3	43.0	1.88	3.79	4.96
R_{120-1}	66.5	50.8	0.4	45.5	3.4	43.5	1.86	3.90	4.77
R_{140-1}	66.5	51.1	0.3	45.8	3.6	39.4	1.96	4.15	4.72
R_{160-1}	64.7	51.7	0.3	44.2	3.7	42.6	1.81	3.82	4.74
R_{180-1}	60.4	53.0	0.3	45.8	3.6	39.9	1.87	3.92	4.77
R_{120-2}	47.2	56.6	0.6	33.9	4.3	52.4	1.80	4.02	4.47
R_{140-2}	44.0	58.3	0.6	31.9	4.2	51.3	1.88	4.73	3.97
R_{160-2}	42.8	61.2	0.6	31.2	4.7	53.3	1.75	4.92	3.56
R_{180-2}	36.8	66.0	0.5	30.9	4.5	51.6	1.81	4.18	4.33

⊡表 4-34　反应液组成

反应液	组成/（mg/L）					
	葡萄糖	木糖	甲酸	乙酰丙酸	糠醛	总量
L_C	2.1	0.6	1.2	0.9	0.4	5.2
L_{100-1}	5.5	4.3	9.0	6.3	2.2	27.3
L_{120-1}	5.7	4.4	9.2	6.2	2.1	27.6
L_{140-1}	5.6	4.3	8.7	5.4	2.5	26.5
L_{160-1}	7.4	5.0	11.6	6.9	2.8	33.7
L_{180-1}	7.3	5.2	11.9	6.7	2.1	33.2
L_{120-2}	8.4	5.5	15.8	9.0	2.5	41.2
L_{140-2}	9.1	5.8	15.3	6.4	0.3	36.9
L_{160-2}	9.1	6.6	19.6	10.3	2.7	48.3
L_{180-2}	10.0	6.8	20.9	9.9	2.3	49.9

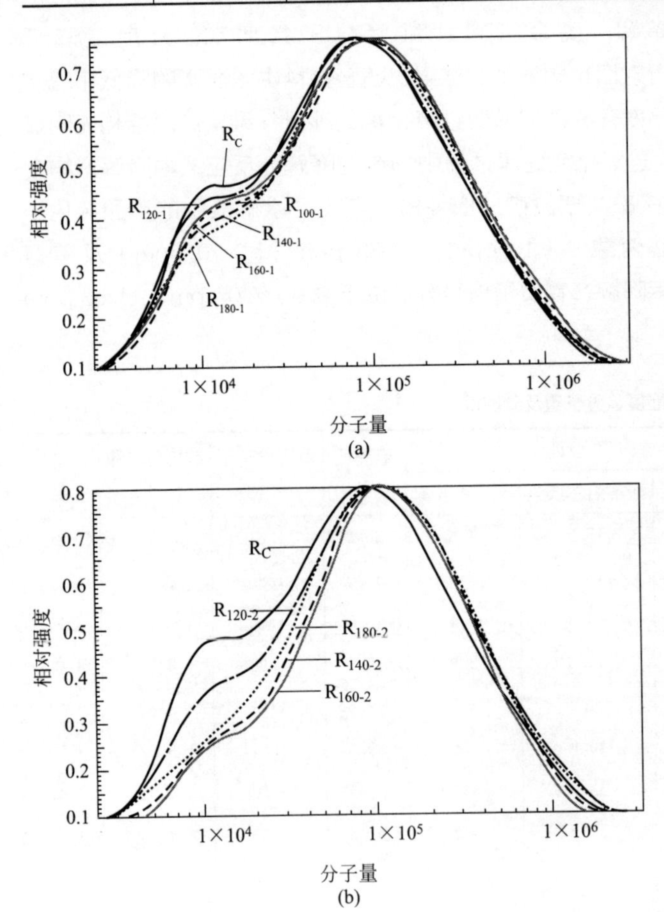

图 4-79　样品中纤维素分子量分布曲线

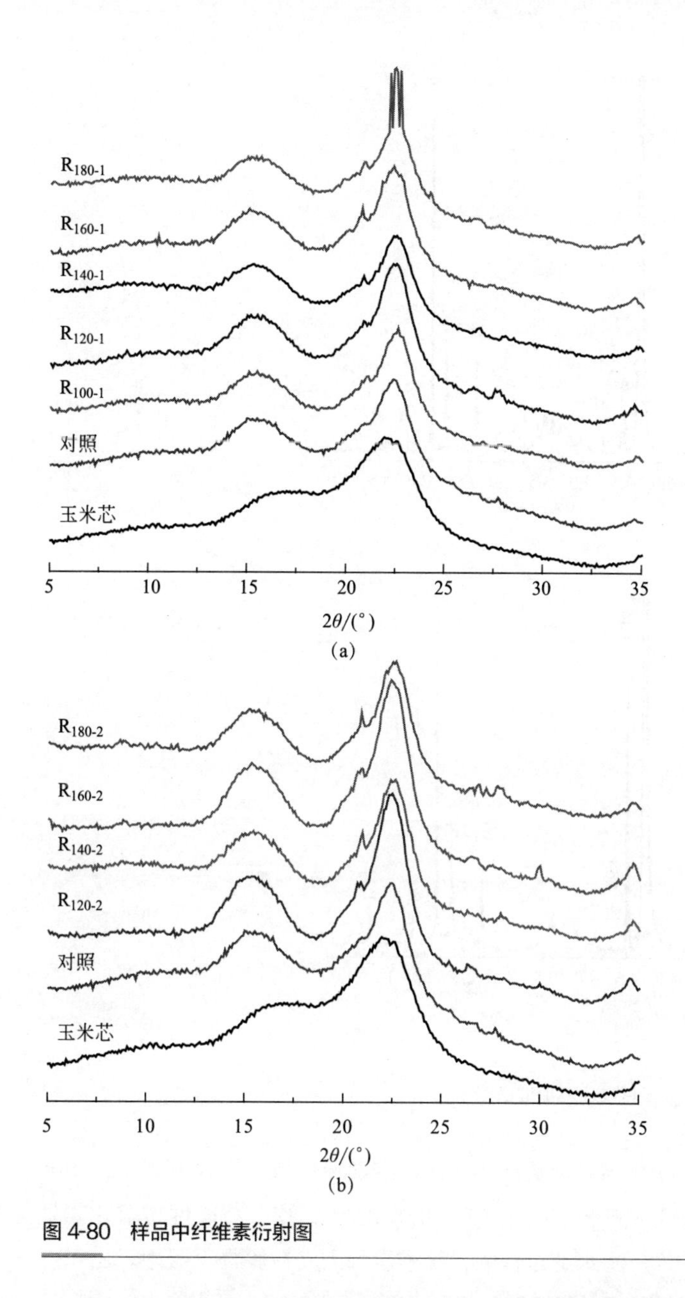

图 4-80 样品中纤维素衍射图

4.9.3 碱性过氧化氢处理对糠醛渣生物转化效率的影响

纤维素酶用量 [(5 FPU+ 10 IU/g)~(20 FPU+ 40 IU/g)] 对物料酶水解效率的影响以浓度为 2% 的热水处理后物料为底物进行，结果如图 4-82（a）所示。随着纤维素酶用量的增加，初始水解速率提高，5 h 内纤维素转化效率由 32.9% 提高至 48.8%。水解时间延长至 24 h 时，纤维素水解效率提高至 71.8% ~85.1%，

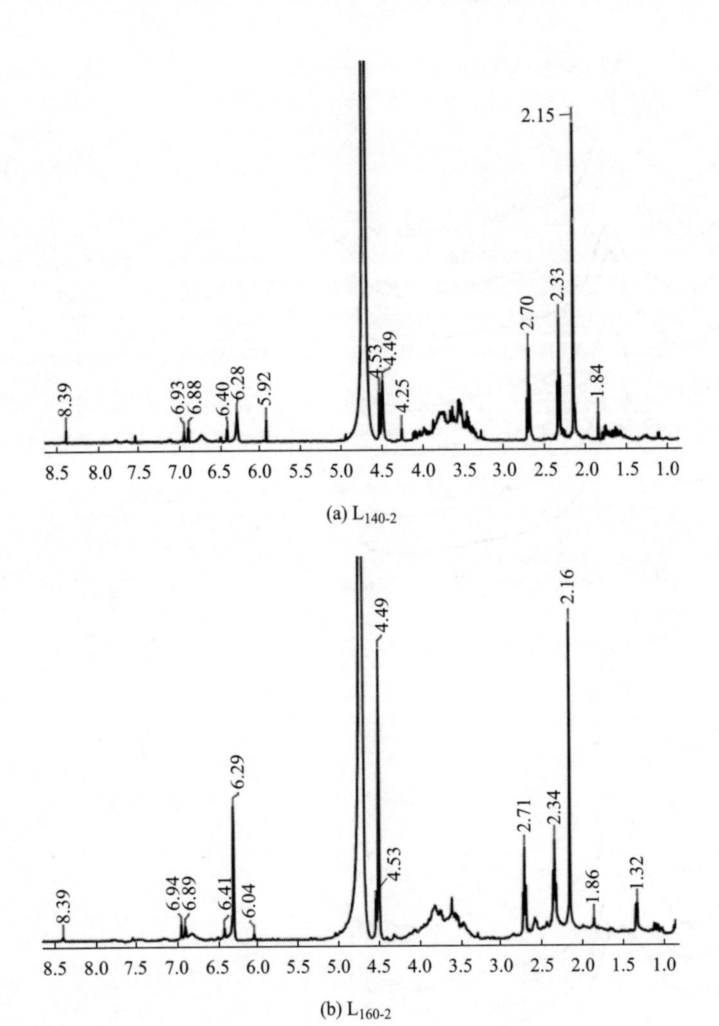

图 4-81 木质素样品 L_{140-2} 和 L_{160-2} ^1H 核磁共振波谱图

但水解速率下降。水解时间由 24 h 延长至 72 h，纤维素转化效率提高不明显。Sun 等采用更高的纤维素酶用量（35 FPU/g 底物+ 37.5 IU/g 底物）将碱性过氧化氢处理后的糠醛渣提高至 99.3%。酶水解过程中，纤维素酶需先在底物上吸附。由于纤维素酶成本较高，是木质纤维原料酶解转化过程中的主要成本，因此酶水解需尽可能减少纤维素酶用量。综合考虑物料酶水解纤维素转化率和酶成本，纤维素酶用量采用 5 FPU/g 底物+ 10 IU/g 底物。

底物浓度对纤维素酶水解效率的影响如图 4-82（b）所示，纤维素酶用量为 5 FPU/g 底物+ 10 IU/g 底物。底物浓度由 2% 增加至 15% 时，纤维素 72 h 酶水解效率由 75.7% 下降至 40.9%。底物浓度是影响纤维素酶水解效率的重要因素之一，高底物浓度可能导致产物抑制效应、酶失活及纤维素反应活性降低。玉米芯制备低聚木糖后残渣酶水解效率也得到相似的结论。为提高纤维素酶水解效率、减少酶用量、缩短水解时间，酶水解采用底物浓度 2% 。

木质素是限制纤维素酶水解的主要因素之一，物料中木质素能够阻碍纤维素的润胀、不可逆地吸附纤维素酶、降低纤维素可及度。前期研究发现，脱除物料中木质素后纤维素酶水解效率提高。相比于完全脱木质素组分，打破细胞壁结构提高纤维素和半纤维素可及度更有利物酶水解。玉米芯在制备糠醛的环境中，细胞壁结构破坏同时导致了木质素组分降解和再缩合形成更复杂的大分子结构，物料中残余木质素对酶蛋白具有更强的亲和能力。因此，糠醛渣需脱除木质素组分从而提高纤维素相对含量、减少底物对酶的不可逆吸附。碱性过氧化氢脱木质素后，物料酶水解效率如图 4-82（c）、（d）所

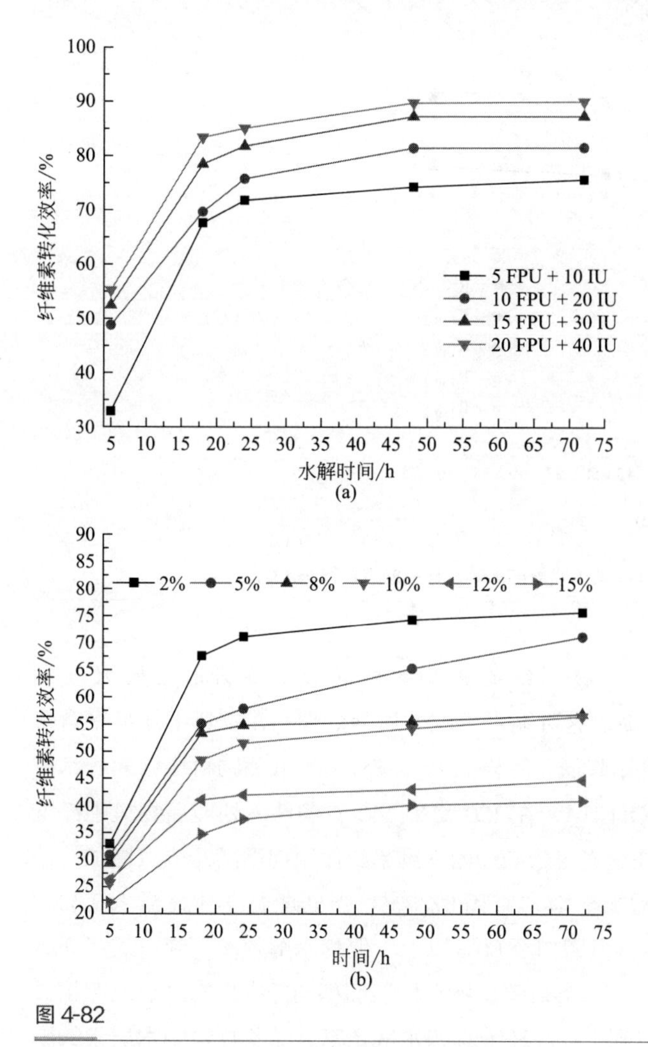

图 4-82

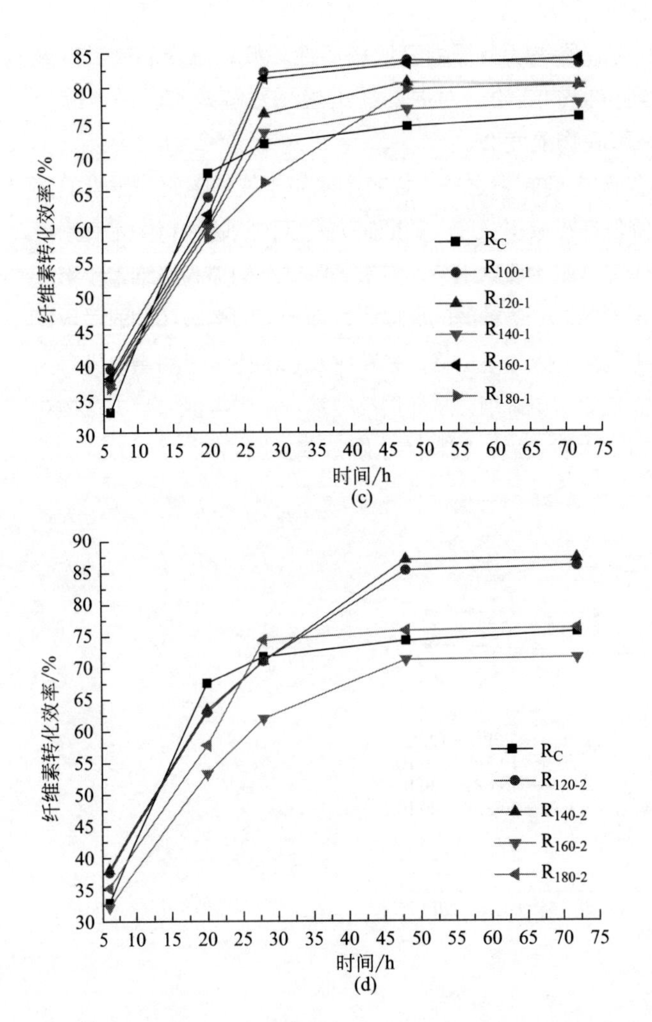

图 4-82 酶用量（a）、底物浓度（b）对酶水解的影响及样品酶水解效率（c）、（d）

示。 1% $NaOH-H_2O_2$ 处理后，物料纤维素酶水解转化效率升高（最大值为 84.1%），但初始水解速率下降。这可能由于脱木质素处理后，物料中纤维素含量增加，活性纤维素位点相对含量降低。除样品 R_{180-1} 外， 28 h 后物料纤维素酶水解转化率均达到平衡。 2% $NaOH-H_2O_2$ 在 120 ℃和 140 ℃条件下处理后物料中纤维素含量增加至 53% ~58%，纤维素含量增加为纤维素酶作用提供活性位点增加，使物料纤维素酶水解效率分别增加至 86.1% 和 87.3% 。当处理温度升高至 160 ℃和 180 ℃时，残余物料中纤维素含量增加至 60% 以上，但酶水解效率下降，最终纤维素转化效率略高于对照样 R_C。 Wiman 等将物料比表面积与纤维素酶水解效率相关联发现，物料比表面积增加有利于提高纤维素酶水解效率。随着物料中木质素的脱除，物料孔隙度增加、比表面积增加，进而提高纤维素酶水解转化效率（图 4-83）。但具有最大比表面积的样品 R_{180-2} 酶水解效率较低，主要是由于酶用量较低，不能有效利用纤维素中的活性位点。

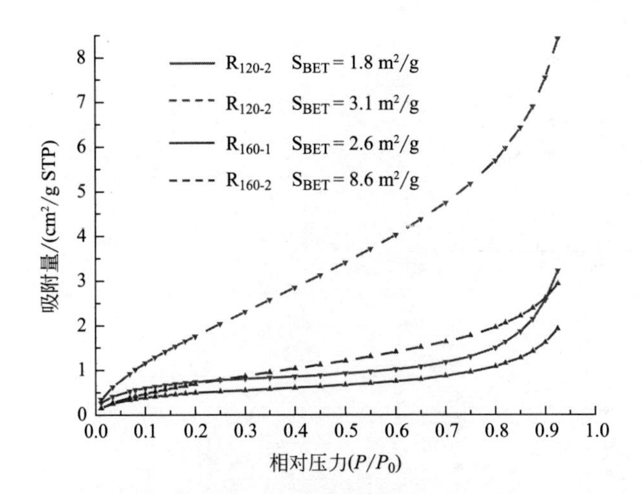

图 4-83 样品 BET 比表面积测定吸附曲线

糠醛渣经碱性过氧化氢处理后，经同步糖化发酵生产乙醇。样品经同步糖化发酵后乙醇浓度和纤维素转化率如图 4-84 所示。热水处理后糠醛渣经发酵生产乙醇浓度为 11. 8 g/L，纤维素转化率为 47. 1%。此结果表明玉米芯物料经酸作用生产糠醛后纤维素生物转化效率提高。这可能由于糠醛生产过程半纤维素降解生成糠醛并在高温下蒸馏糠醛使物料纤维素致密性降低，使纤维素可及度增加，有利于纤维素酶水解和生物转化。糠醛渣热水处理溶出物料中残余降解物组分（糠醛、甲酸、乙酰丙酸），减少了对纤维素酶和微生物的抑制作用。 1% NaOH-H_2O_2 脱木质素处理后，物料同步糖化发酵乙醇浓度降低、纤维素转化率降低。 NaOH 浓度增加至 2% 时，处理后物料生物转化效率增加，最高乙醇浓度为 16. 9 g/L。乙醇浓度的增加主要由于处理后物料中纤维素相对含量增加，同步糖化发酵时可供发酵葡萄糖浓度增加。

4. 9. 4 小结

增加碱性过氧化氢处理体系的 NaOH 浓度和温度能够有效脱除物料中的木质素，同时也导致纤维素的降解。随着木质素的脱除，物料比表面积增加，生物转化效率随之提高：纤维素酶水解效率由 75. 7% 提高至 87. 3%；同步糖化发酵最高乙醇产量为 16. 9 g/L。

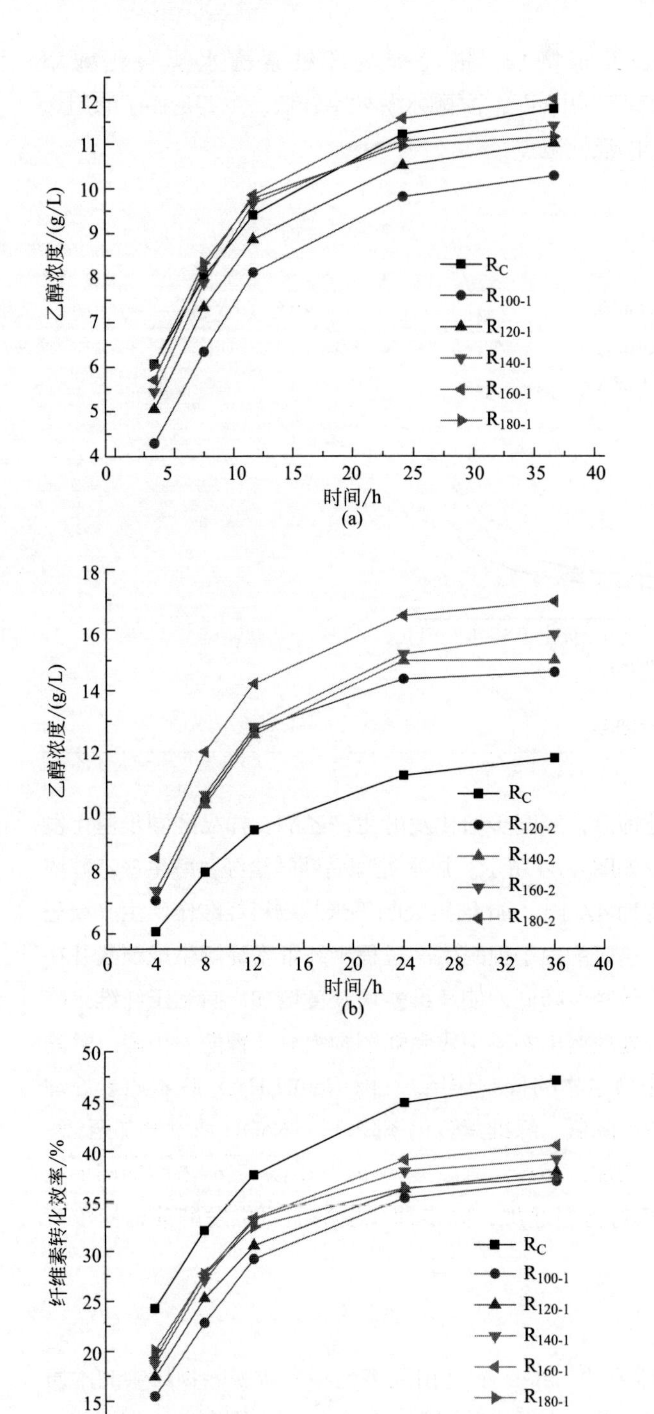
乙醇浓度/(g/L)
时间/h
(a)
R_C
R_{100-1}
R_{120-1}
R_{140-1}
R_{160-1}
R_{180-1}
乙醇浓度/(g/L)
时间/h
(b)
R_C
R_{120-2}
R_{140-2}
R_{160-2}
R_{180-2}
纤维素转化效率/%
时间/h
(c)
R_C
R_{100-1}
R_{120-1}
R_{140-1}
R_{160-1}
R_{180-1}

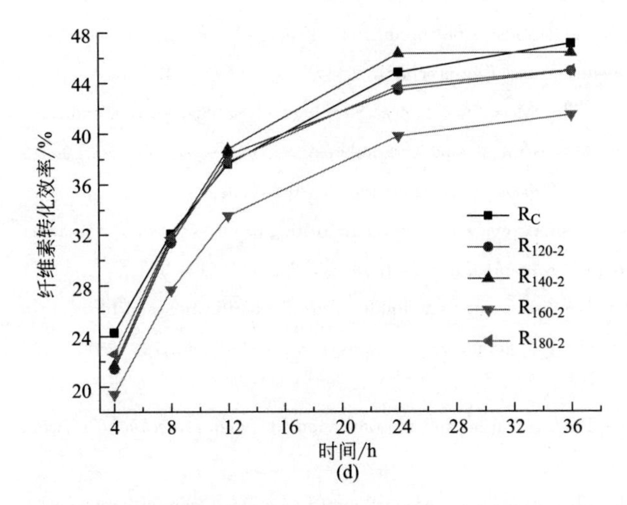

图 4-84 过氧化氢处理后物料同步糖化发酵乙醇浓度（a）、（b）和纤维素转化率（c）、（d）

参考文献

[1] Sluiter A, Hames B, Ruiz R, et al. Determination of sugars, byproducts, and degradation products in liquid fraction process samples. *National Renewable Energy Laboratory* (NREL) *Laboratory Analytical Procedures* (LAP). No. NREL/TP-510-42618. (NREL), Golden, CO, 2012.

[2] Lozovaya V, Ulanov A, Lygin A, et al. Biochemical features of maize tissues with different capacities to regenerate plants. *Planta*, 2006, 224 (6): 1385-1399.

[3] Capanema E A, Balakshin M Y, Kadla J E. Quantitativecharacterizeation of a hardwood milled wood lignin by nuclear magnetic resonance spectroscopy. *Journal of Agricultural and Food Chemistry*, 2005, 53 (25): 9639-9649.

[4] Ralph J, Bunzel M, Marita J M, et al. Peroxidase-dependent cross-linking reactions of p-hydroxycinnamates in plant cell walls. *Phytochemistry Reviews*, 2004, 3 (1-2): 79-96.

[5] Ralph S A, Ralph J, Landucci L. NMR database of lignin and cell wall model compounds, US Forest Prod. Lab, One Gifford Pinchot Dr. Madison, WI 53705.

[6] Segal L, Creely J J, Martin A E, et al. An empirical method for estimating the degree of native cellulose using the X-ray diffractometer. *Textile Research Journal*, 1959, 29 (10): 786-794.

[7] Josefsson T, Lennholm H, Gellerstedt G. Changes in cellulose supramolecular structure and molecular weight distribution during steam explosion of aspen wood. *Cellulose*, 2001, 8: 289-296.

[8] Wood B F, Conner A H, Hill Jr C G. The effect of precipitation on the molecular weight distribution of cellulose tricarbanilate. *Journal of Applied Polymer Science*, 1986, 32 (2): 3703-3712.

[9] Jambo S A, Abdulla R, Azhar S H A, et al. A review on third generation bio ethanol feed-

stock. *Renewable & Sustainable Energy Review*, 2016, 65: 756-769.

[10] Vohra M, Manwar J, Manmode R, et al. Bioethanol production: Feedstock and current technologies. *Journal of Environmental Chemistry and Engineering*, 2014, 2 (1): 573-584.

[11] Ferreira V, de Oliveira Faber M, da Silva Mesquita S, et al. Simultaneous saccharification and fermentation process of different cellulosic substrates using a recombinant *Saccharomyces cerevisiae* harboring the β-glucosidase gene. *Electronic Journal of Biotechnology*, 2010, 13: 2.

[12] Olofsson K, Bertilsson M, Lidén G. A short review on SSF-an interesting processs option for ethanol production from lignocellulosic feedstock. *Biotechnology for Biofuels*, 2008, 1 (1): 7-20.

[13] Hasunuma T, Kondo A. Consolidated bioprocessing and simultaneous saccharification and fermentation of lignocellulose to ethanol with thermotolerant yeast strains. *Process Biochemistry*, 2012, 47 (9): 1287-1294.

[14] Sánchez C. Lignocellulosic residues: Biodegradation and bioconversion by fungi. *Biotechnology Advances*, 2009, 27 (2): 185-194.

[15] Sánchez Ó J, Cardona C A. Trends in biotechnological production of fuel ethanol from different feedstock. *Bioresource technology*, 2008, 99: 5270-5295.

[16] Koppram R, Nielsen F, Albers E, et al. Simultaneous saccharification and co-fermentation for bioethanol production using corncobs at lab, PDU and demo scales. *Biotechnology for Biofuels*, 2013, 6 (1): 2-11.

[17] Ishizawa C I, Jeoh T, Adney W S, et al. Can delignification decrease cellulose digestibility in acid pretreated corn stover. *Cellulose*, 2009, 16 (4): 677-686.

[18] Nummi M, Marja-Leena N, Arja L, et al. Cellobiohydrolase from *Trichoderma reesei*. *Journal of Biochemistry*, 1983, 215 (3): 677-683.

[19] Weimer P J, French A D, Calamari Jr T A. Differential fermentation of cellulose allomorphs by ruminal cellulolytic bacteria. *Applied and Environmental Microbiology*, 1991, 57 (11): 3101-3106.

[20] Mittal A, Katahira R, Himmel M E, et al. Effects of alkaline or liquid-ammonia treatment on crystalline cellulose: Changes in crystalline structure and effects of enzymatic digestibility. *Biotechnology for Biofuels*, 2011, 4: 41, DOI: 0.1186/1754-6834-4-41.

[21] Igarashi K, Wada M, Samejima M. Activation of crystalline cellulose to cellulose IIII results in efficient hydrolysis by cellobiohydrolase. *The FEBS Journal*, 2007, 274 (7): 1785-1792.

[22] Stålbrand H, Mansfield S D, Saddler J N, et al. Analysis of molecular size distributions of cellulose molecules during hydrolysis of cellulose by recombinant Cellulomonas fimih-1, 4-glucanases. *Applied and Environmental Microbiology*, 1998, 64 (7): 2374-2379.

[23] Fengel D, Jakob H, Strobel C. Influence of the alkali concentration on the formation of cellulose II. Study by X-ray diffraction and FTIR spectroscopy. *Holzforschung*, 1995, 49 (6): 505-511.

[24] Lewin M, Roldan L G. Effect of liquid anhydrous ammonia in structure and morphology of cotton cellulose. *Journal of Polymer Science Part C: Polymer Symposia*, 1971, 36 (1): 213-229.

[25] Kumar R, Wyman C E. Effects of cellulase and xylanase enzymes on the deconstruction of solids from pretreatment of poplar by leading technologies. *Biotechnology Progress*, 2009, 25 (2): 302-314.

[26] Kumar R, Wyman C E. Effects of xylanase supplementation of cellulase on digestibility of corn stover solids prepared by leading pretreatment technologies. *Bioresource Technology*, 2009, 100 (18): 4203-4213.

[27] Luo C D, Brink D L, Blanch H W. Identification of potential fermentation inhibitors in conversion of hybrid poplar hydrolyzate to ethanol. *Biomass and Bioenergy*, 2002, 22: 125-138.

[28] Brunecky R, Vinzant T B, Porter S E, et al. Redistribution of xylan in maize cell walls during dilute acid pretreatment. *Biotechnology and Bioengineering*, 2009, 102 (6): 1537-1543.

[29] Thompson D N, Chen H C, Grethlein H E. Comparison of pretreatment methods on the basis of available surface area. *Bioresource Technology*, 1992, 39 (2): 155-163.

[30] O' Conner R T, DuPre E F, Mitcham D. Application of infrared absorption spectroscopy to investigations of cotton and modified cottons: Part I: physical and crystalline modifications and oxidation. *Textile Research Journal*, 1958, 28 (5): 382-392.

[31] Nada A A M A, Kamel S, El-Sakhawy M. Thermal behavior and infrared spectroscopy of cellulose carbamates. *Polymer Degradation Stability*, 2000, 70 (3): 347-355.

[32] Nelson M L, O' Conner R T. Relation of certain infrared bands to cellulose crystallinity and crystal lattice type. Part II. A new infrared ratio for estimation of crystallinity in cellulose I and II. *Journal of Applied Polymer Science*, 1964, 8 (3): 1325-1341.

[33] Battista O A. Hydrolysis and crystalline of cellulose. *Industrial and Engineering Chemistry Research*, 1950, 42: 502-507.

[34] Wyman C E, Dale B E, Elander R T, et al. Comparative sugar recovery and fermentation data following pretreatment of poplar wood by leading technologies. *Biotechnology Progress*, 2009, 25 (2): 333-339.

[35] Grondahl M, Eriksson L, Gatenholm P. Material properties of plasticized hardwood xylans for potential application as oxygen barrier films. *Biomacromolecules*, 2004, 5: 1528-1535.

[36] Willfor S, Sundberg A, Pranovich A, et al. Polysaccharides in so mindustrially important hardwood species. *Wood Scienc and Technology*, 2005, 39: 601-607.

[37] Kardosova A, Ebringerova A, Alfoldi J, et al. Structural features and biological activity of an acidic polysaccharide comples from Mahonia aquifolium (Pursh) Nutt. *Carbohydrate Polymers*, 2004, 57: 165-176.

[38] Ximenes E A, Kim Y, Mosier N, et al. Inhibition of cellulase by phenols. *Enzyme Microbial Technology*, 2010, 46 (3-4): 170-176.

[39] Yu H B, Du W Q, Zhang J et al. Fungal treatment of cornstalks enhances the delignification and xylan loss during mild alkaline pretreatment and enzymatic digestibility of glucan. *Bioresource Technology*, 2010, 101 (17): 6728-6734.

[40] Salvachúa D, Prieto A, López-Abelairas M, et al. Fungal pretreatment: An alternative in second-generation ethanol from wheat straw. *Bioresource Technology*, 2011, 102 (16): 7500-7506.

[41] Yu H B, Guo G N, Zhang X Y, et al. The effect of biological pretreatment with the selective white-rot fungus Echinodontium taxodii on enzymatic hydrolysis of softwoods and hardwoods. *Bioresource*

Technology, 2009, 100 (21): 5170-5175.

[42] Shi J, Chinn M S, Sharme-Shivappa R R. Microbial pretreatment of cotton stalks by solid state cultivation of Phanerochaete chrysosporium. *Bioresource Technology*, 2008, 99 (14): 6556-6564.

[43] Shi J, Sharme-Shivappa R R, Chinn M. Microbial pretreatment of cotton stalks by submerged cultivation of Phanerochaete chrysosporium. *Bioresource Technology*, 2009, 100 (19): 4388-4395.

[44] Xu C Y, Ma F Y, Zhang X Y, et al. Biological pretreatment of corn stover by *Irpex lacteus* for enzymatic hydrolysis. *Journal of Agricultural and Food Chemistry*, 2010, 58 (20): 10893-10898.

[45] Dinis M J, Bezerra R M F, Numes F, et al. Modifications of wheat straw lignin by solid state fermentation with white-rot fungi. *Bioresource Technology*, 2009, 100 (20): 4829-4835.

[46] Wang W, Yuan T Q, Wang K, et al. Combination of biological pretreatment with liquid hot water pretreatment to enhance enzymatic hydrolysis of *Populus tomentosa*. Bioresource Technology, 2012b, 107: 282-286.

[47] Remsing R C, Swatloski R P, Rogers R D, et al. Mechanism of cellulose dissolution in the ionic liquid 1-n-butyl-3-methylimidazolium chloride: A ^{13}C and $^{35/37}$Cl NMR relaxation study on model systems. *Chemical Communications*, 2006, (12): 1271-1273.

[48] Samayam I P, Leif Hanson B, Langan P, et al. Ionic-liquid induced changes in cellulose structure associated with enhanced biomass hydrolysis. *Biomacromolecules*, 2011, 12 (8): 3091-3098.

[49] Johannsson M H, Samuelson O. Endwise degradation of hydrocellulose during hot alkaline treatment. *Applied Polymer Science*, 1975, 19: 3007-3013.

[50] van der Pol E, Bakker R, van Zeeland A, et al. Analysis of by-product formation and sugar monoerization in sugarcane bagasse pretreated at pilot plant scale: Differences between autohydrolysis, alkaline and acid pretreatment. *Bioresource Technology*, 2015, 181: 114-123.

[51] Xiao L P, Sun Z J, Shi Z J, et al. Impact of hot compressed water pretreatment on the structure changes of wood biomass for bioethanol production. *BioResources*, 2011, 6 (2): 1576-1598.

[52] Sun S L, Huang Y, Sun R C, et al. The strong association of condensed phenolic moieties in isolated lignins with their inhibition of enzymatic hydrolysis. *Green Chemistry*, 2016, 18 (15): 4276-4286.

[53] Li K N, Wan J M, Wang X, et al. Comparison of dilute acid and alkali pretreatment in production of fermentable sugars from bamboo: Effect of Tween 80. *Industrial Crop and Products*, 2016, 83: 414-422.

[54] Gould J M. Alkaline peroxide delignification of agricultural residues to enhance enzymatic saccharification. *Biotechnology and Bioengineering*, 1984, 26 (1): 46-52.

第5章

生物乙醇生产过程中的高附加值产品

半纤维素是植物界中含量仅次于纤维素的天然高分子聚合物。在阔叶木原料中，其主要成分为木聚糖。近年来，从木质纤维素原料中制备低聚木糖用于甜味剂以及功能食品的研究吸引了众多学者的关注。通常，单体聚合度在2~10之间的一类聚糖化合物被称为低聚糖，在低聚糖家族中，低聚木糖具有更为优良的生理功效，如无毒性、不可消化性、促进钙吸收、肠蠕动以及脂肪代谢、形成短链脂肪酸以预防癌变以及促进体内益生菌的生长。此外，低聚木糖还能在工业中用于可塑性材料、水溶性膜、医药包衣和胶囊的制备。过去的十年中，人们对健康食品需求的迅速增长为低聚木糖开拓了巨大的商业市场。但研究发现，在功能食品应用中低聚木糖的最佳聚合度为2~4，且木三糖比木二糖和木四糖具有更好的促进双歧杆菌生长的作用。

目前，从木质纤维素原料中制备低聚木糖通常采用两步法：首先采用碱溶液将木聚糖从木质纤维素原料中抽提出来，再以酸或酶为催化剂水解制备低聚木糖。由于低设备要求、低副产物及环境友好的特点，酶成为了普遍采用的水解催化剂。在木聚糖酶的体系中，内切木聚糖酶无规则地水解木糖主链糖苷键；外切木聚糖酶能够将木聚糖水解生成木二糖或木糖；糖苷酶则水解糖苷键释放单糖。因此低聚木糖的制备，需要能够生产高活性内切酶而不产生糖苷酶的菌种。此外，影响低聚木糖制备的重要因素还包括木聚糖本身的结构，酶的特异性及水解条件（如pH值、温度、反应时间）。本节中，采用三倍体毛白杨木聚糖为底物，毕赤酵母木聚糖酶为催化剂制备低聚木糖，探讨了反应时间、温度、pH值以及酶用量对低聚木糖产率的影响，并研究了不同媒介中超声波预处理对木聚糖水解效率的影响。

5.1 碱处理溶出木聚糖与低聚木糖生产

三年生三倍体毛白杨，风干，粉碎后过筛，选60~80目木粉苯醇抽提脱脂，以亚氯酸钠在 pH 3.8 条件下反应 2 h 脱除木素后以 3% KOH 在温室下提取 16 h 溶出木聚糖。提取液浓缩后，采用乙醇将木聚糖沉淀，经冷冻干燥后收集三倍体毛白杨木聚糖，并以此为底物制备低聚木糖。

三倍体毛白杨木聚糖组成与分子量分别以酸水解法、红外光谱、核磁共振波谱和凝胶色谱法测定。低聚木糖的制备采用酶水解法，将碱提取得到的木聚糖样品为底物，将毕赤酵母菌在 5% 的底物浓度中，30 ℃条件下培养 6 天制得粗木聚糖酶液用于水解木聚糖制备低聚木糖。酶活性的测定以燕麦木聚糖为底物（50 mg），加入 1 mL 50 mmol/L 乙酸钠缓冲溶液（pH= 4.8），加入 0.5 mL 粗酶液 50 ℃下保温 20 min。释放的还原糖的量采用 DNS 法测定。单位时间内单位体积木聚糖酶所释放的还原糖的量则定义为单位酶活性，经测定该木聚糖酶液酶活性为 10 IU/mL。水解实验采用培养所得粗酶液在恒温水浴摇床中进行，并探讨了反应温度（40～50 ℃）、反应时间（2～24 h）、酶用量（15～35 IU/g 底物）以及缓冲液 pH（3.6～6.0）对低聚木糖产率的影响。反应过程中定时取样后，以沸水浴 5 min 将酶灭活并离心稀释以高效阴离子交换色谱（HPAEC）分析低聚木糖的成分和含量。

为提高低聚木糖产量，采用功率 200 W 的超声波清洗仪为超声发生器对木聚糖进行了预处理。各取 0.1 g 木聚糖样品分别溶于 5 mL 水、1% NaOH 和 2% NaOH 溶液中在 25 ℃下处理 30 min。结束后用乙酸将溶液 pH 值调到酶反应的最佳 pH 值，在最佳条件下进行水解并分析不同溶剂介质中超声波预处理对低聚木糖产率的影响。

5.2 木聚糖结构

低聚木糖的聚合度很大程度上取决于木聚糖底物的结构，如木聚糖侧链基数目、位置及性质。Rose 和 Inglett 采用超声辅助自水解以玉米麸为底物制备了带有阿魏酸和阿拉伯糖侧链的低聚木糖[1]；Kabel 等以热催化的方式从不同的木聚糖底物中制备了带有不同侧链基的低聚木糖[2]。三倍体毛白杨木聚糖样品中木糖含量为 75.8%，葡萄糖醛酸 18.5%，同时还含有少量鼠李糖（1.2%）、阿拉伯糖（1.2%）、半乳糖（2.3%）和葡萄糖（1.1%）。凝胶色谱法测得该木聚糖样品的分子量和分散系数分别为 42400 和 1.4，说明该木聚糖具有较均一的结构。此外，木聚糖样品结构以红外光谱法和核磁共振波谱法进行分析。木聚糖样品的红外光谱图中（图 5-1），3424 cm^{-1} 处吸收峰来源于木聚糖的羟基；2926 cm^{-1} 则为 C—H 伸缩振动红外吸收峰。在指纹区中（1000～1700 cm^{-1}），1617 cm^{-1} 吸收峰来源于木聚糖样品中含有的吸附水；1411 cm^{-1} 则归属于葡萄糖醛酸侧链吸收峰；1114 cm^{-1}、1088 cm^{-1} 和 1045 cm^{-1} 吸收峰归属于 C—O 振动。木糖主链的 β 糖苷键连接则体现于 896 cm^{-1} 处的尖锐吸收峰。核磁共振波谱图中（图 5-2），

4. 42 ppm 及 5. 24 ppm 处的化学位移分别来源于木聚糖的 β-异头氢和葡萄糖醛酸侧链的 α-异头氢； 3. 27 ppm、 3. 50 ppm、 3. 71 ppm、 4. 06/3. 36 ppm 处的位移则来源于木聚吡喃环上的氢信号； 3. 42 ppm 处尖锐峰则是 O-甲基的特征峰。^{13}C 谱图中 102. 17 ppm、 73. 15 ppm、 74. 61 ppm、 76. 08 ppm、 63. 32 ppm 处信号表明木聚糖样品的 β-1， 4 糖苷连接的木糖主链结构； 4-O-甲基-葡萄糖醛酸侧链的信号则表现于 97. 58 ppm、 71. 65 ppm、 82. 56 ppm、 72. 28 ppm、 176. 95 ppm 和 59. 70 ppm（图 5-3）。另外，图 5-4 所示为木聚糖二维核磁共振波谱图。

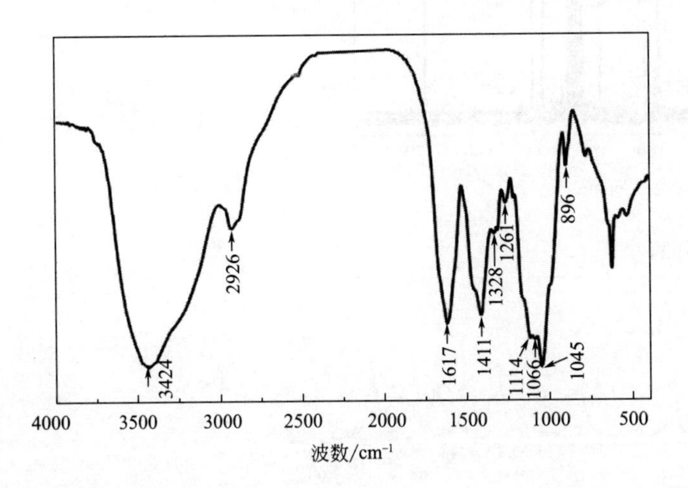

图 5-1 木聚糖样品的红外光谱图

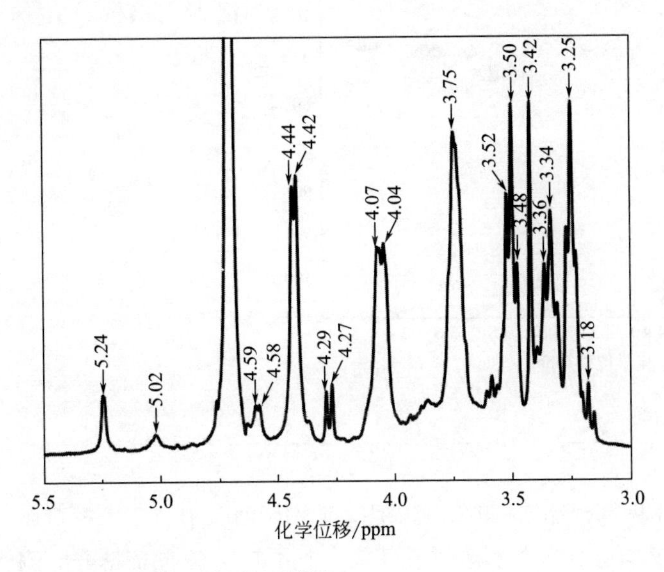

图 5-2 木聚糖^{1}H 核磁共振波谱图

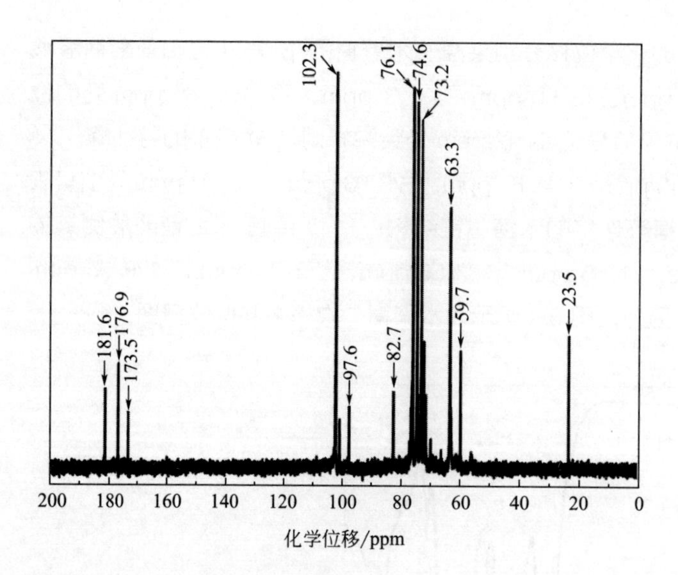

图 5-3 木聚糖^{13}C 核磁共振波谱图

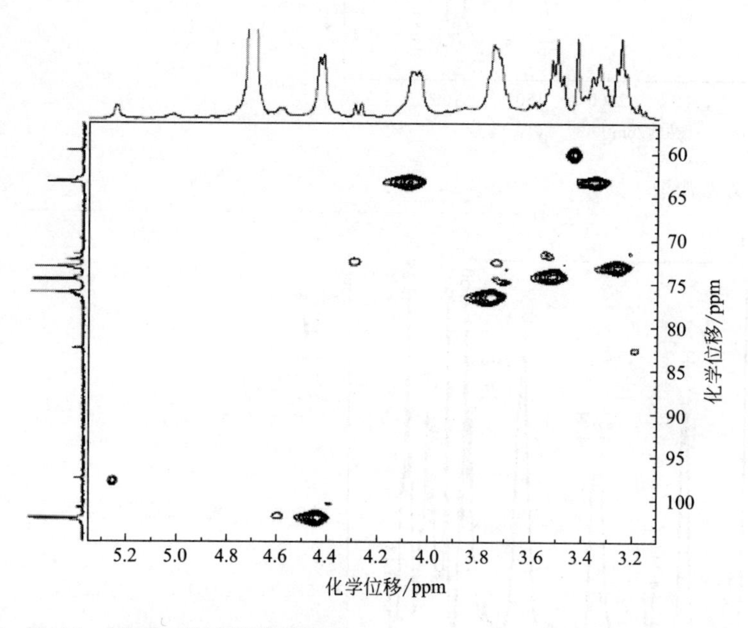

图 5-4 木聚糖二维核磁共振波谱图

通过对三倍体毛白杨木聚糖样品结构的研究表明，该木聚糖以 β-1, 4 糖苷连接的木糖为主链，主链上平均每 5.7 个木糖分子具有一个 4-O-甲基-葡萄糖醛酸侧链；此外，木聚糖主链上还含有少量的鼠李糖、阿拉伯糖、半乳糖和葡萄糖支链。

5.3 木聚糖酶的生产

（1）反应时间和温度对低聚木糖产率的影响

除底物特性以外，在不同反应媒介中木聚糖酶活性不同，从而影响低聚木糖的产率。反应时间和温度对水解效率的影响如图 5-5，在 40～50 ℃温度范围内低聚木糖得率在前 10 h 内呈直线增长，随着反应时间的延长增长速率明显下降，最终在 14 h 后达到平衡。低聚木糖产物浓度随着木聚糖的降解而不断增加，当浓度升高到一定程度时这些酶水解产物同底物大分子之间形成竞争与酶结合，水解产物与酶活性位点和辅助模块之间的无效结合降低了反应液中活性酶的浓度，使水解速率逐渐降低。当反应温度从 40 ℃升高到 50 ℃时，低聚木糖得率升高，表明适当地升高反应温度有利于提高酶的反应活性。同时，提高反应温度能够加快分子运动，有利于反应结束后底物与酶的分离。然而，经过 24 h 的反应后，在 50 ℃条件下低聚木糖得率略少于 48 ℃，可能由于高温下酶的活性结构并不稳定。Día z 等发现，即使是嗜温低聚木糖酶在高温下活性和稳定性都会下降，当温度达到 60 ℃时 80%～90% 的酶都会失去活性[3]。综合反应时间和温度对低聚木糖得率的影响，将 50 ℃下反应 14 h 确定为最佳温度和时间。

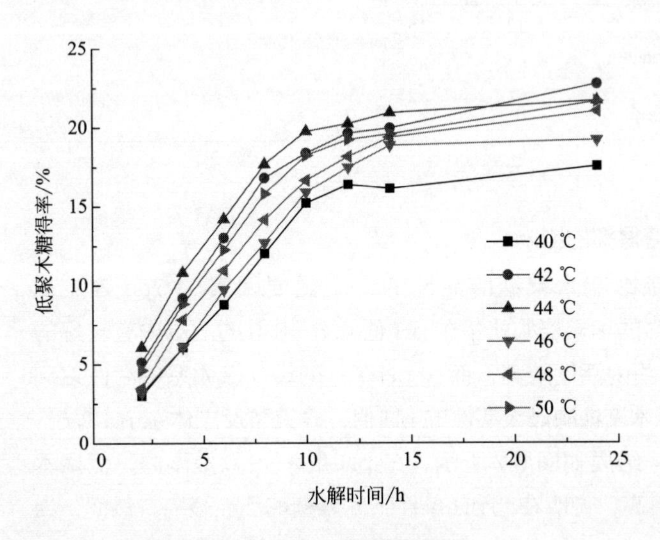

图 5-5 反应时间和温度对低聚木糖得率的影响

（2）酶用量对低聚木糖得率的影响

酶用量对低聚木糖得率的影响在 15～35 IU/g 底物范围内进行了探讨。如图 5-6

所示，当酶用量从15 IU/g底物增加到25 IU/g底物时，低聚木糖得率明显提高；而继续增加酶用量对低聚木糖得率的影响并不明显。这种现象表明产物的抑制效应在低酶量的条件下比高酶用量时更明显，随着酶用量的增加产物的抑制效应也有所克服。Boraston等发现木聚糖链对酶的结合能力随着酶用量的增加而逐步趋于饱和[4]，图5-6显示当酶用量从25 IU/g底物提高到35 IU/g底物时低聚木糖得率并没有明显增加，因此，最佳酶用量为25 IU/g底物。

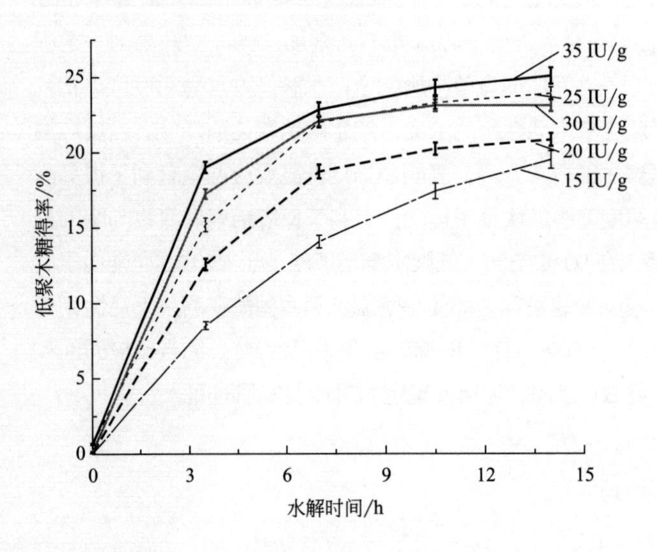

图5-6 酶用量对低聚木糖得率的影响

（3） pH值对低聚木糖得率的影响

反应体系的酸碱度也是影响木聚糖酶活性的一个重要因素。Yan等发现 *Streptomyces matensis* 生产的木聚糖酶能够在pH值4.5~8.0的范围内有较好的稳定性，在pH 5.5~8.0范围内活性较高，而在pH 7.0的缓冲液体系中活性达到最高[5]。为了得到毕赤酵母木聚糖酶最大活性的pH值，研究了反应体系pH 3.6~6.0范围内低聚木糖的产率，结果如图5-7所示。在pH 4.0~6.0范围内，低聚木糖在pH 5.4的条件下得率最高，说明在此pH条件下木聚糖酶活性最高。然而，当pH值小于4.0时，低聚木糖的得率比最大值减少了1.5~2.0倍，这可能是由于在酸性条件下酶蛋白离子化而活性降低。

综上所述，毕赤酵母木聚糖酶的最佳反应条件为：酶用量25 IU/g底物，在pH 5.4，50 ℃的条件下反应14 h。在此条件下，低聚木糖得率、水解液分子量以及产物类型如图5-8所示，36.8%的木聚糖经14 h水解反应后转化成为低聚木

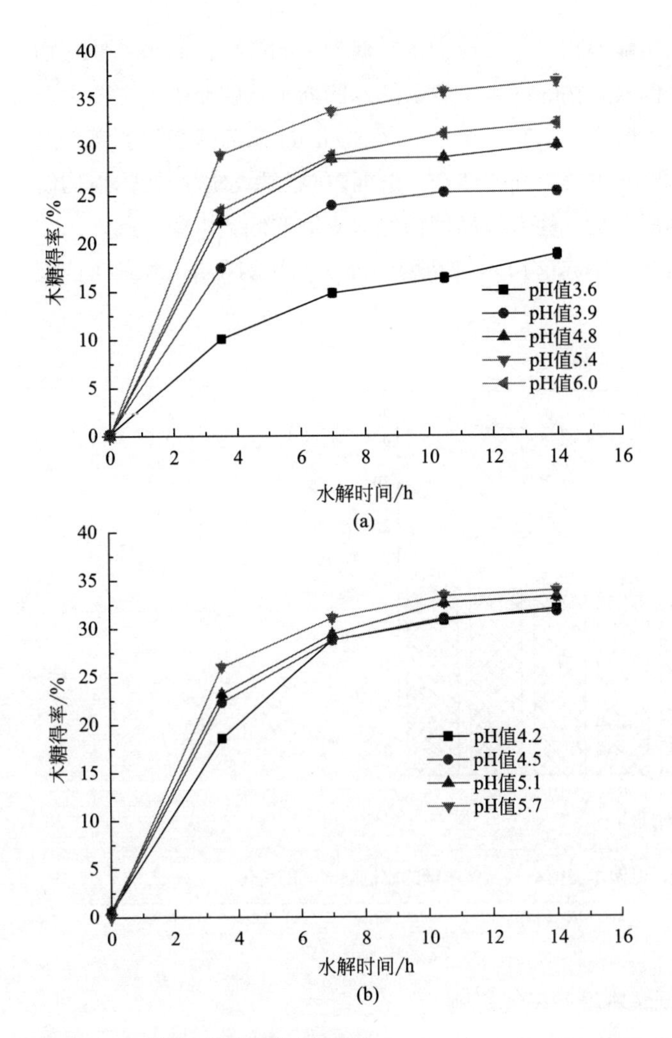

图 5-7 pH 值对低聚木糖得率的影响

糖。随着时间的延长，水解液中低聚木糖产物逐渐积累也随之产生了产物抑制效应使水解速率逐渐降低。此外，Puls 和 Schuseil 发现酶水解过程中木聚糖之间有凝聚发生，阻止了酶的浸入并减少了具有反应活性的还原性末端，从而使反应速率降低[6]。水解液分子量曲线表明，在初始的 2 h 中木聚糖分子量从 41400 迅速下降到 13400。这表明，内切木聚糖酶随机切断了木聚糖主链糖苷键使底物聚合度降低，并同时释放低聚木糖于水解液中。由于低聚合度的底物对酶的吸附能力大于高聚合度的物质，后续反应过程中木聚糖酶主要将低聚合度的底物降解成为低聚木糖，而高聚合度的物质则残留于反应体系中使残余木聚糖的分子量变化并不明显。在水解过程中，生成的木五糖和木六糖能够继续降解生成木二糖、木三糖和木四糖。采用木聚糖酶体系水解木聚糖时也能得到以木二糖和木三糖为主的产物。而与其他底物相比，以三倍体毛白杨木聚糖为底物时产生了更多的木四糖于水解液中，主要由于该底物主链上平均每5.7个木糖分子上有一个4-*O*-甲基-α-*D*-葡萄糖醛酸侧链。这些侧链影响着木聚糖酶与木聚糖主链之间的结合，进而影响着酶水解产物的结构使水解液中有较高含量的木四糖以及一些带有葡萄糖醛酸支链的低聚木糖。此外，在水解液中少量的木糖分子表明，毕赤酵母木酵糖酶中外切木糖酶和β-木聚糖苷酶的含量少或活性较低。

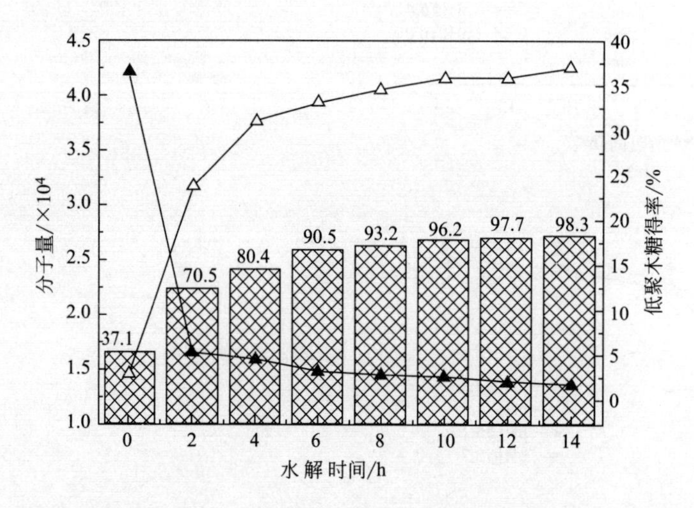

图 5-8 酶水解过程中溶液分子量、低聚木糖得率及低聚木糖的比例随时间的变化

（4）超声波预处理对低聚木糖产率的影响

由于气穴反应能够产生物理能量以及氧化还原反应活性，从而使超声波广泛应用于大分子聚合物的降解。 Ebringerová 等采用超声波技术处理中性溶液中的木聚糖发现，即使在高功率下长时间的处理对木聚糖成分、初级结构以及黏弹性都没有明显的影响，而对水溶性组分分子的性质影响明显[7]。 Mason 和 Lorimer 则表示溶剂的性质对超声波降解反应有一定的影响[8]。对比研究表明，碱性溶液比酸性溶液更有利于木聚糖的超声波降解。在酸性溶液中，小分子容易发生聚集形成大分子；而在碱性环境中，大分子聚合物在超声波的作用下发生明显的降解。因此，采用超声波技术在酶水解之前对木聚糖进行预处理可以提高聚木糖的转化效率。

分别以 H_2O、 1% NaOH 和 2% NaOH 溶液为介质在 200 W 功率、 25 ℃下对木聚糖超声波处理 30 min 后，木聚糖分子量从 42400 分别下降至 39300、 34700 以及 32900（表 5-1），分子量分布曲线也向小分子量区域的偏移（图 5-9）。这些现象表明超声波提供的能量使大分子聚合物的分子链断裂生成较为均一的聚合物，超声波处理右旋糖苷和木聚糖时也有发现了类似的现象。超声波处理后溶液中的木糖含量减少而低聚糖含量增加，说明在超声波处理的过程中小分子的木聚糖主要发生聚集生成了低聚木糖。结合木聚糖样品超声波预处理前后分子量的变化以及后续酶水解过程中低聚木糖得率分析，在中性水溶液中超声波处理对分子结构以及酶降解性的影响并不明显，而碱性溶液中经超声波处理后，木聚糖的酶水解效率提高到 43.8%。低聚木糖得率的提高可能由于超声波处理使木聚糖发生了降解和溶胀，其分子结构的变化使得亲水性及酶的可及度有所提高，进而得到了较好的水解效率。但采用 2% NaOH 为介质进行超声波处理时，由于体系中离子浓度较高使蛋白质分子之间发生了轻微的交联进而降低了酶的反应活性从而影响了木聚糖的转化效率。

表 5-1　不同介质中超声波预处理对木聚糖分子量以及低聚木糖得率的影响

项目		未超声处理		水溶液		1% NaOH 溶液		2% NaOH 溶液	
		0	14	0	14	0	14	0	14
木聚糖含量/(mg/L)	木糖	53.1	0.2	4.7	0.2	ND	ND	2.7	0.2
	木二糖	18.0	27.5	4.4	30.5	20.1	28.7	41	27.1
	木三糖	9.5	39.1	26.7	32.9	19.7	34	15.6	36.4
	木四糖	9.6	31.7	31	33.9	29.5	35.9	26.3	35.3
	木五糖	5.1	1.1	17.4	1.6	15.4	1	14.3	0.8
	木六糖	4.8	0.4	15.9	0.9	15.3	0.4	ND	0.2
得率/%		1.1	36.8	0.7	37.3	0.5	43.8	0.7	38.9
分子量		42400	13400	39300	14100	34700	15100	32900	15500

注：三次平行实验平均值，误差小于 5%。

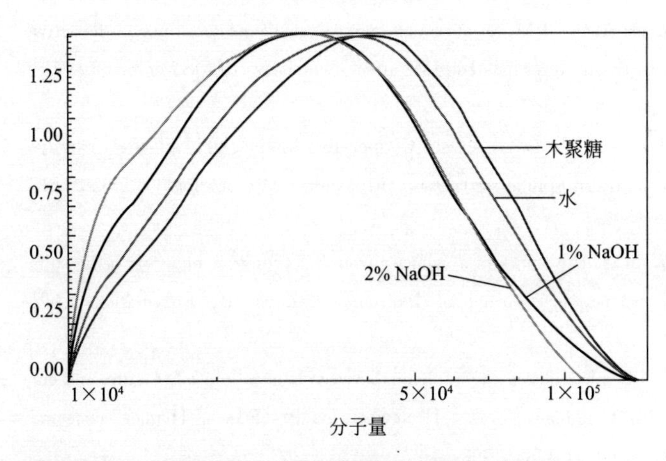

图 5-9　不同介质中超声波处理对木聚糖分子量分布的影响

5.4 小结

① 以 3% KOH 溶液从三倍体毛白杨综纤维素提取得到的木聚糖样品在结构上以木糖为主链并含有葡萄糖醛酸支链，该样品在主链上平均每 5.7 个木糖单元具有一个葡萄糖醛酸支链。

② 毕赤酵母木糖酶的最佳反应条件为 pH 5.4、温度 50 ℃、酶用量 25 IU/g 底物。在此条件下， 14 h 即能达到反应平衡， 36.8% 的木聚糖底物转化成为低聚木糖。

③ 由于木聚糖分子链上支链结构的影响，该木聚糖经水解后，产物中木二糖、木三糖和木四糖为主要成分，符合功能食品对低聚木糖最佳聚合度的要求，且以上三种糖总量占总低聚木糖的 98.3% 。

④ 在不同媒介中采用超声波对木聚糖进行预处理，在 1% NaOH 溶液中超声波处理 30 min 使木聚糖的转化率提高到 43.8% ，且酶水解产物中仍以木二糖、木三糖和木四糖为主要成分。

⑤ 水解产物中少量的木糖表明毕赤酵母生产制备的木聚糖酶中外切木聚糖酶和 β-木糖苷酶含量较少。

参考文献

[1] Rose D J , Inglett G E. Production of feruloylated arabinoxylooligosaccharides from maize (Zea mays) bran by microwave-assisted autohydrolysis. Food Chemistry，2010，119：1613-1618.

[2] Kabel M A , Carvalheiro F , Garrote G，et al. Hydrothermally treated xylan rich byproducts yield different classes of xylo-oligosaccharides. Carbohydrate Polymer，2002，50：47-56.

[3] Díaz M , Rodriguez S，Fernández-Abalos J M，et al. Single mutatuions of residues outside the active center of the xylanase Xysl from Streptomyces halstedii JM8 affect its activity. FEMS Microbiology Lettet，2004，240：237-243.

[4] Boraston A B，McLean B W，AnsonLi G C，et al. Cooperative binding of triplicate carbohydrate-binding modules from a thermophilic xylanase. Molecular Microbiology，2002，43：187-194.

[5] Yan Q J，Hao S S，Jiang Z Q，et al. Properties of a xylanase from Streptomyces matensis being suitable for xylooligosaccharides production. Journal of Molecular Catalyst B：Enzymatic，2009，58：72-77.

[6] Puls J，Schuseil J. Chemistry of hemicelluloses：relationship between hemicellulose Structure and enzymes required for hydrolysis. In：Coughlan，M. P.，Hazlewood，G. P. (Eds.)，Hemicellulose and Hemicellulases. Porland Press，London，UK，1993：1-27.

[7] Ebringerová A，Hromádková Z，Heinze T. The effect of ultrasound on the structure and properties of

the water-soluble corn hull heteroxylans. Ultrasonic Sonochemistry，1997，4：305-309.
[8] Mason T J，Lorimer J P. Polymers. In：Mason，T. J.，Lorimer，J. P.（Eds.），Sonochmistry：theory，Application and uses of Ultrasound in Chemistry. Ellis Horwood，London，1998：99-138.